光的经典二阶相干性

吴 健 著

科 学 出 版 社

北 京

内 容 简 介

本书是作者在为电子科技大学“光学”和“光学工程”两个学科的博士生开设的专业基础课程的基础上，加以整理和概念化的一个总结。以20世纪40年代开始出现，在激光器发明以后又蓬勃发展的光学相干性理论作为本书内容的切入点，讨论激光束的部分相干特征、光学偏振的性质以及激光束通过大气湍流传播所出现的现象，并介绍它们的数学描述方法。

与课程本身不同，在本书中作者着重物理概念的叙述，介绍这些概念形成的历史过程，而对课程讲授中出现的数学过程进行简化。行文尽可能使用简易的、大众化的语言，以期能为更多读者所理解和接受。

附录介绍正文内容所涉及学者的生平简历。

图书在版编目(CIP)数据

光的经典二阶相干性/吴健著. —北京：科学出版社，2017.6
ISBN 978-7-03-053082-0

Ⅰ. ①光…　Ⅱ. ①吴…　Ⅲ. ①光学－相干性－研究　Ⅳ. ①O43

中国版本图书馆 CIP 数据核字(2017)第 125659 号

责任编辑：闫　悦 / 责任校对：郭瑞芝
责任印制：张　倩 / 封面设计：迷底书装

科学出版社 出版
北京东黄城根北街16号
邮政编码：100717
http://www.sciencep.com

文林印务有限公司 印刷

科学出版社发行　各地新华书店经销

*

2017年6月第　一　版　开本：720×1 000 1/16
2017年6月第一次印刷　印张：16
字数：300 000

定价：80.00元

(如有印装质量问题，我社负责调换)

前　言

一、有用无用

我为电子科技大学光学（二级学科）和光学工程（一级学科）的博士生开设了高等光学课程，作为这两个学科的专业基础课程，主要的内容就是光学的经典相干性。在我退休之后，还没有老师来接手这门课程，负责排课的教务告诉我，现在的老师都忙着做科研，没有人愿意给学生上课，特别是基础课程，大家都认为“没有用”。这个“大家”中，包括很多老师和大部分博士生。

这门课程是不是“有用”，我不想多说。被西方学府奉为光学学科“圣经”的《光学原理》的作者之一 Wolf 在 1995 年与 Mandel（后者被学界看作“量子光学”的奠基者）合作出版了《光学相干性和量子光学》一书，洋洋洒洒近千页，前半部分论述的就是光学的经典相干性。与《光学原理》不同，该书的每一章都包括习题，显然是作为教科书使用的。西方人为什么把这些“没用”的东西讲给学生听，还要求他们勤加练习呢？

一些工作多年回来探望我的学生也对我说：“吴老师，你教给我们的东西中，最有用的就是‘高等光学’了，可谓是终生受益。”在我授课的过程中，常有外单位的学生来听课，如中国科学院相关的研究所和一些“公司”所属的研究所的学生，有不少还只是硕士生。他们往往是每堂必到，听课特别认真。而本校的学生，从本科到硕士再到博士生，却总是三心二意，有事没事就“翘课”了。

最近在网上看到某人对教育的看法：“教育的目的应该主要就是就业赚钱，这其中一小部分可以根据其兴趣出发点以及个人在某方面的天分培养出来去搞科研”。真可谓“一语中的”。现在的高等教育，实际上就是从这个观点出发设计的。当然言辞没有如此直白，而用了“社会需求”、“毕业生一次就业率”等较为委婉的说法，这显然和传统意义上的“大学”精神不同。随着社会的发展，“大学”精神随之变化也是应该的，以致最高端的“博士研究生”也不能免其影响，以“有用”（其实就是能赚钱）和“无用”来区分所学。至于如何深入探求真理，如何深入探求自然界的奥秘，那是一小部分人的事，其中并不包括我们在校的大部分博士生。

我一直认为光的经典相干性理论是很多实际应用的基础，但从教学实践的反映来看，这门课程却只能为一小部分人所接受。

二、一个公式吓跑一半的读者

前不久，有一位年轻教授对我说：“你的‘高等光学’太难了，完全听不懂。”

这位年轻人在试制新品方面已小有成就，他什么时候听的“高等光学”，我已经没有印象了。但在我十余年的课程历史中，参加考试而最终不及格的学生只有寥寥可数的几个人，其中并没有他。也许他在选课后没有听懂，最后放弃了考试也未可知。

但是他的话给我的触动不小，是不是我授课的方式使得很多学生将课程视为畏途，公式太多了？还是什么别的原因？其实，从 2008 年以后，我就在授课中削减了公式的推导过程，着重于讲解前提条件和物理含义。现在写这本书，也想贯彻这一原则，把物理含义阐述清楚。霍金在他的科普读物《时间简史》中曾说，任何一个公式都会吓跑一半的读者。本书不是科普读物，里面会有很多公式，没吓跑的恐怕只剩下一半的一半的一半……，但我还是想尽量写得通俗一点，争取有更多的读者对它感兴趣。本书应该使具有理工科大学水平的人都能顺利阅读，了解到“相干性”的精髓。这并不是说数学不重要，“科学探讨必然会引起数学问题”（至少在物理学领域，事情就是这样的），“在今天，科学的目的就是寻求数学描述而不是物理解释”（引自克莱因的著作《数学：确定性的丧失》）。而且在内行人看来，“公式”的表述比起用文字表述要简洁明了。问题在于，并不是每一位读者都是抱着成为“内行人”的心态来看书的，他们只是想了解别的行业都在干些什么事，这些事对自己的工作有没有借鉴之处；或者是自己的工作与此有一定的相关，想了解一下这门学问的概貌；还有一些人就是因为好奇，你会把“相干性”写成什么样子！对于他们，物理解释才是最重要的。本书将为这些读者和“内行人”之间架起一座桥梁。作为研究者所必需的繁复的数学过程，我将推荐适当的参考书目，提供给有意深入研究的博士或更高水平的研究者进一步研读。

三、为“相干”正名

作为课程，一个很重要的内容就是规范术语。语言是思想的载体，同样的思想可以用不同的语言表达出来，但这并不意味着可以随便使用一个名词来表达某一概念。名词应该准确且科学逻辑地表达概念，特别是新出现的名词。

一个典型的例子是“LASER”（或 laser）的译名。在英语中，作为词头缩略语，从 Light Amplification by Stimulated Emission of Radiation 中获得“LASER”是顺理成章的事，但要把它翻译成中文，却经历了漫长的过程。在 20 世纪 50 年代末到 60 年代初，学界采用了音译：“莱塞”，相类似的名词还有“玛塞”（微波受激发射）。当时听到这两个名词都感到神秘得不得了，因为从词汇的构成来看，根本看不出它们是什么。1964 年，我国试制成功第一根“LASER”，在如何命名时遇到了争论。著名光学专家王大珩提出建议，将“LASER”翻译成“激光”。这个译名准确地反映了“LASER”的特征，任何一个受过高中教育的人，都能从中体会到它是一种特殊的"光"，稍加深究，就会体会到它是受到某种"激励"而发出的光。"激光"很快就得到学界和民间的认可[①]。

改革开放以后，港台词汇大量涌入，"激光"也遭遇了挑战。我们现在常见的一些词汇，如"收银台"（以前称为"收款处"或"缴款处"），"打的"（以前只称"坐出租"）等，都是从港台传过来的。那时的人们以使用港台的名词为荣，于是在民间，"激光"几乎被"镭射"取代。我的小女儿就曾取笑过我："连镭射都不懂！镭射就是镭发出的射线，和激光不是一回事。"我真的是无语了。中国文字就有这么一个特点，其关联性极强，"木匠"就是从事木工的匠人，"铁锹"就是铁制成的挖土工具，小女儿的解释还真有点道理。因此，当我听到"脾虚"中的"脾"不是解剖学中的"脾"，"肾虚"中的"肾"也不是解剖学中的"肾"时，也只能是一脸茫然，搞不懂这些人在说什么。

好在学界并不接受"镭射"，依旧使用"激光"。随着时间的推移，很多港台名词牢牢地站稳了，但"镭射"却悄悄地退出了大众的视线，只在一小部分一知半解的人群的脑海中留下了疑问："镭射不就是镭发出的射线吗？"

"正名"的必要性可见一斑。其实，古人也是很注重"正名"的。《论语》记载，孔子曰"名不正，则言不顺；言不顺则事不成，事不成则礼乐不兴；礼乐不兴则刑罚不中，刑罚不中则民无所措手足。"且不论后世人们对这句话的各种解释，在我看来，孔子的话中包括对名词意义的"正"：名词意义不清，则言语就不会通顺，办事就不会顺当。但这样的"正名"在文字环境尚不完善的年代，实际上很难做到。典型地，也是在理科教学中经常提到的庄子的名言："一尺之捶，日取其半，万世不竭。"就不太"正"。按其语境，应是"一尺之捶，日取其半，两日取完。"后世人说，你这样理解不对，庄子的意思是："今天取其一半，明天取其剩下一半的一半，后天再取其剩下一半的剩下一半的一半，如是'日取其半'，总有一半剩下，所以'万世不竭'。"但因为语句中的"其"字不"正"，原文语义就有了歧义，之所以能有通常的理解，实际上是受"万世不竭"的启发，对"其"所代表的物体加以合理的猜测而已。

现在来看"相干"。"相干"一词是一个外来词，是英文"coherent"的中文译法（对应的名词是"coherence"，译为"相干性"），它和中文词汇"毫不相干"中的"相干"的含义相差甚远。作为理工科的学生，最早接触"相干"，应该是在学习光的干涉现象时。早期的教材对"相干"的引入，往往是"不加解释"，似乎学生对"相干"都是很熟悉的。例如，1984 年北京大学出版社出版、1992 年重印的由赵凯华等编著的《光学》中，在 164 页第一次提到"相干"时的提法是："归纳起来，产生干涉的

① laser 在英文中也已经"进化"了，它正式成为一个名词，单指激光器。laser 发出的光通常称为 laser beam，出现了一个新动词 lase 来描述激光器产生激光的过程，当研究者试制一种新型激光器而成功出光时，他们通常会兴奋地大叫"It's lasing!"

必要条件（相干条件）有三条……”且不论这三条是否确切，从文字来说，该书将相干条件不加解释地等同于干涉条件，那么为什么不直接使用术语“干涉条件”，而一定要把它称为“相干条件”呢？

不能以“早期”为借口，就可以原谅作者的粗心，因为还有更早期的著作。1959 年第一版、1978 年科学出版社出版第一个中文译本，玻恩和沃尔夫的著作《光学原理》中是如何引入“相干”的呢？引文如下：“……（在叙述了干涉现象之后）下面我们就要看到，严格单色光束的叠加总能产生干涉，然而实际物理光源产生的光绝不会是严格单色的，而是如我们从微观理论所得知的，其振幅和位相都有极快的不规则涨落，以致眼睛和通常的物理探测仪器都跟不上。如果两束光来自同一光源，则这两束光中的涨落一般是相关的，完全相关的称为完全相干光束，部分相关的称为部分相干光束。在不同光源来的光束中，涨落是完全不相关的，这些光束就称为相互不相干的……以后（第十章）我们将看到，二光束中涨落之间存在的“相关度”，决定了光束叠加产生的干涉效应的“清晰度”，反过来，相关度又通过干涉效应的清晰度表现出来（见该书第 334 页）。”在 2005 年电子工业出版社出版的《光学原理》第七版的译文中，“清晰度”被“调制深度”所取代。

从《光学原理》的叙述中，我们可以理解到：①“相干”所描述的是光束之间“振幅和位相不规则涨落”的相关程度；②“相干”是“相关”的同义词；③“相干”是光束本身的特性，干涉现象是这些特性的实验表象；④“清晰度”这个名词不够“正”，可能引起误解，所以在新版中，以更“正”的名词“调制深度”取代。体现了作者对科学研究严肃认真、一丝不苟的态度。

那么，为什么不直接用“相关”（correlation），而要用“相干”（coherence）呢？一方面，“相干”一词用于描述光的性质出现得比较早，而作为描述随机变量的术语“相关”要到 19 世纪末才出现，历史的原因使得在光学界沿用了“相干”。另一方面，恐怕是更重要的一点，在光学界使用“相关”时，通常是指两束光的光通量密度之间的关联，而不是光束的电磁场量之间的关联。本书后面的叙述还会进一步说明这一点。

另外，如果查字典，会发现“coherence”远不只是 “相干”一项解释，它的本意是“一致性：连贯的性质或状态，尤指各部分间逻辑的、有序的、完美的一致关系。”只是在物理学领域，它才是“相干性：相干的性质，如波的。”在《美国传统词典》上，它被解释为“Sticking together; cohering.（黏在一起的，一致的，连贯的。）Marked by an orderly, logical, and aesthetically consistent relation of parts；（条理分明的，各部分之间有序的、逻辑的和完美一致的关系特征的。）”在物理学中也有两条解释：“Physics: Of, relating to, or having waves with similar direction, amplitude, and phase that are capable of exhibiting interference.（【物理学】相干的：能表现干涉性的，方向、幅度和相位均相似的波的，与其有关的，具有这种波的。）Of or relating to a system of units of measurement in which a small number of basic units are defined from which all others in the system are derived by multiplication or division only.（计量单位系统的：计量单位系统的，或与其有关的，其中规定了小数量的基本单位，系统中所有其他单位仅由与它相乘或相除导出。）”在植物学中它的解释又很特别："Botany: Sticking to but not fused with a part or an organ of the same kind（【植物学】附着的：与同类的部分或组织黏着但不融合的。）”在这种语义背景下，一本关于部分相干性的早期著作（20 世纪 70 年代末），捷克学者 Părrent 的 *Partial Coherence*，在被影印过来后，书名标签是“偏微分黏着性”。

“相干”的含义现在已经清楚了，但还要补充说明一点。《光学原理》的第 334 页上的说明文字，是把光束横截面上不同点之间的“涨落”看作完全同步，也是完全相关的。也就是说，可以把“光束”当成“一条线”来处理，不相关只出现在不同的光束之间。激光器出现之后，光束横截面上不同点之间的相关程度已是必须考虑的问题了。本书就是尝试着来解释这个问题。

四、本书的结构

为了在数学上严格地定义“相干性”，需要引入随机过程和随机场的概念。据我所知，随机过程是很多学科最基本的专业基础课程。但我在审阅刊物稿件时（由于专业缘故，我所审阅的论文都是有关光学科学的），很多已经是博士生的稿件作者，对涉及随机过程的内容，往往概念含混，词不达意，令我十分惊讶！我有数次不得已的经历：通过评阅意见与文章作者详细讨论随机过程的基本概念！由此看来，本书有必要从讨论随机过程开始（第 1 章）。

在弄清楚随机过程的概念后，就可以开始阅读光场相干性，它的概念、数学描述方法和基本性质以及它在光场传播后的性质（第 2 章）。

再次，就进入本书最关心的内容：辐射与相干性的关系，作为部分相干的高斯光束，光束品质和相干性之间的关系（第 3 章）。

最后两章是关于相干性运用的例子：二维矢量场的相干性用于光的偏振描述；三维矢量场用于光束在湍流介质中的传播。

但愿本书对那些有志探求自然奥秘的莘莘学子有所帮助。

吴　健

2017 年 2 月

目　录

第 1 章　随机过程和随机场概述

1.1　关 于 概 率

谈“随机”，离不开“概率”。“概率”是理工科大学基础数学的内容，不该在本书中再占有篇幅，但如我在前言所述，掌握了各种有关随机过程算法的博士生，却搞不清“概率”的还大有人在。本书花点篇幅很有必要，否则，“概率”不正名，“随机”就谈不顺，更不用说建立在随机场基础上的光学相干性理论了。

“概率”，也曾用过“几率”、“或然率”，译自英文单词“probability”。它显然来自西方，如果翻阅有关的中文字典（如《辞海》），与之最接近的中文用法是“大概”，“概率”也就是将“大概”定量化的意思吧。

如果翻阅《美国传统词典》，你会发现对“probability”的如下解释。

Probability：

① The quality or condition of being probable；likelihood.

② A probable situation, condition, or event.

③ The likelihood that a given event will occur.

④ Statistics: A number expressing the likelihood that a specific event will occur, expressed as the ratio of the number of actual occurrences to the number of possible occurrences.

也就是说，在通常意义上，“probability”和“likelihood”是同义词，只是在统计学这个特定的领域，它的意义变成一个数字，表示为**实际出现的数目和可能出现的数目之比**。其实，这就是 18 世纪末著名的数学家拉普拉斯提出的“概率”的定义。

拉普拉斯的最初表述是：**事件 A 的概率 p 等于一次试验中有利于事件 A 的可能结果数 m 与该事件中所有可能结果数 n 之比**，也就是 $p=m/n$（显然，它要求所有的 n 具有相同的出现可能性）。

注意拉普拉斯定义的提法：“一次试验”，“有利于事件的可能结果数 m”和“所有可能结果数 n”，这意味着 m 和 n 是已知的数值，否则“一次试验”怎么能得出 $p=m/n$？

概率定义的历史发展，已经有很多著作介绍过，必须提出的是 20 世纪初出现的另一种定义方式。

在 1919 年，德国数学家冯·米塞斯总结了众多数学家的看法，认为拉普拉斯的定义"适用范围有限"，建议"通过观察来确定结果数目的比例"的方式来定义概率：**在做大量重复试验时，随着试验次数 n 的增加，某个事件出现的频率 m/n 总是在一个固定数值 p 的附近摆动，显示出一定的稳定性，把这个固定的数值 $p=m/n$ 定义为这一事件的概率**。有一些著作甚至认为，当试验次数无限增加时，事件出现的频率会有一个极限值，此极限值就是该事件出现的概率。

这两种定义方式，请读者仔细体会，它们体现了两种不同的思想方式。拉普拉斯试图以严格的数学思维，来对概率做出定义，以至于它的"适用范围有限"。冯·米塞斯则用重复试验的方式做了一个相当实用化的定义，这个定义不需要预先知道 m 和 n，只需要获取试验数据，就可以计算概率。但它在严格性方面的缺陷是显而易见的，那就是如何保证"大量重复试验"在相同的条件下进行。至于当试验次数趋于无限时，m/n 有没有极限值，也是无法证明的一件事。

两个定义的共同点，是将 p 设定为 0～1 的一个数值，它们的公式在形式上也是一致的。两者的共同缺陷，是它们只能用于可数的分立事件，无法对连续不可数的事件（如连续数轴上的数字）做出恰当的"概率"定义。

数学家认识到，要使"概率"成为一门"真正的数学"，就需要像欧氏几何那样，给"概率"一个公理化的定义。这件事由苏联学者柯尔莫哥洛夫于 1933 年发表的论文而画上了完满的句号。

在阐述"概率"的公理化定义之前，首先需要了解σ-代数。

（1）$\Omega\in\mathscr{F}$，$\mathscr{F}=\{A\,|\,A\subset\Omega\}$，$\Omega=\{\omega\}$是基本事件集；

（2）如果 $A\in\mathscr{F}$，那么 $\tilde{A}\in\mathscr{F}$，$(\tilde{A}=\Omega/A)$，$\tilde{A}$ 代表 A 的逆事件；

（3）对任意事件 $A_n\in\mathscr{F}$，必然有

$$\bigcup_n A_n\in\mathscr{F}\,(n=1\to\infty) \tag{1.1.1}$$

这个 $\mathscr{F}$ 就称为Ω域上的一个σ-代数。

在理解这个定义时，需要分清"事件"和"基本事件"。基本事件ω_i 是不可再分割的事件，而事件 A_i 是由基本事件组合构成的事件，它可以是单个基本事件ω_i，也可以是多个基本事件的组合。组成 A_i 后剩余下来的基本事件就构成了它的逆事件 $\tilde{A}_i$。A_i 也可以由整个基本事件集构成，此时 $\tilde{A}_i$ 中不包含任何事件，是一个空集。

至于基本事件的数量，定义中没有任何限制，它们可以是无限的。

上述定义的含义是一个σ-代数就是一个事件集 $\mathscr{F}$，这个事件集包含了所有的基本事件和一些由基本事件组合而成的事件 A_i；而如果 A_i 包含在事件集 $\mathscr{F}$ 中，那么它相应的逆事件 $\tilde{A}_i$ 也必然包含在 $\mathscr{F}$ 中。如果有 n 个事件 $A_i(i=1,2,\cdots,n)$都包含在事件集 $\mathscr{F}$ 中，那么这 n 个事件组合而成的新事件，必然还保留在 $\mathscr{F}$ 中。

这些定义多少有点咬文嚼字的味道，这是数学严密性的要求。而这个事件集为什么会被称为σ-代数，一直也是使我感到困惑的。好在以后几章的内容里不会再出

现“σ-代数”这个名词。但就事件集$\mathscr{F}$而言，有一个较为通俗的，被更多学者所乐意使用的名词：样本空间，而“基本事件”则用了“样本点”这个较为直观的名词来替代。

有了一个σ-代数，就可以叙述概率的公理化定义。

定义 1.1.1　在一个σ-代数里，如果有

（1）对任意的$A \in \mathscr{F}$，存在一个对应的数字$p(A)$，且$0 \leqslant p(A) \leqslant 1$；

（2）基本事件集对应的数字是 1：$P(\Omega)=1$；

（3）对任意的$A_1, A_2, \cdots, A_i, \cdots, A_n \in \mathscr{F}$，只要它们是互不相容的，就有

$$P(\bigcup_n A_i \in \mathscr{F}) = \sum_n P(A_i) \tag{1.1.2}$$

这样的数字集合$P(A)$就称为$\mathscr{F}$集上的概率测度（probability measure），通常简称为概率（probability）。

于是，在公理化的定义中，“概率”不过是一群 0～1 的数字，每一个数字是某个事件的一个属性，与我们在古典定义中所理解的“可能性”好像没什么关系。其实不然，就像欧氏几何中，点、线、面是没有定义的，但一说到“点、线、面”，大家会没有概念吗？“概率”与此类同，一提到它，脑海中就应该有相对应的概念，只不过在数学运算中，它们不过就是一些数字而已。

这个定理所规定的“概率”，在某些日常应用中是很合适的。例如，每天的天气预报中的“降水概率”，如果拘泥于古典概率定义，那么很多人一定会不适应。

前面已经提到，很多学者乐意使用术语“样本空间”和“样本点”，在他们的著作中，叙述成如下形式。

定义 1.1.2　设随机试验E的样本空间为S，若对于E的每一个事件A，对应一个实数$P(A)$，且$P(A)$满足

（1）$0 \leqslant P(A) \leqslant 1$（非负性）；

（2）$P(S)=1$（规范性）；

（3）对于E中的互不相容的事件$A_1, A_2, \cdots$，有

$$P\left(\bigcup_{i=1}^{\infty} A_i\right) = \sum_{i=1}^{\infty} P(A_i) \quad \text{（可列可加性）} \tag{1.1.3}$$

则称$P(A)$为事件A的概率。

称为“事件集”也好，称为“样本空间”也好，除了它们所包含的事件数目（或样本点数目）扩展到无限，在本质上是和拉普拉斯定义差不多的。两者都认为“样本空间”是已知的；每个样本的“概率”，在拉普拉斯定义中是等同的，而在公理化定义中是被赋予的，它们也应该是已知的。

但公理化定义和冯·米塞斯定义之间却没有那么多本质上的一致。在冯·米塞

斯定义中，不需要已知的“样本空间”，不需要知道“样本点”的“概率”，所要做的事情只是做大量的、同等宏观条件的试验。

本书花了一些篇幅来讲概率，主要是提醒读者注意在古典概率定义中的拉普拉斯定义和冯·米塞斯定义的区别。在后面的叙述中，会多次看到这两种思想的衍生概念。关于概率的性质和运算规则，不是本书所关注的。如果有些读者是第一次接触概率，想学习一下概率论的基本法则，那么请阅读其他相关书籍吧。

1.2　上帝掷骰子吗

概率论是由于事件出现的不确定性而发展起来的，但对于这个“不确定性”，向来有两种截然不同的看法。

一种看法认为“不确定性”是人类认识水平的局限所致，不得已而使用“概率”、“统计”的方法来描述事物。随着认识水平的提高，总会发现其中更为细致的规律，到那时确定性就会取代“不确定性”。持这类观点的代表人物是爱因斯坦，他的名言“上帝不掷骰子”，经常为后来的研究者引用。

“上帝不掷骰子”的思想有着大量的支持者，其中不乏非科技界的人士。1996年，哈佛大学著名的“谐趣诺贝尔奖”的物理学奖项颁给了英国的一位从事科学新闻工作的人士罗伯特·马修斯，因为他研究了墨菲法则的一个著名的版本，证明了当奶油蛋糕从桌子上掉下来的时候，一定是有奶油的一面触地，就是一个例证。

哈佛大学在1991年设立了“Ig Nobel awards”，其宗旨是“Last but not least, there are the Ig Nobel awards, These come with little cash, but much cachet, and reward those research projects that ‘first make people laugh, and then make them think.’”这段话很难确切地用中文表达，试着翻译一下：“最近，但绝不是最小，有了一个Ig Nobel奖，它只有一点点奖金，但有着很多的标志性印章，它奖赏给这样一些研究或事项：‘一开始，使人感到发笑，然后却会沉思细想。’”

Ig Nobel这个“词”意味深长。“noble”的原意是“高贵的，贵族化的”，而“ignoble”，则是“不光彩的”。因此，我国在早期报道“Ig Nobel awards”时，将其译成“最差诺贝尔奖”，显然，翻译者没有注意到“Ig”和“Nobel”是分开的，也没有阅读过上面那段英文原文。后来感觉到不妥，把“最差诺贝尔奖”替换成“搞笑诺贝尔奖”。但“搞笑诺贝尔奖”显然还是词不达意。2012年，中国科学家获得了该奖项的生物学奖，在报道时，用了“谐趣诺贝尔奖”，这大概是最能体现该奖项的名词了。

但是，对“Ig Nobel awards”的误解，好像并不只是中国的翻译家。据说，罗伯特·马修斯在得知荣获Ig Nobel awards后非常生气，拒绝出席颁奖仪式。第二年，在《科学美国人》杂志上再次发表文章，这一次可不单单是奶油蛋糕了，而是《墨菲法则的科学性》。

有些读者可能对墨菲法则不甚熟悉。墨菲是美国空军的一名军官，从事对飞行员身体适应性的研究工作。他在工作中，常发现一些可能造成重大后果的失误，于是他说出了以后成为“法则”的话：“干某件事如有两种以上的方法，而其中有一种方法可能会导致严重故障，那么总有人在某天会采用这种方法。”这句看来不经意的话迅速地流向社会，并融入日常生活中，而且出现了各种“版本”。其中的一个流传极广的版本是：“如果奶油蛋糕从桌子上掉下来，那么奶油面朝下的概率和地毯的价格成正比。”罗伯特·马修斯正是针对这一版本，从数学原理出发，建立了蛋糕和桌子的数学模型，论证了“一定是奶油面朝下”而荣获物理学奖的。

另一种看法则认为“不确定性”是自然界的本质特性，人们所认识的规律只是大量统计所得到的趋势。持这种观点的代表人物，早期是量子力学的创始人之一——薛定谔，薛定谔在晚年致力于生命的起源，他认为生命就是在不确定性中得以产生和发展的。如果按照“确定论”者的观点，那么世上万物“冥冥之中，自有定论”，这是不可想象的。近年来的代表人物则是《时间简史》的作者史蒂芬·霍金，他近乎调侃地反驳爱因斯坦的名言，说道：“上帝不仅在掷骰子，而且会把骰子掷到人们无法知道和根本看不到的地方。”

也有一些观点，是在调和两种不同看法。例如，“貌似随机”的“混沌”现象。“混沌”的观点认为，尽管有一个确定性的系统，有一个完美的数学模型，但由于非线性因素的加入，其结果会对初始条件极度敏感，“失之毫厘，差之千里”。而这些初始条件本身无法预知，满是不确定性。“一只蝴蝶在巴西拍打翅膀，可能会在德克萨斯州引起一场龙卷风。”这句来自美国气象学家洛仑兹在一次学术演讲中的比喻，即刻产生了巨大的影响，以致不久后，他不得不在出版的著作《混沌的本质》一书中加以解释：“如果一只蝴蝶的翅膀的拍打能有助于产生一个陆龙卷的话，那么它同样也能够有利于抑制一个陆龙卷。”

科学家的严肃研究课题，恐怕没有一个像蝴蝶效应那样深入公众的眼界，关于“蝴蝶”的文艺作品层出不穷，其中总有一只坏蝴蝶，另外还有一只好蝴蝶。不过大部分作品只是博得一笑罢了。

但有一点，两种观点是有共识的。那就是对于某些事物，可以说是大部分事物，我们目前只能用统计的方法来认识。至于它们深层次的原因，或者是有待于研究的深化，或者是上帝把骰子掷到黑洞中去了。

1.3　随机变量及其描述方式

1.3.1　随机变量

如果在 1.1 节中所叙述的“基本事件”集是一些数字集，那么显然，数字集中的各个数字 $x_1, x_2, \cdots, x_i, \cdots$，它们之间一定是互不相容的。可以用符号 X 来表示这些数字集，这个 X 就称为随机变量（random variable or variate）。或者说，随机变量就是“基本事件”集的数字化。

X 可以区分为分立随机变量和连续随机变量，前者代表的数字集是可数的（但不一定是有限的），后者代表的则是数轴上所讨论区间中的所有可能的数字。

根据概率的公理化定义，X 中的每个 x_i 有一个特定的数值，就是该 x_i 的概率。但问题马上就来了，x_i 的个数可能是无限的，而它们所对应的数值全部加起来，根据公理化定义，应该是一个有限的数：1。有一点数学基础的读者都知道，这样一来，x_i 所对应的数的绝大部分只能是无穷小量，它们还能有一点意义，哪怕是理论上的意义吗？不过，这难不倒数学家，一个 x_i 不行，那就来考察一群 x_i。一个特定的 x_i 群体被选择出来，这就是从$-\infty$～x，这个 x 是数轴上的某一个数。这群 x_i 所对应的值 P，就称为该随机变量 X 在 x 的概率，它显然应该是 x 的函数：

$$P(x) = P(-\infty < x_i \leqslant x; x_i \subset X) \tag{1.3.1}$$

$P(x)$ 被称为概率函数（probability function），或概率分布函数（probability distribution function）。概率分布函数有着明显的特点：它是一个递增函数；当 x 趋于$-\infty$时，x_i 的数目将趋于 0，故 $P(x \to -\infty) = 0$；而当 x 趋于$+\infty$时，X 的全部样本将被包含在内，故而 $P(x \to +\infty) = 1$。

$P(x)$在应用中并不是很方便，对每一个 x_i 而言，其出现的可能性与其他 x_i 之间比较很不直观。还有一个原因，那就是很难找到一个有着简单数学形式的函数，能够满足 $P(x)$的上述三个特点。数学家和物理学家都坚信“简单就是美”，一切复杂的结果都应该能从简单的原理通过逻辑推论而得出。如果随机变量不能用比较简练的方式表述出来，那么要用它们来描述更为复杂的现象会非常困难，甚至会是一项不可能的任务。于是，产生了描述随机变量的第二种方式，也是更为普遍使用的方式，那就是 $P(x)$的微分形式：

$$p(x) = \frac{\mathrm{d}P(x)}{\mathrm{d}x} \tag{1.3.2}$$

严格的数学表述要比式（1.3.2）复杂一些，有兴趣的读者可以阅读相关的书目，此处不再赘述。

$p(x)$被称为“概率密度函数”（probability density function）。它源自 $P(x)$，它的特点当然也与 $P(x)$有关：它是一个恒正函数（$P(x)$是递增函数）；当 x 趋于$-\infty$和趋于$+\infty$时，它一定趋于 0；还有，也许是最重要的一点，对 $p(x)$从$-\infty$～$+\infty$积分，其数值等于 1。

推论则是，X 出现在区间(a, b)的概率可以表示为

$$P = \int_a^b p(x)\mathrm{d}x \tag{1.3.3}$$

这些特点的证明都很简单，此处略去。

概率分布函数和概率密度函数的示意可参见图 1.3.1。

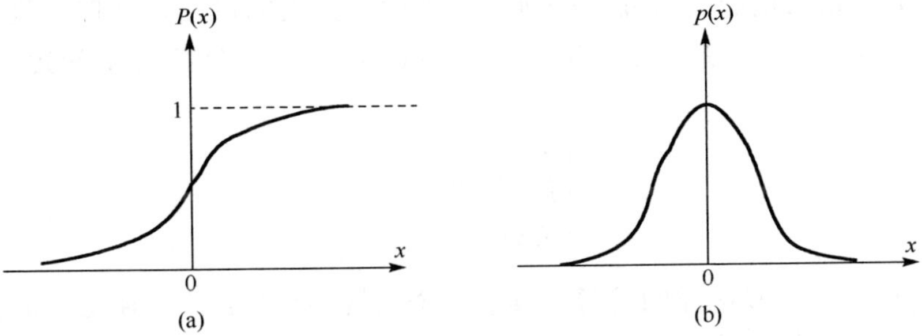

图 1.3.1　概率分布函数和概率密度函数的示意

从原始定义来说，$P(x)$是概率分布函数，$p(x)$是概率密度函数。不过，$p(x)$的运用要广泛得多，很多文献的作者会误把 $p(x)$称为概率分布函数，好在通常不会引起误解。

1.3.2　分立随机变量（δ-函数）

在 1.3.1 节中，我们提到，随机变量可以是分立随机变量，其所代表的数字集是可数的（但不一定是有限的），下面来看式（1.3.1）和式（1.3.2）的定义方式能否适用于分立随机变量的情况。

分立随机变量的 $P(x)$的大体走向和图 1.3.1(a)类似，但有一个区别，那就是它不是连续可微的。在随机变量有值的那些点上，它会出现一个台阶，台阶的高度就是该值的概率，而在没有值的其他地方，它就是平行于数轴的线段。大体的形状可以参看图 1.3.2(a)。

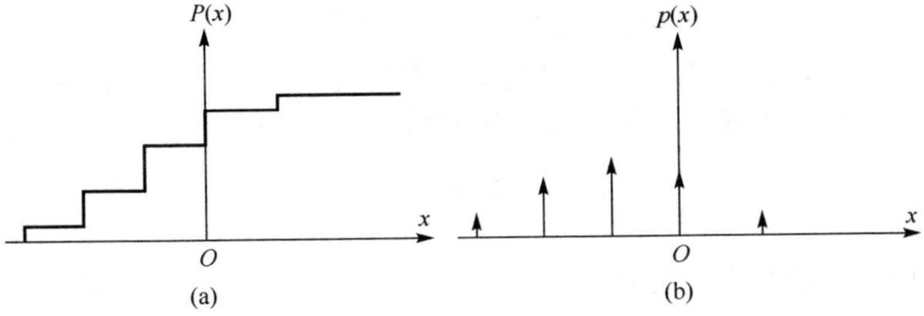

图 1.3.2　分立随机变量概率分布函数和概率密度函数示意

$P(x)$不是连续可微的，因此式（1.3.2）就无法使用。看来，连续随机变量和分立随机变量要用两套不同的概率定义了。不过科学家总是有办法的，他们创造了δ-函数。δ-函数的出现，解决了这个困难。

对于δ-函数，狄拉克在引入它的时候，是很谨慎的。它第一次出现在 1930 年出版的《量子力学原理》中，狄拉克的原始叙述如下。

“……工作要求我们去研究一些包含有某种无穷大的量，在处理这些无穷大时，为了得到一个精确的符号，我们引入一个量$\delta(x)$，它由一个参量 x 决定，并满足下列条件[1]：

$$\begin{cases} \int_{-\infty}^{\infty} \delta(x)\mathrm{d}x = 1 \\ \delta(x) = 0, \quad x \neq 0 \end{cases} \tag{1.3.4}$$

今天，我们对类似这样的符号，有了一个正规的名称：广义函数。但在 20 世纪初，这个符号有点匪夷所思，这能算是一个函数吗？大概是考虑到数学史上无理数的引入、无穷小量的引入、虚数的引入都曾引起一大堆的争论，狄拉克紧接着就加以解释：“按照函数的通用的数学定义，要求一个函数在它的范围内每一点上都有一确定的值，在这个意义下$\delta(x)$就不是一个函数，而是更一般性的某种东西，我们可以称为一个‘非正规函数’，以指出它不同于通常意义下的函数。因此，$\delta(x)$不是一个能像普通函数那样一般地运用于数学分析中的函数，而是要把它的用途限制在某些显然不能引起前后矛盾的简单的表现形式中。”

$\delta(x)$也可以看作下面这个广义函数$\varepsilon(x)$的微商：

$$\varepsilon(x) = \begin{cases} 0, & x < 0 \\ 1, & x > 0 \end{cases} \tag{1.3.5}$$

也就是

$$\delta(x) = \frac{\mathrm{d}\varepsilon(x)}{\mathrm{d}x} \tag{1.3.6}$$

证明是很容易的。在狄拉克的原著中，$\delta(x)$ 就是以式（1.3.6）定义的方式出现的，然后证明了式（1.3.6）和式（1.3.4）定义的等效性。

有了式（1.3.5）和式（1.3.6），我们很容易将分立随机变量的概率分布函数在形式上进行微分运算。先是，如同图 1.3.2(a)那样的函数可以写成$\varepsilon(x)$的叠加形式：

$$P(x) = \sum_i p_i \varepsilon(x - x_i) \tag{1.3.7}$$

然后对式（1.3.7）进行微分运算：

$$p(x) = \frac{\mathrm{d}P(x)}{\mathrm{d}x} = \sum_i p_i \delta(x - x_i) \tag{1.3.8}$$

随机变量在点 x_i 处的概率可以套用式（1.3.3），有

$$P = \int_{x_i-\sigma}^{x_i+\sigma} p(x)\mathrm{d}x = \int_{x_i-\sigma}^{x_i+\sigma} p_i \delta(x - x_i)\mathrm{d}x = p_i \int_{-\infty}^{\infty} \delta(x - x_i)\mathrm{d}x = p_i \tag{1.3.9}$$

这样，对于概率分布函数和概率密度函数的表达和计算，连续随机变量和分立随机变量有了一致的表述形式。

很多人对 $\delta(x)$ 究竟是什么还是心存疑虑，它在 x=0 这一点上如何取值？就像预见到人们的质疑似的，狄拉克在《量子力学原理》中给出了解释："为得到 $\delta(x)$ 的一个图像，我们取实变函数 x 的一个函数，这个函数到处为 0，只有在原点 x=0 附近的一个小范围内，如其长度为 ε，这个函数才不为 0，而且在此小范围内这个函数的值是很大的，以致它在此范围内的积分是 1，函数在此范围内的确切形状无关紧要，只要没有不必要的过大变化，这样，在 $\varepsilon\to 0$ 的极限，这个函数就将成为 $\delta(x)$。"

显然在 $\varepsilon\to 0$ 时，函数的值将越来越大，以致在 x=0 这一点上，$\delta(x)$ 的取值是∞。但在作图的时候，可以在 x=0 处作一根指向 y 轴正方向的单位箭头来表现 $\delta(x)$。箭头表示该值趋向无穷大，"单位"表示它的积分值为 1。于是，分立随机变量的概率密度函数图形如图 1.3.2(b)所示。

出自狄拉克对 $\delta(x)$ 的描述，很多研究者推导出可以作为 $\delta(x)$ 的原始函数的形式，当该函数的某一参量趋近于 0 或∞时，该原始函数就成为 $\delta(x)$。下面就是其中的部分原始函数及其演变的 $\delta(x)$：

$$\delta_a(x)=\begin{cases}\dfrac{1}{\alpha}\mathrm{e}^{-\frac{x}{\alpha}}, & x\geqslant 0\\ 0, & x<0\end{cases},\quad \delta(x)=\lim_{\alpha\to 0}\delta_\alpha(x) \tag{1.3.10}$$

$$\delta(x)=\lim_{\alpha\to 0}\frac{\alpha}{\pi(x^2+\alpha^2)} \tag{1.3.11}$$

$$\delta(x)=\lim_{\alpha\to 0}\frac{1}{\sqrt{2\pi}\alpha}\mathrm{e}^{-\frac{x^2}{2\alpha^2}} \tag{1.3.12}$$

$$\delta(x)=\lim_{\alpha\to 0}\frac{1}{\pi x}\sin\left(\frac{x}{\alpha}\right) \tag{1.3.13}$$

$$\delta(x)=\lim_{\alpha\to 0}\frac{\alpha}{\pi x^2}\sin^2\left(\frac{x}{\alpha}\right) \tag{1.3.14}$$

还有许多其他形式的原始函数，在我们再次遇到的时候，无须大惊小怪，只要它能满足 $\delta(x)$ 的定义，都是可以用的。

在现代的科学著作中，$\delta(x)$ 和 $\varepsilon(x)$ 已被广泛应用，前者经常称为冲击函数，或如狄拉克所强调的称为点函数；后者则被称为单位阶跃函数。

1.3.3　随机变量的各阶矩（平均）

对于一个随机变量，它的概率密度函数确定了，它的"不确定性"的性质也就确定了。为了思维和数学推理上的方便，人们寻找出一大堆可以作为概率密度函数用的函数。不过人们发现，“函数”终究不如“数字”直观，一些特定的数字能更明白地显示该随机变量的特征。就好比赌徒最关心的是几个骰子掷下去，加起来的数值最可能是几，把赌注压在这个数字上，风险有多少。至于“概率密度函数”，留给相关人士去研究吧。

从另一方面讲，数学家也不想仅停留在概率密度函数的层面，而会去探讨更深层次的问题。于是，随机变量的数字特征，就成为继续探讨过程中首先碰到的问题。

我们最希望了解的数字特征其实和赌徒差不多：平均值、离差等。显然“概率密度函数”在计算随机变量的数字特征时，必然会起重要作用，它规定了随机变量各个数值可能出现的权重。例如，随机变量的平均值就可以按式（1.3.15）计算：

$$\langle x\rangle=\int_{-\infty}^{\infty}xp(x)\mathrm{d}x \tag{1.3.15}$$

尖括号$\langle\rangle$表示如同式（1.3.15）的积分运算，尖括号中的 x 表示除了权函数 $p(x)$外的积分量是 x。式（1.3.15）的积分结果有一个专业名称：数学期望（expectation），不过一般就称它为平均值（mean，average）。

式（1.3.15）中的积分量可以扩展，最简单的扩展为

$$\langle x^n\rangle=\int_{-\infty}^{\infty}x^n p(x)\mathrm{d}x \tag{1.3.16}$$

n 是一个任意正整数。n=1 时，它就是数学期望；n=2 时，常被称为均方值（mean square）；n>3 后，没有更专用的词汇，统称为“矩”（moment）；n=3，称为三阶矩（third moment）；n=n，则称为 n 阶矩（n^{th} moment）。

“矩”这个词，无论英文或是中文，都是很有趣的。先来看英文，moment 的原始含义，大家在中学里就已经很熟悉，是“瞬间”、“片刻”的意思。“for a moment”是英美人常见的口头语。moment 以“力矩”的含义出现在物理学中，显然是在 17 世纪以后。“瞬间”、“片刻”和“力矩”之间，实在想不出有什么类似的地方，当时的科学家，怎么会选择了 moment 这样一个词呢？moment 用于随机变量上，主要在于它的计算公式与力矩计算公式的某种类似。在现代出版的各种词典上，我都没有找到 moment 用于物理学和数学的历史渊源。总之，大家都这么用了，它的物理学和数学的含义也已经固化，在文章中发生误解的事也很少见。

再来看中文。中文中的“矩”是一个非常古老的词。孔子曰“七十而从心所欲，不逾矩。”，其中就有这个“矩”。俗话也有“无规矩不成方圆”，“规”是画圆的工具，“矩”是画直角的工具，合起来就成为做事情的法则。可以看到，“矩”的原意是直角的意思，所以直角四边形被称为矩形；引申的含义则是“法则”、“规范”等意思。从 moment 到“矩”，先辈翻译者是下了工夫的，他们大概是考虑到 moment 的方向与转动轴的方向是成直角的，从而想到用“矩”来表达这一概念。

不过，“矩”出现在学术界的很多地方，例如，广为人知的“矩阵”，买汽车时会看到的术语“扭矩”等。在随机变量中出现的“二阶矩”和某些文献中出现的“二阶矩”，概念就有可能不同，这一点，务必请读者注意。

随机变量的“矩”也可以有这样的表述：

$$\left\langle (x-a)^n \right\rangle = \int_{-\infty}^{\infty} (x-a)^n p(x)\mathrm{d}x \tag{1.3.17}$$

当 $a=\langle x\rangle$ 时，该表述有一个专有名词，称为随机变量的各阶中心矩（central moment），常用符号 μ_n 表示。很显然，一阶中心矩一定为 0，也就是 $\mu_1=0$。二阶中心矩有特别重要的意义，它也有一个专用名词：方差（variance），常用符号 μ_2 表示。将它开方并取正值，就是均方根差（root-mean-squared deviation），或更为广泛使用的名词：标准差（standard deviation），常用符号 σ 表示。

必须提一下，$x-\langle x\rangle$ 也有专用名词：“偏差”或“离差”，并直接写成 Δx。显然，Δx 也是一个随机变量。

总结一下关于二阶中心矩的术语：

偏差（deviation）	$\Delta x = x-\langle x\rangle$
方差（variance）	$\mu_2 = \left\langle (\Delta x)^2 \right\rangle$
标准差（standard deviation）	$\sigma = \sqrt{\mu_2}$

这些术语经常会出现在各种文献中。但我发现，并不是每个作者都清楚这些术语的含义，用错术语的情况时有发生，所以在阅读文献时，最好仔细审视一下作者是在表述什么样的概念。

二阶中心矩描述了随机变量偏离均值的程度，μ_2 越小，概率密度函数的曲线形状越集中在均值附近。三阶中心矩则描述了该曲线的不对称状态，常称为偏斜系数（coefficient of skewness）。四阶中心矩则描述了均值附近曲线的态势，常称为峰态系数（coefficient of kurtosis）。更高阶的矩很少用到了。

1.3.4　两个或更多随机变量之间的关系

按照概率的公理化定义，复数当然也可以作为一个 σ-代数而得到一个概率测度群。但作为一个随机变量，复数遇到一个无法逾越的障碍：如何对复数定义出概率分布函数和概率密度函数。从 1.3.1 节，我们已经看到概率分布函数和概率密度函数是定义在 $x_i \leqslant x$ 上的，但复数不能比较大小。诚然，复数的模量可以进行比较，但它是复数的衍生物，已经不是复数本身了。由此，“复随机变量”总是被当作两个实随机变量的组合，就像复数总可以看作两个实数的特定组合一样。要描述这样一个复随机变量，就是描述两个随机变量，它们之间的关系问题就随之出现了。

需要考虑两个随机变量之间甚至多个随机变量之间关系的场合很多，在本书以后的叙述中会常遇到。描述这种关系的最重要的参数，也是从一种“矩”运算得到的。两个随机变量之间的相互关系，用下面的“矩”运算表述：

$$\mu_{12} = \langle \Delta x_1 \Delta x_2 \rangle = \int_{-\infty}^{\infty}\int_{-\infty}^{\infty} \Delta x_1 \Delta x_2 p(x_1, x_2) \mathrm{d}x_1 \mathrm{d}x_2 \tag{1.3.18}$$

在式（1.3.18）中，$p(x_1,x_2)$ 是先前没有出现过的，它是 x_1 和 x_2 的联合概率密度。读者不禁要问，两个随机变量不都有自己的概率密度吗？不能把 $p(x_1,x_2)$ 写成 $p(x_1)p(x_2)$ 吗？请来看一看式（1.3.18），如果做了这样的取代，则式（1.3.18）会成为两个积分的乘积。也就是说，x_1 随机与 x_2 没有关系，也就无所谓研究“两者的关系”了？所以，不能把 $p(x_1,x_2)$ 写成 $p(x_1)p(x_2)$ 。一旦有 $p(x_1)p(x_2) = p(x_1,x_2)$ ，就说明两者之间没有关系，它们是“相互独立的”。

至于 $p(x_1,x_2)$ 的定义，可以按一个随机变量的情况类似给出。也就是首先定义出当 $x_{1i} < x_1$ 且同时 $x_{2i} < x_2$ 的联合概率 $P(x_1,x_2)$ ，然后经过两次微分，得到联合概率密度函数：

$$p(x_1, x_2) = \frac{\mathrm{d}P(x_1, x_2)}{\mathrm{d}x_1 \mathrm{d}x_2} \tag{1.3.19}$$

由于式（1.3.19）中包含两个变量，所以它往往被称为二维概率密度函数，而所描述的两个随机变量，则被称为二维随机变量。

另外一个问题，为什么要用 $\langle \Delta x_1 \Delta x_2 \rangle$ 而不是 $\langle x_1 x_2 \rangle$ 呢？仔细观察一下，后者包含前者的信息，而前者则缺了点平均值的信息，好像后者更为有用。不过，在很多场合，人们更看重的不是平均值，而是与平均值的偏离程度。如同有人统计的“平均工资收入”、“平均住房面积”等遭受到普遍的诟病一样。在学术领域内，平均值太笼统了，说明不了深入的问题。另外，还有一个原因，本书讨论的是光场，其平均值总是 0，采用 $\langle \Delta x_1 \Delta x_2 \rangle$ 或是 $\langle x_1 x_2 \rangle$ 并没有什么区别。

$\langle \Delta x_1 \Delta x_2 \rangle$ 被称为 x_1 和 x_2 之间的协方差（covariance），由于它是由两次积分运算获得的，所以它被归类于“二阶矩”。

$\langle \Delta x_1 \Delta x_2 \rangle$ 已经包含了两个随机变量之间的基本关系，但人们往往希望得到更为明了的关系程度。就像“概率”那样，“1”就是百分之百的可能，“0 ”就是绝对不可能。关系程度也应该有一个类似的说法，“1”就是百分之百的相关，“0”就是毫不相关。这样一个指标已经定义出来了，那就是将 $\langle \Delta x_1 \Delta x_2 \rangle$ 归一化，归一化的基础可以从式（1.3.20）求出：

$$\rho_{12} = \frac{\mu_{12}}{\sigma_1 \sigma_2} = \frac{\langle \Delta x_1 \Delta x_2 \rangle}{\sigma_1 \sigma_2} \tag{1.3.20}$$

σ_1, σ_2 分别是 x_1 和 x_2 的标准差，它们可以从式（1.3.17）获得，也可以从式（1.3.18）获得：

$$\begin{cases}\sigma_1=\sqrt{\left\langle \Delta x_1^2\right\rangle}\\ \sigma_2=\sqrt{\left\langle \Delta x_2^2\right\rangle}\end{cases} \tag{1.3.21}$$

而根据施瓦茨不等式，一定有

$$\mu_{12}\leqslant\sigma_1\sigma_2 \tag{1.3.22}$$

等号仅在 x_1 和 x_2 线性相关时成立。

由式(1.3.20)可见，x_1 和 x_2 的关联程度有了一个百分比的量来描述。$\mu_{12}=0$ 时，$\rho_{12}=0$，两者毫无关联；$\mu_{12}=\sigma_1\sigma_2$ 时，$\rho_{12}=1$，两者线性相关。由此，ρ_{12} 被称为相关系数。

我们知道，一个复数，也可以看成一个平面上的矢量，或者称为二维矢量。当它的两个分量都是随机变量时，就被称为二维随机矢量。将这个概念扩展到空间，就可以得到三维随机矢量。再扩展会得到四维、五维，甚至更高的 N 维。这四维、五维，甚至更高的 N 维是什么？物理学家认为那代表了 N 维空间；数学家认为那是 N 维矢量。至于 N 维空间、N 维矢量是什么？恐怕他们也说不清在现实生活中代表了什么。有一些学者试图用通俗的言语来解释 N 维空间（或 N 维矢量），很抱歉，在我看来，词不达意者居多。但是作为数学语言，N 维矢量确实是很有用的表述方法。例如，在本书中，空间的三个坐标量和时间量一起，就构成一个四维矢量。

这样，我们需要处理 N 个随机变量之间的关系。循着式（1.3.18）的思路，N 个随机变量之间的关系是否可以以一个 N 阶矩来表述：

$$\mu_{12\cdots N}=\left\langle \Delta x_1\Delta x_2\cdots\Delta x_N\right\rangle=\int\Delta x_1\Delta x_2\cdots\Delta x_N f(x_1,x_2,\cdots,x_N)\mathrm{d}x_1\mathrm{d}x_2\cdots\mathrm{d}x_N \tag{1.3.23}$$

不过，很容易看出来，这个 N 阶矩是没什么用处的，只要其中一个变量与其他某一个变量独立，N 阶矩的值就是 0。那些相互有关联的变量也只能默认这个 0 值。

另一种思路，是一次只研究 N 个变量中的两个变量，如研究第 i 个变量和第 j 个变量之间的二阶中心矩关系：

$$\mu_{ij}=\left\langle \Delta x_i\Delta x_j\right\rangle \tag{1.3.24}$$

把所有可能的二阶中心矩排列成一个矩阵

$$\begin{pmatrix}\mu_{11} & \mu_{12} & & \cdots & & \mu_{1n}\\ \mu_{21} & \mu_{22} & & \cdots & & \\ & & \mu_{ii} & & \mu_{ij} & \\ & & \cdots & & & \\ & & \mu_{ji} & & \mu_{jj} & \\ \mu_{n1} & & & & & \mu_{nn}\end{pmatrix} \tag{1.3.25}$$

它被称为协方差矩阵（covariance matrix）。

细心的读者一定会看出式（1.3.24）少了积分表述。原则上说，μ_{ij}会受到除第i个变量和第j个变量之外的变量的影响，是其他变量的函数，故而它仍然是一个随机变量，而不是一个确定的数值。要研究协方差矩阵的普遍性质，不是一件容易的事。不过对于具体的物理问题，在某些假设条件下，矩阵可以简化。后面碰到这种情况时会具体讨论。

1.3.5 最常用的概率密度函数的形式：正态分布

读者已经看到，表述随机变量的最重要的特征是概率密度函数。那么，一个随机变量的概率密度函数是如何确定的呢？数学家构造了大量的，可以作为概率密度函数用的函数形式，只要它满足：

（1）是一个恒正函数；

（2）当x趋于$-\infty$和趋于$+\infty$时，它一定趋于0；

（3）函数从$-\infty$到$+\infty$积分，其数值等于1。

至于现实世界中的那些可以用数字来表现的随机现象，它们的密度函数是什么样的？那可以参考已经构造出来的函数，接近哪个函数，就用哪个函数。不过数学家还是认认真真地从逻辑推理的途径，证明了某种随机现象必然具有某种概率密度分布。其中最著名的，对分立随机变量而言，是伯努利分布（Bernoulli distribution）和泊松分布（Poisson distribution）；对连续随机变量，则是正态分布（normal distribution），或称为高斯分布（Gauss distribution）。

前文已经声明过，本书不是关于概率的著作，只是想通过对概率的叙述，使读者对概率有一个实实在在的理解，以有助于对光的相干性的认识。所以，本书不再赘述这些分布的证明过程，只提及最常见的正态分布。

在一般概率论的著作中，正态分布源自“中心极限定理”[2]。这个定理的最基本的表述方式如下。

如果相互独立的随机变量$X_1, X_2, X_3, \cdots, X_n$服从均值为$a$，方差为$\sigma^2$的同一分布，将它们的和表示为$S_n=X_1+X_2+X_3+\cdots+X_n$，那么当$n\to\infty$时，有

$$\frac{S_n-na}{n}=\frac{S_n}{n}-a\to 0 \tag{1.3.26}$$

如果对S_n“标准化”，亦令

$$S_n^*=\frac{S_n-na}{\sqrt{n}\sigma} \tag{1.3.27}$$

则S_n^*的分布近似服从

$$P(S_n^*\leqslant x)=\Phi(x)=\int_{-\infty}^{x}\frac{1}{\sqrt{2\pi}}\mathrm{e}^{-x^2/2}\mathrm{d}x \tag{1.3.28}$$

请注意式（1.3.26），严肃的作者都不用 $\lim\limits_{n\to\infty}\frac{S_n}{n}-a=0$ 的形式。也就是说，$\frac{S_n}{n}-a$ 仅是趋近于 0，但并不保证它的极限是 0。请回顾“极限”的定义，就可以看到 $\frac{S_n}{n}-a$ 的极限是不存在的。有些作者采用这样的表述方式：

$$\lim_{n\to\infty}P\left(\left|\frac{S_n}{n}-a\right|\geqslant\varepsilon\right)=0 \tag{1.3.29}$$

称为“$\frac{S_n}{n}-a$ 依概率收敛于 0”。公式的意思是，给定一个小量 ε，则无论 n 值取得多大，被考虑的量总有可能大于小量 ε，只不过其概率很小。

将式（1.3.26）与冯·米塞斯的概率定义对比一下，两者之间是不是很有相似之处？

再来看看式（1.3.28）。$\Phi(x)$ 称为概率积分函数，古老一点的数学手册或相关的教科书上，都可以查到它的数值表。现在当然无须这些表格了，它被编入各种计算软件中，可见它的重要地位。对它的积分上限取导数，就可以得到归一化的正态分布概率密度函数：

$$p(x)=\frac{1}{\sqrt{2\pi}}\mathrm{e}^{-x^2/2} \tag{1.3.30}$$

而一般的正态分布概率密度函数，将式（1.3.27）中的 a 和 σ 考虑在内，表现为下列形态：

$$p(x)=\frac{1}{\sqrt{2\pi}\sigma}\mathrm{e}^{-(x-a)^2/2\sigma^2} \tag{1.3.31}$$

在讨论式（1.3.31）之前，先讨论一下别的问题。

首先，是“服从”。在中文中，“服从”是一个有明显主体意识的词汇，典型的如“少数服从多数，个人服从组织。”哪怕不想这样行动，也得克制自己，“服从”某个客体。如果你是机器，当然更好，那么只要“服从”客体操控者的意志就行，但此时用“按照”就行了，计算机的指令正是如此。概率论显然不是在中国发展起来的，“服从”一词来源于“obey”，在最初的概率论译本中，采用了它的日常使用中的含义。但“服从”这一术语，显然带来很多歧义，好像随机变量具有主体意识，因为某种约束，“服从”了某个客体意识规定的“概率密度函数”。从纯数学的观念，各种常用的密度分布函数是数学家的意志，“命令”一个随机变量“服从”，以便进行数学处理，也还说得过去。但具体到某个现实的随机现象，用“服从”一词，就像随机现象具有主体意识一样。概率论传到中国，虽也还不到 100 年的时间，但后来的追随者，大多因袭采用了“服从”一词，少有人去细想其中不合理的含义。

有位先哲曾经说过：“科学定律描述了事物不得不如此的方式，即自然定律的必然性。但这从科学的观点来看是很难理解的。观察和实验从来没有表明事物必须如何，只表明了事物实际上如何。”

现在本书还没有接触到实际的随机现象，所以我们也因循采用了“服从”这一词汇，以和传统的概率教科书一致。一旦接触到现实的随机现象，我们将采用“呈现”或者“遵循”以取代“服从”。**随机现象是客观存在的，它不会“服从”人们的意志而改变自己，各种常用的密度分布函数仅是因为数学上处理的方便而设置的。对于随机现象，这些密度函数只不过是它的一个较好的近似而已。**使用“呈现为某种密度分布”的说法，正是为了尊重和敬畏客观存在，也只有这样，才能更好地了解它、认识它和研究它。

式(1.3.28)是S_n^*概率分布的一个近似表述，但有些作者认为，当$n\to\infty$时，式(1.3.28)就是一个精确表述。从数学逻辑上讲，后者也许是对的。但由于概率本身所具有的“不确定性”，在现实的随机现象中，这一点无法被证实。另外，中心极限定理的假设条件：$X_1, X_2, X_3, \cdots, X_n$是服从均值为$a$，方差为$\sigma^2$的同一分布且相互独立的随机变量，在现实中也是很不容易实现的条件。在引入“随机过程”的概念后，还会进一步讨论这一点。我们认为把式（1.3.28）看作一个近似表述，在研究实际问题时更为恰当。

现在，来讨论服从式（1.3.31）的随机变量的数字特征。

（1）随机变量的均值为a：

$$\nu_1 = \langle x \rangle = a \tag{1.3.32}$$

（2）随机变量的方差为σ^2：

$$\mu_2 = \langle \Delta x^2 \rangle = \sigma^2 \tag{1.3.33}$$

（3）随机变量的奇次中心矩为 0，而偶次中心矩可以用它的二阶矩表述出来，也就是说，二阶矩是该随机变量的各阶中心矩的唯一特征。

$$\mu_r = \begin{cases} 0, & r\text{为奇数} \\ \sigma^r (r-1)(r-3)\cdot 5\cdot 3\cdot 1, & r\text{为偶数} \end{cases} \tag{1.3.34}$$

式（1.3.34）使得随机变量的正态分布是最便于数学处理的分布形式。这也许是它得到广泛应用的另一个原因。

图 1.3.3 是正态概率密度曲线的大致形状，这是一条“光滑”的曲线，处处可微。随着σ的增加，曲线趋于平坦。

在图 1.3.4 中，我们用 MATLAB 程序，按照正态分布规律产生了 30000 个随机数样本，然后将这些随机数样本的不同幅度出现次数作为纵坐标加以排列，以构成“概率密度曲线”。此项工作做了两次，形成了如图所示的两幅图形。可以看到，它们大体上符合式（1.3.31），但“毛刺”较多。需要说明的是，计算机产生的随机数，是一种“伪随机数”，在样本数达到某种程度以后，就可以看出它们的某种规律性，再增加样本数，不会对减少“毛刺”有所帮助。

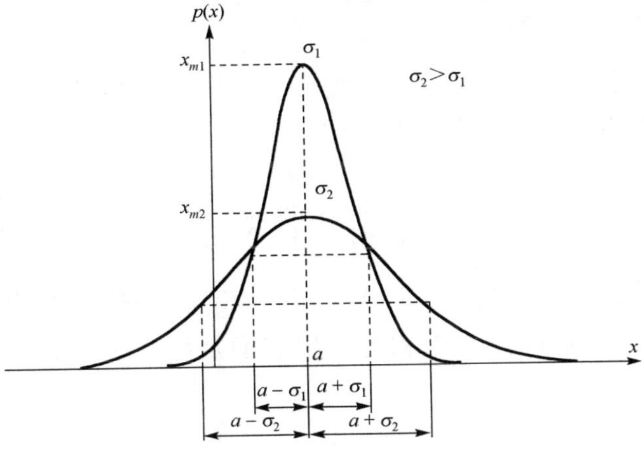

图 1.3.3　正态概率密度函数的大致形状

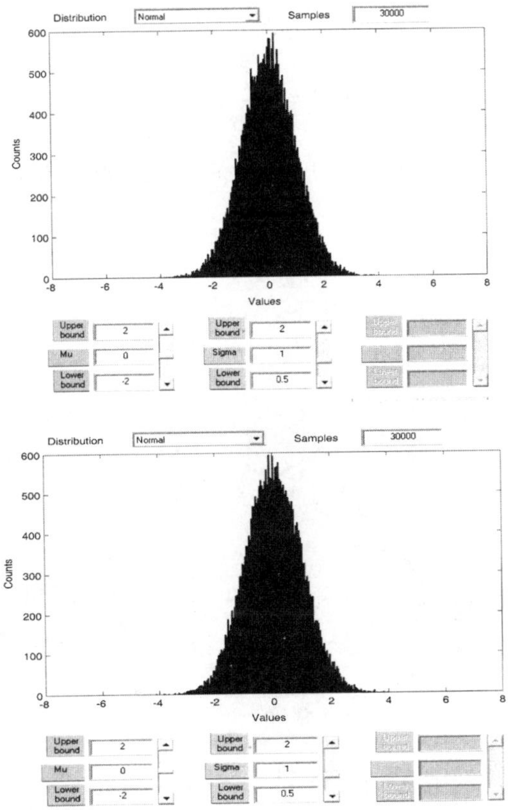

图 1.3.4　由 MATLAB 产生的 30000 个样本组成的“概率密度函数”

正态分布可以是多维形态的，其中二维分布用得非常广泛，它的数学表述为

$$p(x_1,x_2)=\frac{1}{2\pi\sigma_1\sigma_2(1-\rho_{12}^2)^{1/2}}\exp\left[-\frac{1}{2(1-\rho_{12}^2)}\left(\frac{\Delta x_1^2}{\sigma_1^2}-\frac{2\rho_{12}\Delta x_1\Delta x_2}{\sigma_1\sigma_2}+\frac{\Delta x_2^2}{\sigma_2^2}\right)\right] \quad (1.3.35)$$

式中，ρ_{12}是两个随机变量之间的相关系数。如果$\rho_{12}=0$，则两个随机变量之间相互独立，公式就表现得相对简单一些，即

$$p(x_1,x_2)=\frac{1}{2\pi\sigma_1\sigma_2}\exp\left[-\frac{1}{2}\left(\frac{\Delta x_1^2}{\sigma_1^2}+\frac{\Delta x_2^2}{\sigma_2^2}\right)\right] \quad (1.3.36)$$

一个特别的例子是复随机变量$z=x+\mathrm{i}y$，在本书中，最常用的情况是x和y的平均值均为 0，它们的方差也相等，但它们是相互独立的，于是公式进一步简化为

$$p(x,y)=\frac{1}{2\pi\sigma^2}\mathrm{e}^{-(x^2+y^2)/2\sigma^2} \quad (1.3.37)$$

或

$$p(z)=\frac{1}{2\pi\sigma^2}\mathrm{e}^{-|z|^2/2\sigma^2} \quad (1.3.38)$$

图 1.3.5 为二维正态分布概率密度函数的大体形状，供读者发挥想象力时参考。

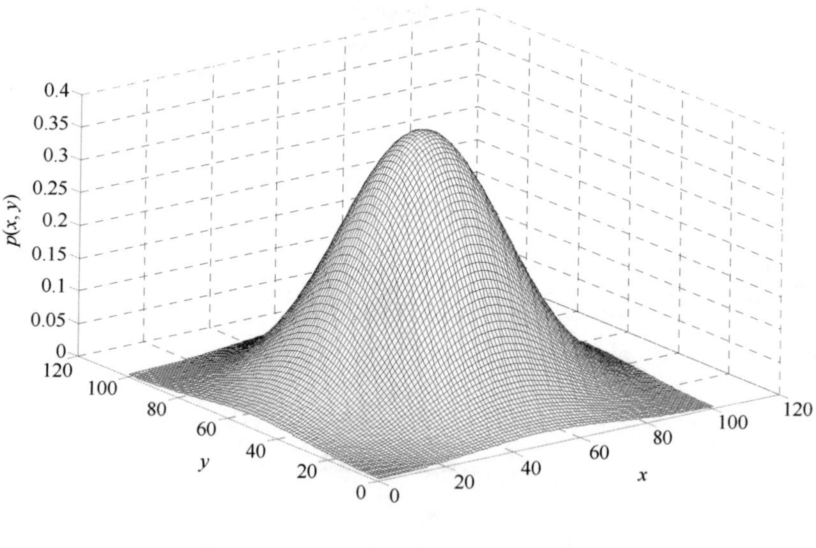

图 1.3.5　式（1.3.37）的大致形状

1.4　随机过程

在 1.3 节中，读者认识了随机变量，也知道了随机变量是数学逻辑的产物。或者说，它们生活在数学家的思想中，与现实的随机现象还有距离。迈过这段距离，有两条路可走。一条路，是对获得的大量类似的数据进行处理，计算它们的平均值、分布状态，找到一个最接近的分布函数类型等，此类数据通常与时间的关系不大，或者说它们的分布规律在以月、年之类的时间间隔内都鲜有变化。由此，很少有人会去考虑数据的获得过程。这种方法在研究社会问题时多加采用，有时还会算算方差，统计算出最大值和最小值。不过在面对海量数据时，统计计算是很费时的工作，数据的输入也难免出错，以致统计人员有时就只算出一个平均值，参考价值不大。但在数据量不算太大，且有可能由传感器直接采集数据的场合，数据的处理可以深入得多，处理结果对今后工作的参考价值也就更大。这一条路径的方法被称为“数理统计”，已经发展成为一门专门的学问。除了社会问题外，它在技术科学领域也有广泛应用。

另一条路，也是本书将要采用的途径，不仅考虑数据，还需要考虑数据所产生的时间因素或顺序因素。这条路径被称为“随机过程”。

1.4.1　随机过程、平稳随机过程

随机过程 $X(\xi,t)$ 定义为一组两个独立变量 $\xi\in\Omega$ 以及 $t\in T$ 的函数，Ω 是随机变量 $X(*,t)$ 的样本空间，T 是参变量 t 的集合，它通常是表示时刻或获得数据的顺序变量。

有意思的是，尽管有一个合乎逻辑的定义，对随机过程却有着不同的理解方式。

一种理解方式，承继了拉普拉斯的思想，认为随机过程是顺序发生的一系列随机变量：$\{X(*,t_i);t_i\in T\}$，$i=1,2,\cdots,n$。我们已经知道，随机变量只生活在人们的思想中，这种理解方式，把随机变量家庭成员扩大了 n 倍。

另一种理解方式，类似于冯·米塞斯的概率定义，认为随机过程是一个时间函数，在每一时刻上，$X(\xi)$ 已出现了一个具体数值 ξ_i：$\{X(\xi_i,t);\ \xi_i\in\Omega\}=X_{\xi i}(t)$。$X_{\xi i}(t)$被称为随机过程的一个“实现”（realization），或一个“样本函数”（sample function）。“实现”也好，“样本函数”也好，从命名上就可以看出，这是一种很现实的理解方式，我们可以很容易从实验、记录或其他现实的手段获得一个“样本函数”。

这两者谁优谁劣，恐怕很难做出比较。假设拉普拉斯的信奉者（简写为 L）和冯·米塞斯的拥护者（简写为 M）遇到一起，展开一场辩论赛，那是会很有趣的。

L：$\{X(*,t_i);t_i\in T\}$ 承继了数理逻辑的严密性，你不会找到破绽的。

M：严密倒是严密了，但有什么用处呢？

L：我可以算出每个时刻的平均值和标准差：

$$\langle x(t)\rangle = \int xp(x,t)\mathrm{d}x \tag{1.4.1}$$

$$\langle \Delta x(t)\rangle = \int \Delta xp(x,t)\mathrm{d}x \tag{1.4.2}$$

它们被称为集合平均（ensemble average）。

M：别以为我不知道“集合平均”这个词，早期的著作中，它被翻译成“系综平均”，太拗口了，很难从字面上去理解它的意思。现在的“集合平均”这个词，我还是很满意的。从实验数据求得集合平均，其实挺好办的。在相同条件下，做 *n* 次实验，就可以获得 *n* 组样本函数，将这 *n* 组函数做“平均”运算：

$$\langle x(t)\rangle = \lim_{n\to\infty}\frac{1}{n}\sum_{r=1}^{n}{}^{(r)}x(t) \tag{1.4.3}$$

它不就和式（1.4.1）等价了吗？按式（1.4.1）的方式，还要费力去想，这个 $X(*,t_i)$ 究竟服从什么概率分布呢？

L：可以根据经验选择一个分布，如噪声幅度，就选择正态分布；余弦波的起始相位，就选择 0～2π的均匀分布。要知道，在这么大量的随机变量的情况下，正态分布是不会有大的差异的。

M：请记住，中心极限定理要求每个随机变量之间是相互独立的，你能保证这一点吗？

L：我能够假设它们是相互独立的。其实你的“平均”运算是有漏洞的，什么叫做“相同条件”，做 *n* 次实验，如何去保证“相同条件”？

M：可以设计制作 *n* 个相同的实验装置，例如，要获得前置放大器噪声电平的样本，就组装 *n* 个一模一样的前置放大器，放在电磁屏蔽室内，后面接上 *n* 个同一型号的示波器，在同一时间段内运行就可以了。

（场内观众笑声一片）

L：听到大家的笑声了吗？你这样取数据是不现实的，现实的做法只能是一个前置放大器上在 *n* 个不同的时间段内获取 *n* 组样本。而这种情况，要保证“相同条件”是不容易的。

M：尽管不容易，但还可以想办法。你的“根据经验选择一个分布”，不就是通过大量的实验积累才得到的！“假设它们是相互独立的”是没有意义的，我们研究的是过程，如果都是“独立”的，那么有什么过程可言，把它们当作随机变量来处理就可以了。

L：情况的确是这样的，我只是说“不会有大的差异”，并没有说它们的分布函数就是正态分布。况且，我们还定义了一个专门描述过程关系的参数：

$$\varGamma(t_1,t_2) = \langle x(t_1)x(t_2)\rangle = \int x_1x_2p(x_2,t_2;x_1,t_1)\mathrm{d}x_1\mathrm{d}x_2 \tag{1.4.4}$$

为了强调这是过程自身中的两个随机变量之间的关系参数，我们称它为自相关函数（autocorrelation function）。

M：这个函数可是够复杂的，它会是 t_1,t_2 的函数。还有一个问题，你并不能保证在不同的时刻，概率密度函数还会是相同的形式。

L：是的，如果没有进一步的假设条件，想再深入一步研究是很困难的。所以，我们做了平稳随机过程（stationary random process）的假设，如果一个随机过程的统计特性，也就是概率密度函数，在感兴趣的时间段内保持不变，那么它称为平稳随机过程。

M：你也落入圈套了。我也可以说，在我获取 n 组样本的时间段内，假设它们的统计特性不变。

L：这是两回事。理论上，假设什么都行，然后用逻辑推理的方法，研究在这种假设条件下，事物会有什么特性。现实中获取样本可不行，你的前置放大器也许还能满足“统计特性不变”的条件，但你总不能在获取 n 组地震波样本时，也假设它们的“统计特性不变”吧。

M：你的“统计特性不变”是什么含义？

L：严格地说，“统计特性不变”应该是在感兴趣的时间段内，所有随机变量的联合概率分布不变。

M：我的 n 组样本没有用处了，从中根本无法判断“所有随机变量的联合概率分布不变”。

L：可以放宽条件嘛！

M：你的“统计特性不变”不过是生活在你思想中的概念，在实践中一点用处没有。

L：放宽后的说法是，只要满足下面的条件：

$$\langle x(t)\rangle = \int xp(x,t)\mathrm{d}x = \text{常数} \tag{1.4.5}$$

$$\Gamma(t_1,t_2) = \langle x(t_1)x(t_2)\rangle = \Gamma(t_1-t_2) = \Gamma(\tau) \tag{1.4.6}$$

也就是说，如果随机过程的平均值在感兴趣的时间段内保持一个常数不变，且它的自相关函数仅与所考虑的两个时刻之差 τ 有关，与具体的时刻数值无关，我们就称该随机过程为宽平稳随机过程（stationary random process in the wide sense）。

M：从 n 组样本中计算这两个平均值，尽管繁杂一点，但还是做得到的。不过我的麻烦还没有得到解决，你也说过，通常情况下，采集 n 组“统计特性不变”的样本函数是很难的，有那么几组函数可以看作宽平稳随机过程就不错了。样本函数的数量不足，计算出的平均值恐怕就不太可信。如果我们只有一组样本函数呢？连平均值都无法计算。

L：这的确是一个问题。你所能做的，就是把这一组内所有的数据加起来再取平均。

M：这正是我打算用的方法。具体来说，我采用这样的步骤。

（1）在确定的时间 T 内，观察记录随机过程的样本函数，并按 T/n 的间隔（等间隔取样，但这不是必须的）取定时刻标志：$t_1, t_2, \cdots, t_j, \cdots, t_n$。

（2）对应于每一个标志时刻，读取样本函数的值 $x_j(t_j)$。

（3）对 x_j 进行平均值计算：

$$\frac{1}{n}\sum_{j=1}^{n}x_j(t_j) \tag{1.4.7}$$

（4）显然，n 值取得越大，平均值就会越精确。将 $n\to\infty$时的平均值记为 $\overline{x}(t)$，是指在时间域上平均（average in time domain），于是，

$$\overline{x}(t)=\lim_{n\to\infty}\frac{1}{n}\sum_{j=i}^{n}x_j(t_j)=\frac{1}{T}\int_0^T x(t)\mathrm{d}t \tag{1.4.8}$$

问题在于，一个样本函数的时间平均，能作为随机过程的集合平均用吗？

L：这个问题可以从理论上规定一种特定情况。我想，只要随机过程的平稳性不变，那么观察时间 T 越长，计算的均值就越接近随机过程的集合平均值：

$$\overline{x}(t)=\lim_{n\to\infty}\frac{1}{n}\sum_{j=i}^{n}x_j(t_j)=\lim_{T\to\infty}\frac{1}{T}\int_0^T x(t)\mathrm{d}t\to\langle x(t)\rangle \tag{1.4.9}$$

可以规定，如果有

$$\overline{x}(t)=\lim_{T\to\infty}\frac{1}{T}\int_0^T x(t)\mathrm{d}t=\langle x(t)\rangle \tag{1.4.10}$$

则称该随机过程的样本函数具有“遍历性”（ergodicity）。然后，我们再来研究哪些随机过程是可能有遍历性的样本函数的。

M：顺便再找找哪些随机过程具有这样的特性：

$$\Gamma_{xt}(\tau)=\lim_{T\to\infty}\int_0^T x(t)x(t+\tau)\mathrm{d}t=\langle x(t)x(t+\tau)\rangle \tag{1.4.11}$$

L：可以把式（1.4.10）称为均值遍历性，把式（1.4.11）称为自相关遍历性。不过，最好把这两个公式写为

$$\overline{x}(t)=\lim_{T\to\infty}\frac{1}{T}\int_0^T x(t)\mathrm{d}t\overset{\text{ZMSE}}{=}\langle x(t)\rangle \tag{1.4.12}$$

$$\Gamma_{xt}(\tau)=\lim_{T\to\infty}\int_0^T x(t)x(t+\tau)\mathrm{d}t\overset{\text{ZMSE}}{=}\langle x(t)x(t+\tau)\rangle \tag{1.4.13}$$

"ZMSE"的意思，是零均方误差（zero mean square error），也就是说它们并不相等，但它们之间的差别的均方误差趋于 0。

于是，拉普拉斯的信奉者去研究和寻找符合遍历性要求的随机过程，而冯·米塞斯的拥护者则用式（1.4.10）和式（1.4.11）来研究他们的样本函数。不过他们还是有点心虚，意识到"样本函数"中的 T 不可能趋于无穷，于是定下了几条规矩。

（1）观察时间 T 必须足够长，以使"样本函数"能达到遍历性的要求。

（2）但 T 又不能太长，以保证在 T 内"样本函数"呈现平稳过程的特性。

（3）在 T 内的取样数 n 要足够多，相当于取样间隔 T/n 足够短。n 多，计算才会精确，T/n 短，才不会漏掉细节。

（4）但 T/n 又不可能很短，它取决于计算设备的性能。另外，"样本函数"的细节，除了 T/n 外，也受限于获取样本的传感器的时间常数。T/n 小于该时间常数，就不会对计算精度和细节描绘有任何帮助。

原则上定下规矩不难，但对具体问题而言，T 和 T/n 该如何确定？于是，随机过程的时间特性问题，自然就引起重视了。

不过在此之前，还要探讨一下自相关函数的性质。

1.4.2　自相关函数的性质

式（1.4.6）的定义方式仅适用于实数过程。不过研究工作中经常会碰到复数过程，例如，学界常用 $\boldsymbol{E}(t)=E\mathrm{e}^{\mathrm{j}\omega t+\alpha}$ 的形式来描述光场，在后面会看到，它应该作为一个随机过程来处理，写作 $\boldsymbol{E}(t)=E(t)\mathrm{e}^{\mathrm{j}[\omega t+\alpha(t)]}$。显然，它是一个复数过程（关于复数光场，在本章的后面章节中还要讨论）。对于复过程，当然也存在相关函数，而且当 $t_1=t_2$ 时，相关函数就成为同一个随机变量自身相乘后取平均，或者说是该随机变量的均方值。对于平稳过程，它也应该是一个常数。另外，自身与自身的相关，当然是完全相关，连相位上的差异都不会有。但如果按式（1.4.6）来求相关函数，就会使得 $\varGamma(0)$ 成为一个复数。这使得拉普拉斯的信奉者和冯·米塞斯的拥护者都很难受。不过这个问题很好解决，只要把相关函数定义为

$$\varGamma(t_1,t_2)=\left\langle \boldsymbol{x}(t_1)\boldsymbol{x}^*(t_2)\right\rangle \tag{1.4.14}$$

它和式（1.4.6）的表述并不矛盾。对于 $t_1\neq t_2$ 的情况，对两者相关状况的评估，最多是其中一个变量的相位变为负号，不会有本质的区别。它的好处是很明显的，$\varGamma(0)$成为一个实数，而且在数值上等于复过程模量的平方。熟悉光的电磁场表述的读者一下就能看出来，如果 $\boldsymbol{x}(t)$ 代表光场的电场，那么$\varGamma(0)$是通量密度（经常也被称为"光强"）。于是，$\varGamma(0)$有了一个明白的物理意义。学界把式（1.4.14）在平稳过程时的表述表达为

$$\Gamma(t_1,t_2)=\left\langle \boldsymbol{x}(t_1)\boldsymbol{x}^*(t_2)\right\rangle=\Gamma(t_2-t_1)=\Gamma(\tau) \tag{1.4.15}$$

$\Gamma(\tau)$ 的性质罗列如下，本书略去证明过程。

（1）
$$\Gamma(0)\geqslant 0 \tag{1.4.16}$$

（2）
$$|\Gamma(\tau)|\leqslant \Gamma(0) \tag{1.4.17}$$

（3）
$$\Gamma(-\tau)=\Gamma^*(\tau),\quad \Gamma(\tau)=\Gamma^*(-\tau) \tag{1.4.18}$$

也就是说，对于实过程，$\Gamma(\tau)$ 是一个偶函数。

（4）将两个时刻 t_1, t_2 之间的所有二阶矩 $\Gamma(t_1,t_1)=\Gamma_{11}$，$\Gamma(t_1,t_2)=\Gamma_{12}$，$\Gamma(t_2,t_1)=\Gamma_{21}$，$\Gamma(t_2,t_2)=\Gamma_{22}$ 写成矩阵形式：

$$\boldsymbol{\Gamma}=\begin{pmatrix}\Gamma_{11} & \Gamma_{12}\\ \Gamma_{21} & \Gamma_{22}\end{pmatrix}$$

它的行列式为

$$\det\boldsymbol{\Gamma}\geqslant 0 \tag{1.4.19}$$

（5）如果 $\boldsymbol{x}(t)$ 是可微的，那么它的微分过程 $\xi(t)$ 是 0 均值平稳过程，它的自相关函数 $\Gamma_{\xi}(\tau)$ 为

$$\Gamma_{\xi}(\tau)=\ddot{\boldsymbol{\Gamma}}_{\boldsymbol{x}}(\boldsymbol{x}) \tag{1.4.20}$$

（6）$\Gamma(\tau)$ 的连续性处处一致。

（7）如果平稳随机过程的平均值不为 0，那么它的相关函数为

$$\Gamma(\tau)=\Gamma_0(\tau)+|\langle \boldsymbol{x}\rangle|^2 \tag{1.4.21}$$

$\Gamma_0(\tau)$ 称为协方差函数。

对一个实过程而言，相关函数的形态如图 1.4.1 所示。图中的虚线就是 $|\langle \boldsymbol{x}\rangle|^2$，当 $|\tau|\to\infty$ 时，$\Gamma_0(\tau)$ 的极限值是 0。

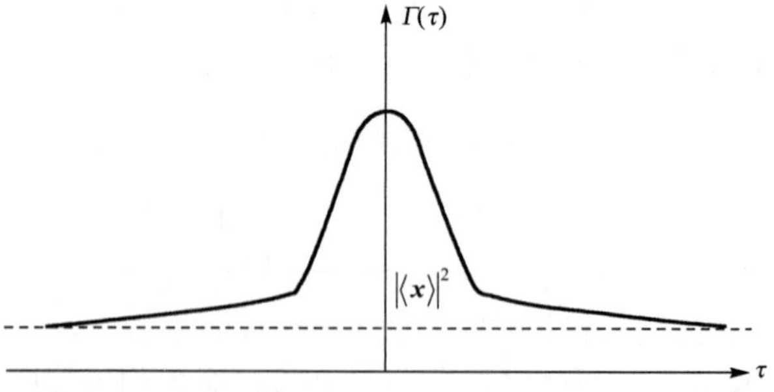

图 1.4.1　实平稳随机过程相关函数的大体形态

相关函数的数值与随机过程本身的数值显然有关联，用它来表述随机过程不同

时刻的关联程度不是那么直观。数学家和物理学家都希望有一个函数，当它的值为 1 时，所考虑的两个随机变量之间的相关程度最强；而当它的值为 0 时，它们之间毫不相关。这个函数很容易找到，它建立在协方差函数的基础上，定义为

$$\gamma(\tau)=\frac{\Gamma(\tau)-\left|\langle \boldsymbol{x}\rangle\right|^2}{\Gamma(0)-\left|\langle \boldsymbol{x}\rangle\right|^2}=\frac{\Gamma_0(\tau)}{\Gamma_0(0)} \tag{1.4.22}$$

显然有

$$\left|\gamma(\tau)\right|\leqslant 1,\quad \gamma(0)=1 \tag{1.4.23}$$

这就是协方差函数的归一化。由于 $\Gamma_0(\tau)$ 描述的是同一随机过程不同时刻之间的相关程度，所以 $\gamma(\tau)$ 被称为归一化自相关函数。又因为 $\left|\gamma(\tau)\right|$ 的数值是无量纲的，取值范围在（0,1），它的具体取值也被称为自相关系数（auto-correlation coefficient）。

1.4.3　平稳随机过程的谱展开

随机过程作为一系列随时间推移而出现的随机变量的观点，使得要在时域上研究它是很难的。而它的一个样本函数，我们已经说过，必须经历足够长的时间，才能被认为是等同于该随机过程。我们又说，在处理样本函数时，取样间隔必须足够短。“足够长”，长到什么程度；“足够短”，又短到什么程度？在实际处理样本时，可以按计算设备的能力的极限来做。但如果理论上没有一个关于“程度”的说法，这个“理论”恐怕很难说得通。

最普遍的一种说法，也是一种相当合理的说法，是将过程分解为它的傅里叶谱。一个样本函数展开为傅里叶谱的叠加，在理论上是没有问题的，特别是现在有了 δ 函数，傅里叶变换总是可以有一个简明表述式的。但明显的是，一个样本函数的傅里叶谱不能当作随机过程的傅里叶谱。当然，从理论处理的观点，可以用很多样本的傅里叶谱来做平均运算，以得到随机过程的傅里叶谱。不过这样做就需要“很多样本”，而且每一条谱线中都有幅度和相位两个参数，如何做平均运算，也不是很容易的。

于是，经过了很多数学家的努力，他们最后得到一致的意见，做出如下结论。

平稳随机过程的自相关函数与它的“谱密度函数”，或称为“功率谱函数”构成一个傅里叶变换对。用公式表示，即

$$S(\omega)=\frac{1}{2\pi}\int_{-\infty}^{\infty}\Gamma(\tau)\mathrm{e}^{\mathrm{i}\omega\tau}\mathrm{d}\tau \tag{1.4.24}$$

$$\Gamma(\tau)=\int_{-\infty}^{\infty}S(\omega)\mathrm{e}^{-\mathrm{i}\omega\tau}\mathrm{d}\omega \tag{1.4.25}$$

用平稳随机过程的相关函数替代随机过程本身，也就是“先平均，后变换”，其结果是谱密度函数与相关函数都是确定函数。这为研究实际问题的科技工作

者带来极大的便利。式（1.4.24）和式（1.4.25）无疑是平稳随机过程理论中最重要的基础，但它的证明过程却不那么简单。不仅要考虑积分限扩展到无穷的合理性，还涉及相关函数的非负定性质。如果查阅数学系的教科书，会发现证明过程至少要占到 4～5 页的篇幅。

式（1.4.24）和式（1.4.25）在数学史上也占有重要地位，它被称为维纳-辛钦定理。

对于维纳-辛钦定理的命名，有些科学史作家认为，其实很多思想来自爱因斯坦，维纳是从爱因斯坦著名的“三篇论文”获取的灵感，定理应该命名为“维纳-辛钦-爱因斯坦”定理。还有一些人，主要是苏联的学者认为，定理的主要贡献来自概率论公理的完成者柯尔莫哥洛夫，他们将该定理称为柯尔莫哥洛夫-辛钦定理。柯尔莫哥洛夫确实是一位杰出的数学家，本书在后面讨论湍流时，还会看到他的贡献。但具体到现在这个定理，我对他的贡献是抱有怀疑的。此处，我们还是称它为维纳-辛钦定理。

谱展开中有一些值得注意的具体问题，我们只对一些感兴趣的事项来做进一步的讨论。

1）关于平均值问题

如果平稳随机过程的平均值不为 0，那么在谱密度函数中会出现一个 $\omega=0$ 的 δ 函数分量：

$$S(\omega)=S_0(\omega)+\left|\langle \boldsymbol{x}\rangle\right|^2\delta(\omega) \tag{1.4.26}$$

2）谱密度函数的归一化问题

δ 函数使得谱密度函数有简明的表述方式，但它终究是“广义函数”，真正运算起来并不方便。由此，在考虑归一化问题时，还是把它排除在外。一方面，将归一化相关函数定义为式（1.4.22），把平均值分量消去；另一方面，将归一化谱密度定义为归一化相关函数的傅里叶变换：

$$s(\omega)=\frac{1}{2\pi}\int_{-\infty}^{\infty}\gamma(\tau)\mathrm{e}^{\mathrm{i}\omega\tau}\mathrm{d}\tau \tag{1.4.27}$$

这样一来，归一化谱密度函数一般来说就不包含广义函数，给计算工作带来了方便。另外，过程的平均值不为 0，意味着随机过程是在一个“平均值”上叠加了一个均值为 0 的随机过程。平均值的“频率”当然是 0，它可以作为确定函数来处理，排除在“随机”变化之外。

一个明显的推论为

$$\int_{-\infty}^{\infty}s(\omega)\mathrm{d}\omega=1 \tag{1.4.28}$$

谱密度函数和它的归一化函数之间的关系为

$$s(\omega)=\frac{S(\omega)-|\langle \boldsymbol{x}\rangle|^2\delta(\omega)}{\Gamma(0)-|\langle \boldsymbol{x}\rangle|^2} \tag{1.4.29}$$

3）周期性问题

与平均值问题类似，如果平稳随机过程具有某种周期性：

$$\Gamma(\tau)=\Gamma_0(\tau)+|\langle \boldsymbol{x}\rangle|^2+\sum_j A_j \mathrm{e}^{-\mathrm{i}\omega_j\tau} \tag{1.4.30}$$

那么在谱密度函数中相对应的频率点会有δ函数分量：

$$S(\omega)=S_0(\omega)+|\langle \boldsymbol{x}\rangle|^2\delta(\omega)+\sum_j A_j\delta(\omega-\omega_j) \tag{1.4.31}$$

周期性的存在，其内涵与平均值是一致的。它意味着过程在特定的频率点有确定性的周期函数，对它们的处理也可以排除在“随机”之外。

当谱密度函数确定之后，应该如何选择 T 和 T/n，就有了一个“准则”。通常，谱密度函数会占据一定的频率范围，在这个频率范围内，谱密度函数有值得考虑的数值。于是，T 的选择应使得 $1/T$ 小于该频率范围的最小值，而 T/n 的选择应使得 n/T 大于该频率范围的最大值。在用实验方法获取真实世界的一个样本函数的场合，或在计算机上生成一个仿真样本函数的场合，这个“准则”是一定要遵循的，否则这个“样本”就不能完成“遍历”过程，或不能反映过程的细节，于是该样本就不能用平稳随机过程的理论来处理，需要寻求其他方法。

1.4.4　两个平稳随机过程之间的关系

上文介绍了一个平稳随机过程的基本处理方法。其实，“一个”平稳过程通常是对事物简化的结果，或者是因为受限于获取过程的手段，或者是只需要“一个”就可以了。例如，有一个用望远镜头来收集信号的光通信系统，在镜头的焦点处放了一个单点探测器，探测器的输出就是一个随机过程，而且通常可以认为是平稳随机过程。当没有光照射时，探测器输出一个均值为 0 的噪声，这是一个平稳随机过程；如果有一定强度的光照，则探测器的输出中会叠加一个直流分量，表现为噪声和平均值的叠加，它仍然是平稳随机过程；如果所用的照明光有一个频率为 f 的调制信号，那么在输出中会有该频率的分量出现（只要探测器的响应够快），表现为噪声、平均值和调制分量的叠加，调制信号就包含了需要传递的信息，一般说来，它仍然可以看作平稳过程。

这是一个单点探测器的情况，它输出了“一个”随机过程。但我们知道，光学系统的焦点其实不是“一个点”，至少它应该看成艾里斑，还可能有调焦误差和像差的影响。另外，在某些场合（如跟踪目标的场合），我们需要更细致的信息。基于这两点，可以将单点探测器置换成四象限探测器，将“一个点”分成“四个点”。原来输出“一个”随机过程的装置，现在输出“四个”随机过程。

于是，研究多个随机过程之间的关系问题就出现了。诚如前面已经提到过的，一般情况下，我们只对两个随机过程之间的关系进行研究。在必须考虑更多随机过程的场合，往往会采取一些简化问题的假设，或采取一些特殊的处理方法。本书在遇到具体问题时，还会做出相应的解释。

描述两个随机过程之间关系的参数应该具有下面的形式：

$$\Gamma_{12}(t,t+\tau)=\left\langle \boldsymbol{x}_1^*(t)\boldsymbol{x}_2(t+\tau)\right\rangle \tag{1.4.32}$$

式中，$\boldsymbol{x}_1(t),\boldsymbol{x}_2(t)$ 是所考虑的两个随机过程。$\Gamma_{12}(t,t+\tau)$ 称为互相关（cross-correlation）函数，一般来说，它是 t 和 τ 的函数。但如果它仅是 τ 的函数，则称这两个过程是联合平稳（jointly stationary）的。或者可以反过来说，如果两个随机过程是联合平稳的，那么它们的互相关函数仅是 τ 的函数。这可不是文字游戏，后者是数学上的定义，而前者是对两个具体过程之间是否平稳的一个判断准则。显然，联合平稳的两个随机过程各自都必须是平稳随机过程。

至于这个“互”字，应该说翻译得很巧妙。早期的译作和著作中，它被翻译成“交叉”。从字面上看，“交叉”更接近“cross”的原意。但从“cross-correlation”所包容的内涵来说，在中文中，“互”比“交叉”更为贴合。

对于互相关函数，很容易得到：

$$\Gamma_{21}(\tau)=\Gamma_{12}^*(-\tau) \tag{1.4.33}$$

两个随机过程的所有二阶矩可以构成互相关函数矩阵：

$$\boldsymbol{\Gamma}(\tau)=\begin{pmatrix}\Gamma_{11}(\tau) & \Gamma_{12}(\tau)\\ \Gamma_{21}(\tau) & \Gamma_{22}(\tau)\end{pmatrix} \tag{1.4.34}$$

式中，$\Gamma_{11}(\tau)$ 和 $\Gamma_{22}(\tau)$ 就是 $\boldsymbol{x}_1(t),\boldsymbol{x}_2(t)$ 各自的自相关函数。如果 $\boldsymbol{x}_1(t),\boldsymbol{x}_2(t)$ 的平均值都为 0，则式（1.4.34）是协方差函数矩阵。

$\Gamma_{12}(\tau)$ 描述了两个平稳随机过程之间的相互关系，不过 $\Gamma_{12}(0)$ 可不像 $\Gamma(0)$ 那样有一个“明明白白的物理意义”，从中仅可以看出两者之间变化趋势的关联程度。通常将其归一化是很有必要的，即

$$\gamma_{12}(\tau)=\frac{\Gamma_{12}(\tau)-\left\langle \boldsymbol{x}_1^*\right\rangle\left\langle \boldsymbol{x}_2\right\rangle}{\left[\Gamma_{11}(0)-\left|\left\langle \boldsymbol{x}_1\right\rangle^2\right|\right]^{1/2}\left[\Gamma_{22}(0)-\left|\left\langle \boldsymbol{x}_2\right\rangle^2\right|\right]^{1/2}} \tag{1.4.35}$$

$\boldsymbol{x}_1(t),\boldsymbol{x}_2(t)$ 的平均值都为 0 时，式（1.4.35）简化为

$$\gamma_{12}(\tau)=\frac{\Gamma_{12}(\tau)}{[\Gamma_{11}(0)\Gamma_{22}(0)]^{1/2}} \tag{1.4.36}$$

与前面的自相关情形一样，$\gamma_{12}(\tau)$ 称为互相关系数，$|\gamma_{12}(\tau)|$ 也不可能大于 1，而且一般来说，连等于 1 的机会也很小。与自相关系数不同，它的最大值不一定出现在 $\tau=0$ 时。

作为“平稳”的一员，互相关函数也可以进行傅里叶变换：

$$W_{12}(\omega)=\frac{1}{2\pi}\int_{-\infty}^{\infty}\Gamma_{12}(\tau)\mathrm{e}^{\mathrm{i}\omega\tau}\mathrm{d}\tau \tag{1.4.37}$$

它的逆变换为

$$\Gamma_{12}(\tau)=\int_{-\infty}^{\infty}W_{12}(\omega)\mathrm{e}^{-\mathrm{i}\omega\tau}\mathrm{d}\omega \tag{1.4.38}$$

诚如一般的命名法，$W_{12}(\omega)$ 称为互谱密度函数。

互谱密度函数也可以构成矩阵。考虑到和式（1.4.27）的符号一致，我们把 $W_{11}(\omega),W_{22}(\omega)$ 写成 $S_1(\omega),S_2(\omega)$，即

$$\boldsymbol{W}(\omega)-\begin{pmatrix} S_1(\omega) & W_{12}(\omega) \\ W_{21}(\omega) & S_2(\omega) \end{pmatrix} \tag{1.4.39}$$

显然有

$$\begin{vmatrix} S_1(\omega) & W_{12}(\omega) \\ W_{21}(\omega) & S_2(\omega) \end{vmatrix}\geqslant 0 \tag{1.4.40}$$

1.4.5　增量平稳过程

经验告诉我们，很多随机过程可以当作平稳随机过程来处理而不会有太大的出入。但也有一些过程，前面也说过，不能作为平稳过程处理，而需要另寻方法。从平稳随机过程衍生出的一种方法，是增量平稳过程。

假设我们获得了一个实随机过程 $\xi(t)$，但它并不符合平稳条件。下一个步骤可以构造它的增量函数 $\Delta\xi(t)=\xi(t+\tau)-\xi(t)$，考察 $\Delta\xi(t)$ 的状况，如果符合平稳随机过程条件，那么 $\xi(t)$ 是一个增量平稳随机过程。同样也可以这样叙述：如果 $\xi(t)$ 是一个增量平稳随机过程，那么它的增量函数 $\Delta\xi(t)=\xi(t+\tau)-\xi(t)$ 是一个平稳随机过程。

对于这样一个 $\xi(t)$，相关函数将是 t 的函数。只有 $\Delta\xi(t)$ 的相关函数才只是单一的自变量 τ 的函数。从一个样本函数中，求取 $\Delta\xi(t)$ 不难，但求取 $\langle\Delta\xi(t_1)\Delta\xi(t_2)\rangle$ 却是相当复杂。不过，如果将 $\langle\Delta\xi(t_1)\Delta\xi(t_2)\rangle$ 展开，经过一些简单的四则运算，则会发现它是 $\langle[\xi(t_1)-\xi(t_2)]^2\rangle$ 的线性组合，而且按照定义，$\langle\Delta\xi(t_1)\Delta\xi(t_2)\rangle$ 只是 $\tau=t_2-t_1$ 的函数，所以 $\langle[\xi(t_1)-\xi(t_2)]^2\rangle$ 也必定只是 $\tau=t_2-t_1$ 的函数。这真是一个有趣的发现，我

们为什么不用 $\left\langle[\xi(t_1)-\xi(t_2)]^2\right\rangle$ 来描述增量平稳随机过程呢？学界已经采用它作为增量平稳随机过程的重要参量，它被称为结构函数（structure function），用符号 D 表示，即

$$D(\tau)=\left\langle[\xi(t+\tau)-\xi(t)]^2\right\rangle \tag{1.4.41}$$

从定义可以立刻得到：$D(0)=0$，$D(-\tau)=D(\tau)$。

再考虑增量平稳性的另一个条件，$\Delta\xi(t)$ 的均值应该为常数，也就是说平均来看，$\xi(t)$ 线性地依赖于时间。这一条件显著地扩展了 $\xi(t)$ 的时间适应范围，样本函数的取值范围 T 得到了扩展，这在对样本函数的处理时显然很有益处。从学科的实践来看，发现大气中的风速、气温等参数特别适合用结构函数来描述。本书在后面将涉及光在湍流大气中传播的问题，结构函数会用得较多。

其实，读者一定能看出来，如果 $\left\langle\Delta\xi(t)\right\rangle=0$，则增量平稳过程“退化”为平稳过程，可以说平稳过程是增量平稳过程的特例。如此说来，在 $\left\langle\Delta\xi(t)\right\rangle=0$ 时，结构函数与相关函数之间，一定有确定的关系。这个关系，学界也已经搞清楚了，可以用式（1.4.42）表示，即

$$D(\tau)=2[\Gamma(0)-\Gamma(\tau)] \tag{1.4.42}$$

前面多次提到，在处理随机性时，平均值往往会排除在外，这意味着 $\Gamma(\infty)=0$，于是 $D(\infty)=2\Gamma(0)$。这种情况下，相关函数也可以用结构函数简洁地表现出来，即

$$\Gamma(\tau)=\frac{1}{2}[D(\infty)-D(\tau)] \tag{1.4.43}$$

结构函数和相关函数的关系如图 1.4.2 所示。

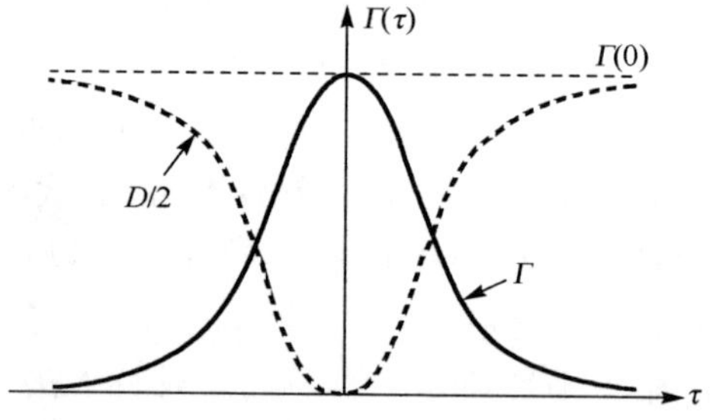

图 1.4.2　结构函数和相关函数的关系图示

用实验获得的样本函数来确定过程的结构函数，比确定过程的相关函数有着较小的误差。用结构函数描述过程，在很多情况下比用相关函数方便，特别是不关心过程的绝对值，只关心它们的差值的场合。

既然结构函数与相关函数有确定的关系，那么平稳随机过程的结构函数也可以

用它的谱密度函数表达出来。推导过程并不复杂，只要将式（1.4.43）代入式（1.4.25）即可：

$$D(\tau)=2\int_{-\infty}^{\infty}[1-S(\omega)\mathrm{e}^{-\mathrm{i}\omega\tau}]\mathrm{d}\omega \tag{1.4.44}$$

读者一定注意到，现在讨论的增量平稳过程一定是一个实数过程，实数的场合用余弦形式来表达变换，在实际计算中比较容易，有

$$D(\tau)=2\int_{-\infty}^{\infty}[1-S(\omega)\cos\omega\tau]\mathrm{d}\omega \tag{1.4.45}$$

当 $\langle\Delta\xi(t)\rangle\neq 0$ 时，随机过程不再平稳，相关函数将是时刻 t 的函数，或者说，单一变量的相关函数不再存在。但如果将“$\xi(t)$ 线性地依赖于时间”这一因素，如同处理平均值分量那样排除在外，那么 $S(\omega)$ 作为随机变化量的频率分布特征依然是可行的。不过，此时 $S(\omega)$ 已不能从相关函数的变换求得，只能从结构函数来想办法。有

$$D'(\tau)=4\int_{0}^{\infty}\omega S(\omega)\sin\omega\tau\mathrm{d}\omega \tag{1.4.46}$$

$$\omega S(\omega)=\frac{1}{2\pi}\int_{0}^{\infty}D'(\tau)\sin\omega\tau\mathrm{d}\tau \tag{1.4.47}$$

或者，

$$D''(\tau)=4\int_{0}^{\infty}\omega^2 S(\omega)\cos\omega\tau\mathrm{d}\omega \tag{1.4.48}$$

$$\omega^2 S(\omega)=\frac{1}{2\pi}\int_{0}^{\infty}D''(\tau)\cos\omega\tau\mathrm{d}\tau \tag{1.4.49}$$

细心的读者一定注意到，这些公式就是把式（1.4.45）两边微分，再把积分限变为 0→∞而已。但积分是否收敛，决定了密度谱函数是否存在。因此，运用式（1.4.46）和式（1.4.47）时，要求

$$\begin{aligned}&D'(\tau)\sim\tau^{-1-\varepsilon},\quad \tau\to\infty\\&D'(\tau)\sim\tau^{-1-\varepsilon},\quad \tau\to 0\end{aligned} \tag{1.4.50}$$

$\tau\to 0$ 的条件也可以再放宽一点：

$$\lim_{\tau\to 0}\tau^2 D'(\tau)=0 \tag{1.4.51}$$

运用式（1.4.48）和式（1.4.49）时，则要求

$$\begin{aligned}&D''(\tau)\sim\tau^{-1-\varepsilon},\quad \tau\to\infty\\&D''(\tau)\sim\tau^{-\varepsilon},\quad \tau\to 0\end{aligned} \tag{1.4.52}$$

$\tau\to 0$ 的条件也可以放宽一点：

$$\lim_{\tau\to 0}\tau D''(\tau)=0 \tag{1.4.53}$$

1.5 复解析信号与随机性

1.5.1 复解析信号

将余弦表述 $\boldsymbol{E}(t)=E_0\cos(\mathrm{j}\omega t+\phi)$ 用复数表述 $\boldsymbol{E}(t)=E_0\mathrm{e}^{\mathrm{j}\omega t+\phi}$ 来替代，起源于 19 世纪末，由两位电学学者肯奈利和斯台曼引入。

19 世纪初，法国数学家和物理学家傅里叶在法国科学学会上宣读了一篇论文，提出了一个观点，这个观点后来成为傅里叶变换的基础，即“任何连续周期函数可以由一组适当的正弦曲线组合而成。”由于当时著名的数学家拉格朗日的坚决反对，该论文直到拉格朗日去世后 15 年才得以正式发表。论文一经发表，很快被学界所接受。傅里叶变换在数学上有一个很有趣的现象，对一个周期函数进行傅里叶变换，会出现对称于 Y 轴的两组谱线。一些注重应用的专家，当然就把“负频率”的那组谱线忽略不计，因为“负频率”是没有意义的。但在数学领域，这终究是不太和谐的现象。

复数表述解决了这个问题。

三角函数与指数函数之间的关系：

$$\mathrm{e}^{\mathrm{i}z}=\cos z+\mathrm{i}\sin z \tag{1.5.1}$$

在 18 世纪就由著名的瑞士数学家欧拉所确定。19 世纪末，肯奈利和斯台曼借助于该公式，将其中的 z 替换为 ωt，即

$$\mathrm{e}^{\mathrm{i}\omega t}=\cos\omega t+\mathrm{i}\sin\omega t \tag{1.5.2}$$

于是，余弦表述变成了复指数表述。复指数表述的初衷也许是为了运算方便，但它的傅里叶变换却只有正频率一组数据，“负频率”却消失了，这让数学界很开心，如图 1.5.1 所示。

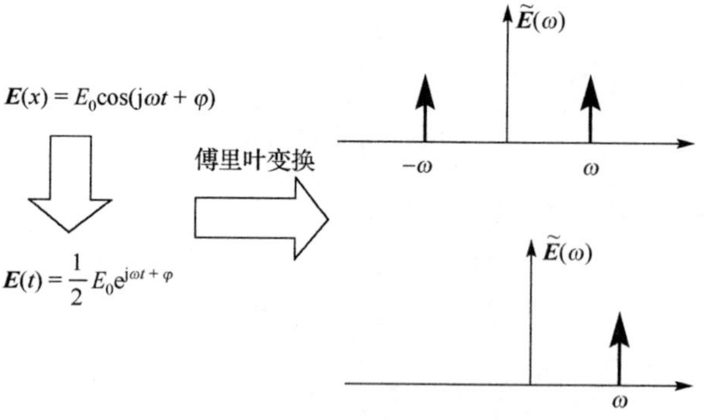

图 1.5.1 实信号与解析信号的傅里叶变换示意

现在，复指数表述大量地应用在信号理论领域，它经常被称为对应实信号的“复解析信号”（complex analytic signal associated with the real signal）。

从文字叙述就可以看出，人们认为余弦信号是“真实”的信号，“复解析信号”只是一种表述方式。但从数学的角度，我们是不是可以说，“复解析信号”才是信号的本源，实信号不过是人类目前所能观察到的信号表象？或者，我们应该质疑傅里叶变换，它不过是一种分析手段，仅此而已，并没有揭示信号的内涵，以致在数学结论中出现了不合理的结果。

在本书中，实信号与其对应的复解析信号定义为

$$\boldsymbol{E}(t)=E_0\cos(\mathrm{j}\omega t+\varphi) \tag{1.5.3}$$

和

$$\boldsymbol{E}(t)=\frac{1}{2}E_0\mathrm{e}^{\mathrm{j}\omega t+\varphi} \tag{1.5.4}$$

这样定义的好处是它们的傅里叶变换的关系为

$$\tilde{\boldsymbol{E}}(\omega)=\begin{cases}0, & \omega<0\\ \tilde{\boldsymbol{E}}(\omega), & \omega\geqslant 0\end{cases} \tag{1.5.5}$$

两者之间的关系为

$$\boldsymbol{E}(t)=\boldsymbol{E}(t)+\boldsymbol{E}^*(t) \tag{1.5.6}$$

或

$$\boldsymbol{E}(t)=2\mathrm{Re}[\boldsymbol{E}(t)] \tag{1.5.7}$$

如果令 $\boldsymbol{E}(t)=E_0\mathrm{e}^{\mathrm{j}\omega t+\phi}$，那么式（1.5.5）会变为

$$\tilde{\boldsymbol{E}}(\omega)=\begin{cases}0, & \omega<0\\ 2\tilde{\boldsymbol{E}}(\omega), & \omega\geqslant 0\end{cases} \tag{1.5.8}$$

可以理解成“负频率”的能量叠加到“正频率”上。“解析”就有这样的能力，“负解析”一下，就可以变成“正”的。遗憾的是，一旦回到现实中，它又回到了“负”的位置。

尽管复指数表述用起来很方便，但它缺少应有的数学基础研究，以致很多学者质疑该表述的合理性。20 世纪初，著名的学者希尔伯特对解析信号做了详细的研究。希尔伯特认为解析信号中的实部与虚部之间互为希尔伯特变换。

为使数学表达更具有普适性，我们将式（1.5.4）写为

$$z(t)=\frac{1}{2}[x(t)+\mathrm{i}y(t)] \tag{1.5.9}$$

对于如同式（1.5.9）的表述，$z(t)$ 可以当作解析信号的条件为

$$y(t)=\frac{1}{\pi}P\int_{-\infty}^{\infty}\frac{x(t')}{t'-t}\mathrm{d}t'$$

$$x(t)=\frac{1}{\pi}P\int_{-\infty}^{\infty}\frac{y(t')}{t'-t}\mathrm{d}t \tag{1.5.10}$$

对于严格的单一频率信号，式（1.5.10）变为

$$y(t)=\frac{1}{\pi}\int_{-\infty}^{\infty}\frac{x(t')}{t'-t}\mathrm{d}t'$$

$$x(t)=\frac{1}{\pi}\int_{-\infty}^{\infty}\frac{y(t')}{t'-t}\mathrm{d}t \tag{1.5.11}$$

从式（1.5.10）或式（1.5.11）出发，可以证明 $y(t)$ 的傅里叶变换为

$$\tilde{y}(\nu)=\begin{cases}-\mathrm{i}\tilde{x}(\nu), & \nu\geqslant 0\\ \mathrm{i}\tilde{x}(\nu), & \nu<0\end{cases} \tag{1.5.12}$$

或写为

$$\tilde{y}(\nu)=-\mathrm{i}\tilde{x}(\nu)\,\mathrm{sgn}(\nu) \tag{1.5.13}$$

也就是说，解析信号虚部的傅里叶变换是其相移了$\pm\pi/2$ 实部变换。或者说，希尔伯特变换等同于一个线性系统，它的传递函数为

$$H(\nu)=-\mathrm{j}\,\mathrm{sgn}(\nu)=\begin{cases}-\mathrm{j}, & \nu\geqslant 0\\ \mathrm{j}, & \nu<0\end{cases} \tag{1.5.14}$$

从式（1.5.14）出发，严格的单一频率的信号，例如，理论意义上的“单色光”，$x(t)=A_0\cos(\varPhi_0-\mathrm{j}2\pi\nu_0 t)$ 的虚部为

$$y(t)=A_0\sin(\varPhi_0-\mathrm{j}2\pi\nu_0 t) \tag{1.5.15}$$

如果不是理论意义上的“单色光”呢？有一点光学基础的读者都知道，现实中的实际光源都不是理论意义上的“单色光”。原则上，实际光源可以用傅里叶变换表示成多个甚至无穷多个“单色光”的叠加。这样的叠加有多大的实用意义，将在第 2 章中讨论。现在要讨论的是如同激光这样的占据带宽不大的光源，它们可以被称为“准单色信号”(quasi-monochromatic signal)，其条件是它的傅里叶变换的有效成分限制在

$$\nu_0-\frac{1}{2}\Delta\nu_0\leqslant|\nu|\leqslant\nu_0+\frac{1}{2}\Delta\nu_0 \tag{1.5.16}$$

且有

$$\frac{\Delta\nu}{\nu_0}<<1 \tag{1.5.17}$$

由于式（1.5.17）的假设条件，我们可以把准单色信号表示为

$$x(t) = A(t)\cos[\varPhi(t) - 2\pi\nu_0 t] \tag{1.5.18}$$

$$y(t) = A(t)\sin[\varPhi(t) - 2\pi\nu_0 t] \tag{1.5.19}$$

它们和式（1.5.15）的区别在于 A 和 $\varPhi$ 都表示成时间的函数。表述的形式表明 A 和 $\varPhi$ 的变化不影响 ν_0 的数值，ν_0 是周期信号完成一个周期所需时间的倒数。但如果 A 和 $\varPhi$ 是时间的变量，则周期有点说不清。因此，式（1.5.18）和式（1.5.19）是一个近似表述，前提条件是式（1.5.17）。这一点极为重要，若不满足式（1.5.17），则后两个公式就没有近似性可言。

另外，观察时间也有重要作用。如果只观察几个周期，则式（1.5.18）和式（1.5.19）不可能成立。需要注意的是，傅里叶变换的积分限是延伸到“无穷”的，没有足够的观察时间，通常意义下的傅里叶变换也不成立。可以说，傅里叶变换就是时间平均意义下的产物，实验工作者必须清楚地认识到这一点。

准单色信号的傅里叶变换示意图如图 1.5.2 所示。

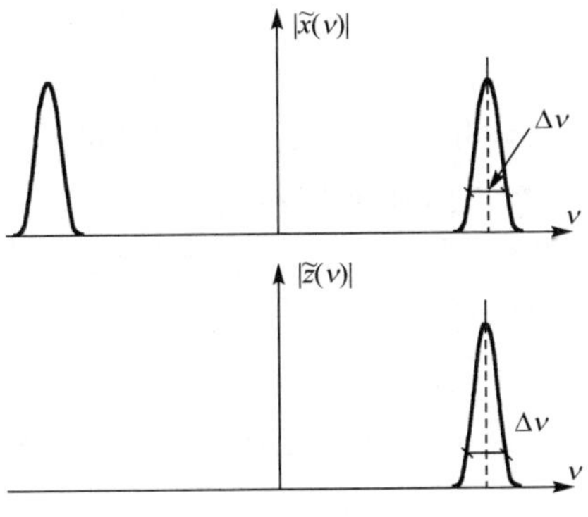

图 1.5.2　准单色信号傅里叶变换示意图

这是一个什么样的信号呢？$\cos 2\pi\nu_0 t$ 是基础频率信号，通信行业的术语称为载频信号。$A(t)$ 表现为对基础频率信号的一个幅度变化，通信行业的术语称为幅度调制；$\varPhi(t)$ 表现为对基础频率信号的一个相位变化，通信行业的术语称为相位调制。由于式（1.5.17）的限制，可以预料，比起载频信号而言，$A(t)$ 和 $\varPhi(t)$ 都是慢变函数。

图 1.5.3 给出了一个准单色信号的示意图，图中注明了两个重要数值：$1/\nu_0$ 和 $1/\Delta\nu$，前者是载频信号的周期，后者是调制信号的周期。$A(t)$ 的行为在图上看得很明显，而 $\varPhi(t)$ 的行为在图上很难表现出来。

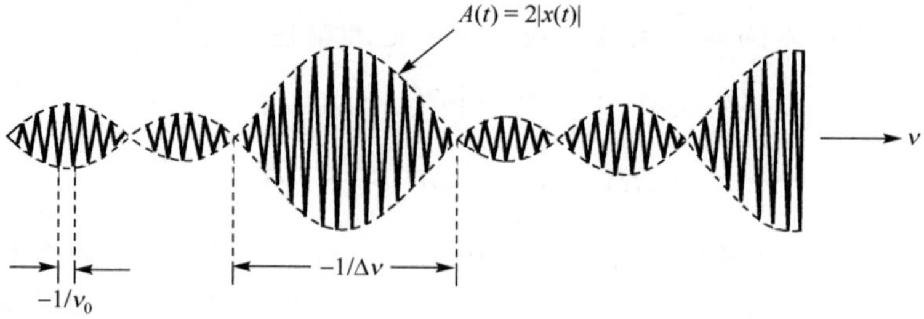

图 1.5.3 准单色信号的示意图

用解析信号来表述准单色信号，有

$$z(t)=\frac{1}{2}A(t)\mathrm{e}^{-\mathrm{i}[2\pi\nu_0 t-\Phi(t)]} \tag{1.5.20}$$

显然有

$$A(t)=[x^2(t)+y^2(t)]^{1/2}=2\left|z(t)\right| \tag{1.5.21}$$

$$\Phi(t)=2\pi\nu_0 t+\chi(t),\quad \chi(t)=\arccos\frac{x(t)}{2\left|z(t)\right|}=\arcsin\frac{x(t)}{2\left|z(t)\right|} \tag{1.5.22}$$

如果我们想测定 $A(t)$ 的“瞬时”值，那么这个“瞬时”不能是数学意义上的 t，如果用数学意义上的 t，那么测量结果将反映全函数的状况，而使得 $A(t)$ 含混不清。其实，也没有一种实际的测量手段能做到在数学意义上 t 的信号测定，实际的测量中“瞬时”必然占有一定的时间段。时间段长度的选择对 $A(t)$ 的测定很重要，它应该比 $1/\nu_0$ 长很多，以使 $A(t)$ 体现出来；其次，不能对信号直接平均，由于余弦载频信号的特点，直接平均的结果一定为 0，所以转为对信号的平方平均；最后，这个“瞬时”时间段不能太长，以致不能反映 $A(t)$的“瞬时”变化。用数学的语言来说，我们需要测定的量为

$$\overline{x}^2(t)=\overline{y}^2(t)=\frac{1}{2}A^2(t)=2\left|z(t)\right|^2 \tag{1.5.23}$$

平均时间有所限制，它必须不反映载频的“瞬时”值，又能够反映调制信号的“瞬时”值，由此平均时间 t_a 限制在

$$1/\nu_0 << t_a << 1/\Delta\nu \tag{1.5.24}$$

这正是在光探测器中发生的过程。现有的光探测器的响应频率最高大约是 10^9 的量级，响应频率的倒数就是探测器的“平均时间”，可见光和中、近红外光的 ν_0 在 $10^{11}\sim10^{13}$ 量级，于是式（1.5.24）左边的条件总是能满足的。另外，式（1.5.24）的右边，说明光探测器响应频率的意义，它限制了探测器所能反映 $A(t)$变化的频率上限。

$\Phi(t)$ 的测定比较麻烦，我们以后再来讨论。

要指出的是，如果 $\Phi(t)=0$，则准单色信号的傅里叶谱是对称于 ν_0 分布的，ν_0 通常不会受到 $A(t)$ 的影响。但如果同时 $\Phi(t)$ 也不等于 0，则信号的傅里叶谱不会对称分布。

另外，在本书后面章节会看到，对一个光随机信号而言，傅里叶谱的测量要比测定信号本身容易。那么，当信号的傅里叶谱已知时，能否从傅里叶谱的分布状况来确定 ν_0 呢？回答是肯定的，或者说我们可以用光信号的傅里叶谱函数来定义出 ν_0。其方法仍然是加权平均，设信号的傅里叶谱为 $S(\nu)$，则 ν_0 定义为

$$\nu_0=\frac{\int_{-\infty}^{\infty}\nu S(\nu)\mathrm{d}\nu}{\int_{-\infty}^{\infty}S(\nu)\mathrm{d}\nu} \tag{1.5.25}$$

既然 ν_0 是平均频率，它也常用符号 $\bar{\nu}$ 表示。

1.5.2　随机准单色信号

1.5.1 节的叙述中，“过程”被“信号”取代了。从本书来说，这是因为引入了复指数表述。在通信行业，“复指数表述”被称为解析信号，当它呈现为随机性时，就称为随机解析信号；如果它同时具有准单色的特点，那么它是准单色随机信号。我们当然也可以依数学名词的习惯，称它为“准单色随机过程”。不过，从 Maxwell 将光纳入电磁波的范畴开始，光学名词“电学化”就成了演变趋势。本书以后的叙述，常会依据学界的习惯混用“过程”和“信号”。广义地说，“过程”比“信号”包含的范围更广，但在本书范围内，它们的含义都是一样的，请读者见谅。

式（1.5.18）的表述方式已经表明，不管准单色信号如何“随机”，ν_0 是不会变的。这意味着，对准单色信号而言，随机性体现在 $A(t)$ 和 $\Phi(t)$ 上。$A(t)$ 和 $\Phi(t)$ 按什么概率密度分布来随机变化呢？根据经验，部分也有中心极限定理的理论依据，通常可以把 $A(t)$ 的实值部分看作高斯分布，而 $\Phi(t)$ 则是均匀分布，有

$$p(x)=\frac{1}{\sqrt{2\pi}\sigma}\mathrm{e}^{-x^2/2\sigma^2} \tag{1.5.26}$$

$$p(\varphi)=\begin{cases}\dfrac{1}{2\pi}, & 0\leqslant\varphi\leqslant 2\pi\\ 0, & 其他\end{cases} \tag{1.5.27}$$

在式（1.5.26）中，“x”被“简化”了，它应该是 $\sqrt{\overline{x^2(t)}}$，是式（1.5.23）的数值的开方值。式（1.5.27）中的 φ 和 $\Phi(t)$ 的关系也是同样的，不过测量起来比较麻烦一点。

请注意，式（1.5.26）是描述实过程 x 的，对于虚部的 y，同样可以假设

$$p(y)=\frac{1}{\sqrt{2\pi}\sigma}\mathrm{e}^{-y^2/2\sigma^2} \tag{1.5.28}$$

联合式（1.5.26）和式（1.5.28），可以推得解析信号的 A 值的概率密度分布为

$$p(A)=\frac{A}{\sigma^2}\mathrm{e}^{-A^2/2\sigma^2} \tag{1.5.29}$$

式（1.5.29）称为瑞利分布。

还有一个通常的假设，就是 $A(t)$和 $\Phi(t)$是相互独立的，它们的联合概率密度分布可以将式（1.5.27）和式（1.5.29）直接相乘得到

$$p(A,\varphi)=\frac{A}{2\pi\sigma^2}\mathrm{e}^{-A^2/2\sigma^2} \tag{1.5.30}$$

随机准单色信号的相关函数，与前面已经叙述的类似，普遍的形式是考虑两个随机信号在两个不同时刻的相互关系的函数：

$$\Gamma_{12}(t,\tau)=\left\langle z_1^*(t)z_2(t+\tau)\right\rangle \tag{1.5.31}$$

类似地，可以定义 z_1 和 z_2 的联合平稳，此时它们的互相关函数不再与 t 有关，仅是 τ 的函数：

$$\Gamma_{12}(\tau)=\left\langle z_1^*(t)z_2(t+\tau)\right\rangle \tag{1.5.32}$$

对它可以进行傅里叶变换，得到两者的互功率谱密度函数：

$$W_{12}(\omega)=\frac{1}{2\pi}\int_{-\infty}^{\infty}\Gamma_{12}(\tau)\mathrm{e}^{\mathrm{i}\omega\tau}\mathrm{d}\tau \tag{1.5.33}$$

它的逆变换为

$$\Gamma_{12}(\tau)=\int_{-\infty}^{\infty}W_{12}(\omega)\mathrm{e}^{-\mathrm{i}\omega\tau}\mathrm{d}\omega \tag{1.5.34}$$

这两个公式，在 1.4.4 节中已经提到了（式（1.4.37）和式（1.4.38））。

作为解析函数的互相关函数，有几条需要了解的定理。我们仅叙述定理本身而略去证明过程。

定理 1.5.1　如果 z_1 和 z_2 是两个均值为 0 且联合宽平稳的实随机过程的复解析信号表述，那么它们的互相关函数 $\Gamma_{12}(\tau)=\left\langle z_1^*(t)z_2(t+\tau)\right\rangle$ 也是解析信号表述，该表述的实部和虚部构成希尔伯特变换对：

$$\Gamma_{12}(\tau)=\Gamma_{12}^{(\mathrm{r})}(\tau)+\mathrm{i}\Gamma_{12}^{(\mathrm{i})}(\tau) \tag{1.5.35}$$

$$\Gamma_{12}^{(\mathrm{i})}(\tau)=\frac{1}{\pi}P\int_{-\infty}^{\infty}\frac{\Gamma_{12}^{(\mathrm{r})}(\tau')}{\tau'-\tau}\mathrm{d}\tau' \tag{1.5.36}$$

$$\Gamma_{12}^{(\mathrm{r})}(\tau)=\frac{1}{\pi}P\int_{-\infty}^{\infty}\frac{\Gamma_{12}^{(\mathrm{i})}(\tau')}{\tau'-\tau}\mathrm{d}\tau' \tag{1.5.37}$$

定理 1.5.2　如同定理 1.5.1 的条件，另一个一般意义上的互相关函数 $'\Gamma_{12}$ 有

$$'\Gamma_{12}\equiv\langle z_1(t)z_2(t+\tau)\rangle=0 \tag{1.5.38}$$

定理 1.5.3　如果 x_1 和 x_2 是两个均值为 0 且联合宽平稳的随机解析信号中的实部，而 y_1 和 y_2 是它们相应的虚部（去除了虚部符号 j），则

$$\langle x_1(t)x_2(t+\tau)\rangle=\langle y_1(t)y_2(t+\tau)\rangle \tag{1.5.39}$$

$$\langle x_1(t)y_2(t+\tau)\rangle=-\langle y_1(t)x_2(t+\tau)\rangle \tag{1.5.40}$$

定理 1.5.4　如同定理 1.5.3 的条件，有

$$\langle x^2(t)\rangle=\langle y^2(t)\rangle \tag{1.5.41}$$

$$\langle x(t)y(t)\rangle=0 \tag{1.5.42}$$

实部与虚部的均方差相等(注意均值为 0 的条件,故均方差和均方值是相等的);实部与虚部互不相关。

定理 1.5.5　如同定理 1.5.3 的条件，则 $\Gamma_{12}(\tau)$ 的实部和虚部可表述为

$$\Gamma_{12}^{(\mathrm{r})}(\tau)=\frac{1}{2}\langle x_1(t)x_2(t+\tau)\rangle \tag{1.5.43}$$

$$\Gamma_{12}^{(\mathrm{i})}(\tau)=\frac{1}{2}\langle x_1(t)y_2(t+\tau)\rangle \tag{1.5.44}$$

这些定理适用于随机解析信号，当然准单色随机信号也是适用的。

两个准单色信号的 ν_0 可以不同，不过在本书关心的范围内，我们总是假定相关函数所涉及的两个信号的 ν_0 是相同的。于是相关函数的实部也会包括一个周期函数，其周期为 $1/\nu_0$，它的一般形状呈现为图 1.5.4 所示的形态。

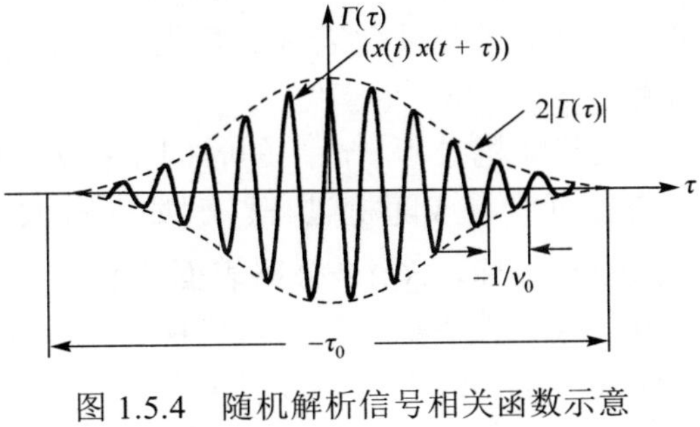

图 1.5.4　随机解析信号相关函数示意

在图 1.5.4 中，实线是相关函数的实部 $\langle x_1(t)x_2(t+\tau)\rangle$，它的包络则是 $2|\Gamma(\tau)|$，在数值上 $|\Gamma(\tau)|=\langle A_1(t)A_2(t+\tau)\rangle$，它的宽度就是相关时间的度量。

1.6 随　机　场

物理量的空间分布，称为该物理量的场（field）。如果该物理量呈现一种随机态势，则该场可以看作随机场。

1.6.1 标量场和矢量场

既然“场”是物理量的空间分布，它显然就应该是坐标的函数。我们先前遇到的随机过程，并不考虑该过程发生在什么地点，认为它仅是时间的函数，因而把它记为$x(t)$。在考虑随机场时，显然就不够了。表述方式中必须增加坐标的自变量$\boldsymbol{r}$，为了和一般随机过程区别，把随机场记为$\xi(\boldsymbol{r},t)$。

在随机场中，物理量的方向会有重要作用。例如，电磁场中的电场就是一个有方向的量，也就是说电场是一个矢量。矢量的指向会对计算起到重大影响。但有些物理量是没有方向的，如温度的分布，温度就没有方向，是一个标量。在本书中，$\xi(\boldsymbol{r},t)$专用于描述标量随机场，另外用$\boldsymbol{\eta}(\boldsymbol{r},t)$来描述矢量随机场。

随机场中增加的自变量$\boldsymbol{r}$也是一个矢量，它有三个独立的分量，在直角坐标系内，三个分量就是x,y,z。三个分量再加上时间变量t，随机场就是一个四维随机变量。

描述随机场的基本参数是场内任意两点的相关函数，以标量场为例：

$$\Gamma(\boldsymbol{r}_1,\boldsymbol{r}_2;t_1,t_2)=\left\langle \xi(\boldsymbol{r}_1,t_1)\xi^*(\boldsymbol{r}_2,t_2)\right\rangle \tag{1.6.1}$$

时间变量的作用在前面已经充分讨论了，现在显然应该重点考虑不同坐标点的随机量之间的关系。想要做到这一点，应该把时间因素先搁在一边，重要的前提条件是随机场中的任一点的随机量在感兴趣的时间段内是平稳随机过程，至少是增量平稳过程。在这种特定条件下，才可以暂时不考虑时间因子，而把随机场记为$\xi(\boldsymbol{r})$和$\boldsymbol{\eta}(\boldsymbol{r})$。提醒读者注意，这种记法并不意味$\xi$和$\boldsymbol{\eta}$仅是$\boldsymbol{r}$的函数而不是时间的函数，它们只是为了研究随机场空间关系的简化表述。如果$\xi(\boldsymbol{r})$和$\boldsymbol{\eta}(\boldsymbol{r})$不随时间而变，则它们就没有“随机”的意义了。

有些研究者认为，如果将随机过程$x(t)$中的时间坐标t，换成一维坐标x，变量x换成ξ，写成$\xi(x)$，它也可以看成随机过程。例如，截取公路的一个横截面，x代表了从公路一侧算起的距离坐标，$\xi(x)$是公路表面的高度。前面的算法，只要把t替换成x，就都可以使用。这个想法是不错的，但所举的例子欠妥。人们可以用统计计算的方法算出公路横截面$\xi(x)$的平均高度、方差等，但在感兴趣的时间段内，$\xi(x)$一般不会有什么变化，它仅是数理统计，不是随机过程。但如果考虑的不是公路截面的高度，而是公路表面的温度分布，则它是一个随机过程。特别是对于一些温度十分敏感的现象，温度分布必须当作随机过程来处理。

我们现在所考虑的 $\xi(\boldsymbol{r})$和$\boldsymbol{\eta}(\boldsymbol{r})$依然是时间的变量，只是它们的变化是“平稳”的，或是“增量平稳”的。每一个时刻，都可以产生 $\xi(\boldsymbol{r})$或$\boldsymbol{\eta}(\boldsymbol{r})$的一个样本，或称为随机场的一个“实现”。因此，$\xi(\boldsymbol{r})$或$\boldsymbol{\eta}(\boldsymbol{r})$可以看作大量随机场“实现”的集合，在集合的基础上来研究随机场的空间关系。至于这个“集合”在时间上如何表现？在多长的时间间隔内观察，所研究的空间关系才是有效的？以及诸如此类与时间相关的问题，则还需要另行考虑。

依据这个思路，式（1.6.1）就写为

$$\varGamma(\boldsymbol{r}_1,\boldsymbol{r}_2)=\left\langle\xi(\boldsymbol{r}_1)\xi^*(\boldsymbol{r}_2)\right\rangle \tag{1.6.2}$$

可以看到在式（1.6.2）中，相关函数不包括不同时刻的因素，只包括场内不同两点之间的关系。换句话说，该式只考虑了随机场的空间关系。

对于矢量场，$\boldsymbol{r}_1$点的矢量的每一个分量都可以和$\boldsymbol{r}_2$点的矢量的每一个分量构成相关关系：

$$\varGamma_{ij}(\boldsymbol{r}_1,\boldsymbol{r}_2)=\left\langle\eta_i(\boldsymbol{r}_1)\eta_j(\boldsymbol{r}_2)\right\rangle \tag{1.6.3}$$

式中，下标 i 和 j 代表 x,y,z 中的任意一个。

不同分量之间可以构成 9 种关系，或称为相关函数的 9 个分量，把它们写成矩阵形式，即

$$\boldsymbol{\varGamma}(\boldsymbol{r}_1,\boldsymbol{r}_2)=\begin{pmatrix}\varGamma_{xx}(\boldsymbol{r}_1,\boldsymbol{r}_2) & \varGamma_{xy}(\boldsymbol{r}_1,\boldsymbol{r}_2) & \varGamma_{xz}(\boldsymbol{r}_1,\boldsymbol{r}_2)\\ \varGamma_{yx}(\boldsymbol{r}_1,\boldsymbol{r}_2) & \varGamma_{yy}(\boldsymbol{r}_1,\boldsymbol{r}_2) & \varGamma_{yz}(\boldsymbol{r}_1,\boldsymbol{r}_2)\\ \varGamma_{zx}(\boldsymbol{r}_1,\boldsymbol{r}_2) & \varGamma_{zy}(\boldsymbol{r}_1,\boldsymbol{r}_2) & \varGamma_{zz}(\boldsymbol{r}_1,\boldsymbol{r}_2)\end{pmatrix} \tag{1.6.4}$$

在具体的物理问题中，研究者总会想出一些办法来简化式（1.6.4）。例如，在电磁场传播问题中，电场方向总是取为和传播方向垂直的。将传播方向定为坐标系的 z 轴，电场就没有 z 分量。式（1.6.4）中就有 5 个分量等于 0 了。其他物理问题也有类似的或不同的简化方法，将在以后的各章中再展开来说。

1.6.2　均匀各向同性随机场

与在处理随机过程中的想法类似，我们设想，如果描述随机场的相关函数仅与位置坐标的差值 $\boldsymbol{r}_2-\boldsymbol{r}_1$ 有关，而与 $\boldsymbol{r}_1$ 和 $\boldsymbol{r}_2$ 本身无关，随机场处理起来就可以得到简化。具有这种特性的随机场称为均匀随机场，它表明，随机场的特性对于坐标的平移是不变的。于是，式（1.6.2）就可以写为

$$\varGamma(\boldsymbol{r})=\left\langle\xi(\boldsymbol{r}_1)\xi^*(\boldsymbol{r}_1+\boldsymbol{r})\right\rangle \tag{1.6.5}$$

但这还不够，$\boldsymbol{r}_2-\boldsymbol{r}_1$ 是一个矢量，它有三个分量，运用起来还是很繁琐，我们希望相关函数的自变量只有一个数。那就是随机场的相关函数仅与位置坐标差的模值 $|\boldsymbol{r}_2-\boldsymbol{r}_1|$ 有关，这样的随机场称为“均匀各向同性”（homogenous isotropic）随机场。

于是，式（1.6.5）就可以写为

$$\Gamma(r) = \left\langle \xi(\boldsymbol{r}_1)\xi^*(\boldsymbol{r}_1 + |\boldsymbol{r}_2 - \boldsymbol{r}_1|) \right\rangle \tag{1.6.6}$$

式（1.6.6）看上去有点“另类”，其中有一个矢量 $\boldsymbol{r}_1$ 和一个标量 $|\boldsymbol{r}_2-\boldsymbol{r}_1|$ 的和值，但这个标量并不是沿着 $\boldsymbol{r}_1$ 的方向，也不是沿着特定的坐标轴方向，而是可以沿着任意方向。由此，$|\boldsymbol{r}_2-\boldsymbol{r}_1|$（经常简写为 r）在本质上仍是一个三维量，只是它仅表现为一个数值。这一点务必请读者注意，它的傅里叶变换会和一维变量的傅里叶变换有所不同，本书将在后面展开讨论。

均匀各向同性随机场是什么样的？三维的例子不太容易想象，举一个二维的例子来帮助读者理解。

设想一汪很大的湖面，一只蜻蜓贴近湖面在飞。对蜻蜓的视野而言，湖面是看不到边界的。一个无风的天气，湖面上只有些许鱼儿造成的涟漪，无论从哪个方向看出去，蜻蜓的感受都差不多；无论它飞到哪里，它的感受还是差不多；这样一个湖面就是一个“均匀各向同性”随机场，当然只是二维的。

微风吹来了，湖面上出现波浪。设想风的方向在湖面上是同一方向的，风的强度也没有大的变化，于是波浪呈现为一系列平行线似的起伏。小蜻蜓向不同的方向看出去，会有不同的景象：在和风向垂直的方向上，其感受和处于“均匀各向同性”随机场时的感受差不多；但在和风向相同的方向看出去，就会看到湖面的高低起伏变化；在两个方向之间，高低起伏依然，但稀疏的程度不同。但它无论飞到哪里，这种“向不同方向看出去的不同感受”却是相同的。这样的一个湖面就是一个均匀随机场，但不是各向同性的。

还有一种有用的特定情况：在平静的湖面上，蜻蜓繁殖，蜻蜓尾巴点到湖面，形成一个圆形的波浪图案。从点水的那一点看出去，任何方向的状态都是一样的，它具有“各向同性”的性质。蜻蜓一旦飞走，“各向同性”不成立，这不是一个均匀的场。但站在点水的那一点，相对于观察方向而言，场具有“均匀中心对称”的性质，它对于描述圆形光束极为合适。本书在谈到相应的问题时，会再展开讨论。

“均匀各向同性”的翻译也有“历史”渊源。在早期的译作中，“均匀”译为“齐次”；“各向同性”译为“迷向”。

homogenous 在数学领域确实翻译成“齐次”，不过它的英文原意，就是“同质”，“均匀”。在数学中经常出现的名词“齐次方程”译自 homogenous equation，其含义是“未知数具有相同次数的方程”。既然随机场也是数学的一个分支，依据数学传统，翻译家把 homogenous 也翻译成“齐次”。“齐次”这个词倒是挺“专业”，但并不合适，从中无法体会到它给予随机场一个什么样的限定。“迷向”倒是蛮贴切的，向各个方向看出去都是一样的，自然就迷失方向了。现在的文献中，“均匀各向同性”已经为绝大多数作者所采用，它也形象地描绘了随机场的特点。

1.6.3　均匀随机场的谱展开

随机场有谱么？回答是肯定的。不过，要弄清楚它的谱和前面分析的随机过程的“谱”有什么异同点。

先来比较一下式（1.4.15）的 $\Gamma(t_1,t_2)=\left\langle \boldsymbol{x}(t_1)\boldsymbol{x}^*(t_2)\right\rangle=\Gamma(t_2-t_1)=\Gamma(\tau)$ 和式（1.6.5）的 $\Gamma(\boldsymbol{r})=\left\langle \xi(\boldsymbol{r}_1)\xi^*(\boldsymbol{r}_1+\boldsymbol{r})\right\rangle$。除了自变量从 τ 替换为 $\boldsymbol{r}$，两个式子在形式上是相同的。自变量的替换，说明相关函数随时间间隔的变化替换成随坐标间隔的变化。由此，随机场在空间上的均匀性等同于随机过程在时间上的平稳性，随机场也顺理成章地一定可以进行傅里叶变换。不过，变换中的宗量不再是“时间（间隔）”和“频率”，而替换成“坐标（间隔）”和“？”。这个“？”，习惯上用符号“$\boldsymbol{K}$”来表述，在光学领域，称为“波数”（wave number）。它的物理含义，可以从“频率”一词来类比。“频率”是单位时间内的周期数目；而“波数”则是单位距离内的周期数目，不过这个“距离”是有方向的，不同方向上相同距离内的周期数目可能不同，由此“$\boldsymbol{K}$”也应该是一个矢量。

其次，尽管两个式子在形式上相同，但式（1.4.15）的 τ 是一维标量，而式（1.6.5）中的 $\boldsymbol{r}$ 是三维矢量，对它进行傅里叶变换则是一个三重积分的形式。

变换以后的函数显然不宜再用频率的符号，习惯上用 $\Phi(\boldsymbol{K})$ 来表述，并被称为“空间谱”。

于是，对照傅里叶变换的一般形式，均匀随机场的谱表述为

$$\Gamma(\boldsymbol{r})=\int_{\boldsymbol{K}}\mathrm{e}^{\mathrm{i}\boldsymbol{K}\cdot\boldsymbol{r}}\Phi(\boldsymbol{K})\mathrm{d}\boldsymbol{K} \tag{1.6.7}$$

$$\Phi(\boldsymbol{K})=\frac{1}{(2\pi)^3}\int_{\boldsymbol{R}}\mathrm{e}^{-\mathrm{i}\boldsymbol{K}\cdot\boldsymbol{r}}\Gamma(\boldsymbol{r})\mathrm{d}\boldsymbol{r} \tag{1.6.8}$$

注意，两个式子中的积分都是三重积分。

在 1.6.2 节中，我们已经知道可以用“各向同性”来进一步简化随机场的计算，此时，矢量 $\boldsymbol{r}$ 蜕变为标量 r。波数 $\boldsymbol{K}$ 也蜕变为标量 K，意味着不同方向上相同距离内的周期数目是相同的。但不能因为只有“一个变量”了，我们就能比照式（1.4.24）和式（1.4.25）那样，用一维傅里叶变换的公式来运算，r 和 K 在本质上仍然是三维的。

必须做的是从式（1.6.7）和式（1.6.8）出发，将 $\boldsymbol{r}$ 和 $\boldsymbol{K}$ 变成 r 和 K 来处理。

在此之前，先对式（1.6.7）和式（1.6.8）做一些变化，以便更好地理解其中的物理含义。设随机场是一个实数场，例如，是一个温度场，它的傅里叶变换可以写成余弦变换形式：

$$\Gamma(\boldsymbol{r})=\iiint\cos(\boldsymbol{K}\cdot\boldsymbol{r})\Phi(\boldsymbol{K})\mathrm{d}\boldsymbol{K} \tag{1.6.9}$$

$$\Phi(\boldsymbol{K})=\frac{1}{(2\pi)^3}\iiint\cos(\boldsymbol{K}\cdot\boldsymbol{r})\Gamma(\boldsymbol{r})\mathrm{d}\boldsymbol{r} \tag{1.6.10}$$

采用球坐标系统：

$$\mathrm{d}\boldsymbol{r}=r^2\sin\theta\mathrm{d}r\mathrm{d}\theta\mathrm{d}\varphi$$
$$\boldsymbol{K}\cdot\boldsymbol{r}=Kr\cos\theta$$
$$\mathrm{d}\boldsymbol{K}=K^2\sin\theta\mathrm{d}r\mathrm{d}\theta\mathrm{d}\varphi$$

再将“各向同性”性代入，经过一些推导和简化，将三维积分中由于“各向同性”而可以直接计算的部分计算出来，可以得到

$$\Gamma(r)=4\pi\int_0^\infty\frac{\sin Kr}{Kr}\Phi(K)K^2\mathrm{d}K \tag{1.6.11}$$

$$\Phi(K)=\frac{1}{(2\pi)^2}\int_0^\infty\frac{\sin Kr}{Kr}\Gamma(r)r^2\mathrm{d}r \tag{1.6.12}$$

它和一维的傅里叶变换的形式有一些差别。不过，细想一下，直接比照式（1.4.24）和式（1.4.25）那样采用一维傅里叶变换也未必不可。现在不是在处理一个均匀各向同性随机场吗？既然在任意地点，向任意方向看出去，都不会有统计意义上的区别，那么，向一个固定方向（如从原点向 x 方向）看出去，并算出统计参数，就一定可以反映该随机场的全貌。于是，可以在 x 方向上构造出相关函数 $\Gamma(x)$，x 的数值和 r 没有区别，但它可是一个标准的一维量。既然如此，$\Gamma(x)$ 的傅里叶变换就可以比照式（1.4.24）和式（1.4.25）来计算。显然 $\Gamma(x)$ 的傅里叶变换在数值上是与 $\Phi(K)$ 不同的，为有所区别起见，将 $\Gamma(x)$ 的谱记为 $V(K_1)$，K_1 当然也是一个一维量：

$$\Gamma(x)=\int_{-\infty}^{\infty}\cos(K_1x)V(K_1)\mathrm{d}K_1 \tag{1.6.13}$$

$$V(K_1)=\frac{1}{2\pi}\int_{-\infty}^{\infty}\cos(K_1x)\Gamma(x)\mathrm{d}x \tag{1.6.14}$$

一个随机场出现了两种空间谱，并且它们在逻辑上都还有点道理。仔细推敲一下，$\Phi(K)$ 和 $V(K_1)$ 其实是可以相互推出的，它们之间的数学关系也不复杂，推导过程可参阅文献[3]。

$$\Phi(K)=-\frac{1}{2\pi}\frac{1}{K}\frac{\mathrm{d}V(K_l)}{\mathrm{d}K_l}\bigg|_{K_l=K} \tag{1.6.15}$$

既然如此，就让 $\Phi(K)$ 和 $V(K_1)$ 同时存在吧。$\Phi(K)$ 源自 $\Gamma(r)$，K 是三维量，我们可以称它为三维谱；$V(K_1)$ 源自 $\Gamma(x)$，就称它为一维谱。

给它们一个名称，还是比较容易的。但这个“谱”如何去理解呢？前面我们曾

说过，式（1.4.24）和式（1.4.25）中的 $S(\omega)$ 可以称为“功率谱”。既然是“功率”，就必然涉及“时间”，功率是单位时间内的能量。$\Phi(K)$ 是从“集合平均”变换过来的“空间谱”，与“时间”没有关系，最多称它为“能量谱”。对于一维谱，K_1 是单位长度内的周期数，它所对应的值，可以说是“该一维波数的能量”；而对于三维谱，K 是单位三维空间内的周期数，它所对应的值，当然是“该三维空间波数的能量”。式（1.6.11）和式（1.6.12）是从球坐标体系求出的公式，故而其中的 K 在 $\boldsymbol{K}$ 坐标中，表现为一个直径为 K 的球面；而 K_1，在 $\boldsymbol{K}$ 坐标中仅是一个点而已。

可以作出 $\boldsymbol{K}$ 坐标下的“能量场”，不过这个“能量场”的值无法表现出来，只能画出 $\boldsymbol{K}$ 坐标系的坐标关系。可以设想对应于 K 的“能量”包含在 $4\pi K^2 \mathrm{d}K$ 的一层球壳内；而对应于 K_1 的“能量”包含在 $\mathrm{d}K_1$ 这一层无限大的平面之内，如图 1.6.1 所示。

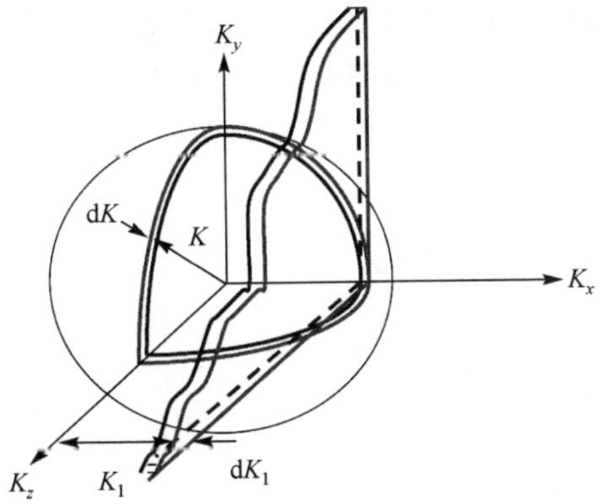

图 1.6.1　一维谱和三维谱的关系

注意“能量”仅是一个借用的词汇，其实有些场，如折射率场，并没有什么能量，但它的傅里叶谱是存在的。

我们怎么在应用中区别三维谱和一维谱呢？什么场合该用三维谱，什么场合可以用一维谱呢？我们已经知道，一维谱是沿一根直线上场的数值的相关函数 $\Gamma(x)$ 变换过来的。从实际测量的角度来看，测量“沿一根直线上场的数值”，比起测量“全场的数值”要容易得多，读者可以想象一下，建立一个测量“全场数据”的系统会有多复杂。另外，系统对场会有什么样的干扰？所获得的数据是否还有效？回答诸如此类的问题都比一维测量困难多了。于是，一维谱 $V(K_1)$ 往往就是一个从测量数据直接变换获得的实验谱。至于三维谱，在均匀各向同性的假设前提下，可以用式（1.6.15）从一维谱来计算。想象一下，如果场不是均匀各向同性的，从式（1.6.15）计算出来的三维谱会是什么呢！

不过，从图 1.6.1 中可以看出，三维谱是一个反映全局的量，如果我们考虑的是一个三维问题，则还只能用三维谱。也就是说，在数学理论推理的过程中，应该使用三维谱。

读者一定会问，有三维谱、一维谱，难道没有二维谱吗？回答是肯定的。在随机场中任取一个平面，对均匀各向同性随机场，不妨取 z 等于常数的平面，在这个平面上对相关函数进行傅里叶变换，就可以得到随机场的二维谱。采用柱坐标系统可以简洁数学的表达形式：矢径记为$\boldsymbol{\rho}$，二维空间波数记为 $\boldsymbol{K}'$。而均匀各向同性随机场的二维傅里叶变换对为

$$\Gamma(\boldsymbol{\rho}) = 2\pi\int_0^\infty \mathrm{J}_0(\boldsymbol{K}'\boldsymbol{\rho})F(\boldsymbol{K}')\boldsymbol{K}'\mathrm{d}\boldsymbol{K}' \tag{1.6.16}$$

$$F(\boldsymbol{K}') = \frac{1}{2\pi}\int_0^\infty \mathrm{J}_0(\boldsymbol{K}'\boldsymbol{\rho})\Gamma(\boldsymbol{\rho})\boldsymbol{\rho}\mathrm{d}\boldsymbol{\rho} \tag{1.6.17}$$

式中，$\mathrm{J}_0(x)$是 0 阶贝塞尔函数。

对照图 1.6.1，可以设想对应于 $\boldsymbol{K}'$的“能量”包含在 $2\pi\boldsymbol{K}'\mathrm{d}\boldsymbol{K}'$的一层圆柱壳内。电磁场在随机介质中的传播问题中，随机介质场往往使用二维谱以简化最后的结果。

二维场与三维场、一维场之间也是有联系的，不过数学表述比较麻烦，在遇到具体问题时会再展开讨论。

1.6.4　局部均匀各向同性随机场

我们先来看“局部均匀各向同性随机场”（local homogenous isotropic stochastic field）的定义。

如果在区域 R 中，实标量随机场的增量：

$$\Delta_r\xi(\boldsymbol{r}) = \xi(\boldsymbol{r}_2) - \xi(\boldsymbol{r}_1) \tag{1.6.18}$$

是均匀各向同性的，则称该实标量随机场 $\xi(\boldsymbol{r})$ 为在区域 R 中的局部均匀各向同性随机场。

可以看出它与增量平稳随机过程很相似，它所适用的区域 R 一定比均匀各向同性随机场的适用区域大。因此，这个“局部”用得很不恰当。至少从我的感受来说，“局部”就是一个小范围。“局部”地区有雨，意味有那么一小块地区下雨，而大部分地区恐怕是半阴半晴，是没有雨的。而现在，“局部”反而扩大了范围！命名的学者原意也许是：随机场的“均匀各向同性”是很小范围内的，但只要随机场满足了式（1.6.18），尽管“均匀各向同性”仍限制在局部范围，但它的应用范围就扩大了。于是，“局部均匀各向同性”进入了学术名词，但判断什么样的随机场能满足式（1.6.18），是一件很费力的事。

总之，现在各种文献中通用的这个名词“局部均匀各向同性随机场”不是太恰当，请读者不要望文生义。

既然它与增量平稳随机过程很相似，我们也可以用结构函数来描述局部均匀各向同性随机场。注意到$\xi(\boldsymbol{r})$ 的增量的均匀各向同性性质，结构函数仅是所讨论两点

之间距离 $|\boldsymbol{r}_2-\boldsymbol{r}_1|=r$ 的函数，于是结构函数可以表达为

$$D(r)=\left\langle\left|\Delta\xi_r(r)\right|\right\rangle=\left\langle\left|\xi(\boldsymbol{r}_2)-\xi(\boldsymbol{r}_1)\right|^2\right\rangle \tag{1.6.19}$$

它和相关函数之间的关系，可以比照增量平稳过程而推出：

$$D(r)=2[\Gamma(0)-\Gamma(r)] \tag{1.6.20}$$

$$D(\infty)=2\Gamma(0),\quad D(0)=0 \tag{1.6.21}$$

$$\Gamma(r)=\frac{1}{2}[D(\infty)-D(r)] \tag{1.6.22}$$

结构函数也可以进行空间傅里叶变换，我们在此直接给出结果，略去推导过程。三维展开式：

$$D(r)=8\pi\int_0^\infty\left(1-\frac{\sin Kr}{Kr}\right)\Phi(K)K^2\mathrm{d}k \tag{1.6.23}$$

二维展开式：

$$D(\rho)=4\pi\int_0^\infty[1-J_0(K'\rho)]F(K')K'\mathrm{d}K' \tag{1.6.24}$$

一维展开式：

$$D(x)=2\int_{-\infty}^\infty[1-\cos(K_1x)]V(K_1)\mathrm{d}K_1 \tag{1.6.25}$$

一维谱的反演，就可以求得：

$$V(K_1)=\frac{1}{2\pi K_1}\int_0^\infty D'(r)\sin(K_1r)\mathrm{d}r \tag{1.6.26}$$

或

$$V(K_1)=\frac{1}{2\pi K_1^2}\int_0^\infty D''(r)\cos(K_1r)\mathrm{d}r \tag{1.6.27}$$

利用一维谱和三维谱之间的关系式，可以得到三维谱的表达式：

$$\Phi(K)=\frac{1}{4\pi^2K^3}\int_0^\infty D'(r)[\sin(Kr)-Kr\cos(Kr)]\mathrm{d}r \tag{1.6.28}$$

或

$$\Phi(K)=\frac{1}{4\pi^2K^2}\int_0^\infty[r^2D'(r)]\frac{\sin Kr}{Kr}\mathrm{d}r \tag{1.6.29}$$

二维谱与结构函数之间没有简捷的表达形式，后面遇到具体问题时再讨论。

1.6.5 空-时相关

现在，可以把时间因素加进来。普遍的描述方式使我们回到式（1.6.1），即

$$\Gamma(\boldsymbol{r}_1,\boldsymbol{r}_2;t_1,t_2)=\left\langle \xi(\boldsymbol{r}_1,t_1)\xi^*(\boldsymbol{r}_2,t_2)\right\rangle \tag{1.6.30}$$

其实，把 $\boldsymbol{r}_1$ 和 $\boldsymbol{r}_2$ 看成固定的两个点，它就成为两个随机过程之间的相关函数。如果加入平稳条件，则它可以写成 $\Gamma(\boldsymbol{r}_1,\boldsymbol{r}_2;\tau)=\left\langle \xi(\boldsymbol{r}_1,t)\xi^*(\boldsymbol{r}_2,t+\tau)\right\rangle$，这是在第 2 章中经常会看到的形式。

在处理随机场问题时，$\boldsymbol{r}_1$ 和 $\boldsymbol{r}_2$ 是变量。在均匀各向同性和平稳的条件下，式（1.6.30）可以写为

$$\Gamma(r,\tau)=\left\langle \xi(\boldsymbol{r},t)\xi^*(\boldsymbol{r}+r,t+\tau)\right\rangle \tag{1.6.31}$$

它的傅里叶变换是一个四维积分：

$$\Gamma(r,\tau)=\int_\Omega \mathrm{d}\omega\iiint_{\boldsymbol{K}} \mathrm{e}^{\mathrm{j}\boldsymbol{K}\cdot\boldsymbol{r}+\mathrm{j}\omega\tau}\varPhi_0(\boldsymbol{K},\omega)\mathrm{d}\boldsymbol{K} \tag{1.6.32}$$

$$\varPhi_0(\boldsymbol{K},\omega)=\frac{1}{(2\pi)^4}\int_T \mathrm{d}t\iiint_{\boldsymbol{r}} \mathrm{e}^{-\mathrm{j}\boldsymbol{K}\cdot\boldsymbol{r}+\mathrm{j}\omega\tau}\Gamma(r,\tau)\mathrm{d}\boldsymbol{r} \tag{1.6.33}$$

$\varPhi_0(\boldsymbol{K},\omega)$ 称为随机场的空时谱，而 $\Gamma(r,\tau)$ 常称为空-时相关函数。

显然，对于均匀随机场，场中任意一点的时间谱都应该是相同的。“场中任意一点”，用数学语言表述就是式（1.6.31）中的 r=0。于是可以写为

$$\Gamma(0,\tau)=\int_\Omega \mathrm{e}^{\mathrm{j}\omega\tau}f(\omega)\mathrm{d}\omega \tag{1.6.34}$$

式中，$f(\omega)$是随机场的时间谱。另外，在式（1.6.32）中，令 r=0，就可以得到

$$\Gamma(0,\tau)=\int_\Omega \mathrm{d}\omega\iiint_{\boldsymbol{K}} \mathrm{e}^{\mathrm{j}\omega\tau}\varPhi_0(\boldsymbol{K},\omega)\mathrm{d}\boldsymbol{K} \tag{1.6.35}$$

比较式（1.6.34）和式（1.6.35），得到

$$f(\omega)=\iiint_{\boldsymbol{K}}\varPhi_0(\boldsymbol{K},\omega)\mathrm{d}\boldsymbol{K} \tag{1.6.36}$$

类似地，可以推得随机场的三维谱 $\varPhi(\boldsymbol{K})$ 和 $\varPhi_0(\boldsymbol{K},\omega)$ 的关系：

$$\varPhi(\boldsymbol{K})=\int_\Omega\varPhi_0(\boldsymbol{K},\omega)\mathrm{d}\omega \tag{1.6.37}$$

通常，从实验数据得到 $f(\omega)$不难，而 $\varPhi(\boldsymbol{K})$，上述已经说过，也可以从一维测量数据间接地得到。但要从两者综合出 $\varPhi_0(\boldsymbol{K},\omega)$ 却很难，尽管式（1.6.36）和式（1.6.37）看上去很简洁。

在一些实际问题中，例如，湍流中的折射率场，常用“冻结”假设来简化问题，后面再来展开讨论。

随机过程和随机场，就先介绍到这里。对于本书，所谈的内容大概是够用了。熟悉随机过程的读者知道，平稳随机过程在随机过程理论中只是很小的一块，没有涉及的内容还占有很大的一块！人类的学问是无穷尽的，而且还在不断发展之中，作为一个个体的“人”，能认识和了解的学问很有限，更不要说能深入理解了。

“对于本书够用”，是选择第 1 章内容的依据，也为后续章节内容的讨论奠定了基础。

第 2 章　标量场的二阶相干性

物理研究通常是从观察实验现象开始的，研究相干性则需要从观察干涉条纹开始。正如大部分读者所知道的，为了观察到干涉条纹，一个基本条件是构成条纹图案的两束光具有相同的偏振取向。于是在实验中，研究者必须采取措施，以保证该两光束的偏振取向相同。另外，前面已经提到光束在空间传播过程中，电场方向总是与传播方向垂直的，因此光的电矢量可以作为二维矢量来处理；再加上现在两光束的偏振取向相同的要求，电矢量就可以简化为一维矢量。至于磁场，它和电场有确定的关系，其行为和电场是完全同步的，处理了电场，就是处理了电磁场。为叙述方便，在后面我们把它们称为“光场”和“光矢量”。

在数学描述中，一维矢量和标量没什么区别，将两束光看成标量，并以此进行数学推理，不会影响推理的结果。而标量，比起矢量，当然要容易处理。因此，本书从标量场开始。

2.1　时域相干性和相干时间

2.1.1　时域相干性的实验观察

“时域”，就是时间领域的简化语态。时域中考察相干性，顾名思义，应该是同一点处的场在不同时刻的相干状态。从第 1 章已经知道，这种相干性可以用自相干函数 $\Gamma(t_1,t_2)$ 来描述。从前言中又可以得知，相干性的实验表现就是两者的干涉现象。那么，如何设计一个实验，使得在实验中能出现“同一点处的场在不同时刻”之间的干涉现象呢？

有两个问题需要解决：“同一点”和“不同时刻”。后一个问题相对来说比较容易，用一块分束片将光束一分为二，其中的一束经过延迟，然后再设法让两束光走到一起，就可以实现。

但“同一点”有点难办。“同一点”是什么？如果是几何意义上的“点”，这个实验就无法进行了。光场中的“几何意义上的一个点”，所包含的能量都是无穷小量，于是它的任何表现不可能被包括人类眼睛在内的任何已知探测器件所感知。这个“点”必须有一定的体积（或面积）才行。但从实验设计者的观点，这个“点”当然不能太大，太大就不能算是“点”。但也不能太小。太小了，它所包含的能量不够，以致根本无法观察实验。

这些原则说起来是容易的，而在设计实验时，需要一个确切的定量标准来确认“同一点”。这个标准就是，如果在某一个点的周边存在一个邻域，该邻域内各点的光场起伏是处处相同的，那么该邻域就可以看作光场意义上的“一个点”。

由此，在考虑观察时间相干性的实验时，我们总是选择这样一些光束，该光束截面上各点的光场起伏基本上是处处相同的，如工作非常稳定的单模气体激光器的光束。在对实验进行处理时，时间延迟所带来的影响要大得多，以致光束截面不同点上的起伏可以忽略不计。于是，整个光束都可以看成等同出自“一个点”，光束可以作为“一根光线”来处理。而经过延迟后的光束与原光束相遇时，我们可以认为它们是“同一点处的场在不同时刻”之间的相遇。也就是说，我们遇到的尽管不是几何意义上的点光场，但可以把它作为点光场来处理。

说明时间相干性的典型实验可以用迈克耳孙（Michelson）干涉仪来说明。Michelson 干涉仪的基本光路如图 2.1.1 所示，为简化数学处理，一些无关紧要的元件，如补偿片等，在图中略去。

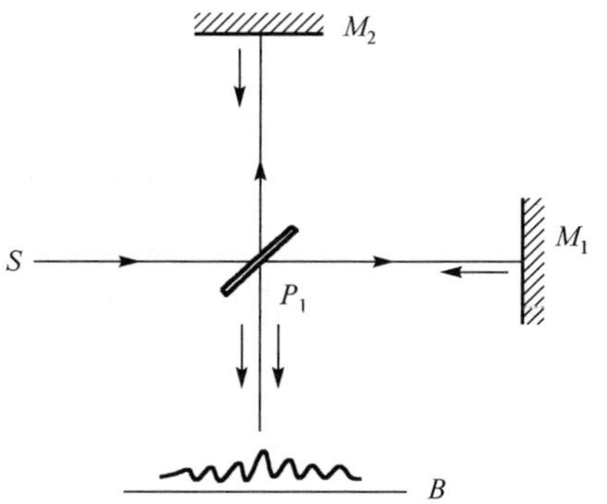

图 2.1.1　说明时间相干性的 Michelson 干涉仪的基本光路

在图 2.1.1 中，从光源 S 发出的光束，经过分束片 P_1 分成两束，一束射向固定反射镜 M_2，另一束射向可平移反射镜 M_1。两片反射镜都调整得与光束完全垂直，以使光束能依原路返回。两束光在 P_1 的同一点上会合，一起射向观察屏 B。在观察屏上就可以看到两束光干涉的结果。干涉条纹或呈现为圆环条纹，或呈现为弓状甚至是直线条纹，取决于干涉仪的调整状态。不过，既然我们已经认为整个光束截面上的起伏都是一样的，对讨论光束相干性而言，出现什么样的条纹其实都无关紧要。为方便叙述，我们假定干涉仪调整在最佳状态，两束光束完全重合，干涉条纹呈现为圆环状。在圆环中心放置一个探测器来观察光通量密度（或简称光强）I_D，当干涉仪的两臂 P_1M_1 和 P_1M_2 长度相等时（意味着干涉发生在同一时刻），圆环中心的光强达到最大值。

现在，开始平移反射镜 M_1，平移量为 h，以改变 P_1M_1 的长度。由于光束传播距离的不同，在观察屏上的干涉条纹将代表不同时刻的光场之间的干涉作用。当光程差达到 1/2 波长时（$h/\lambda_0 = 0.25$），形成相消干涉，I_D 出现第一个极小值。随着 h 的增大，极大值与极小值将交替出现，中心光强呈现周期性的明暗交替，但明暗之间的光强差值却逐步减小。当 h 很大时，可观察到的强度将保持在它的平均值上，呈现出如图 2.1.2 的趋势。

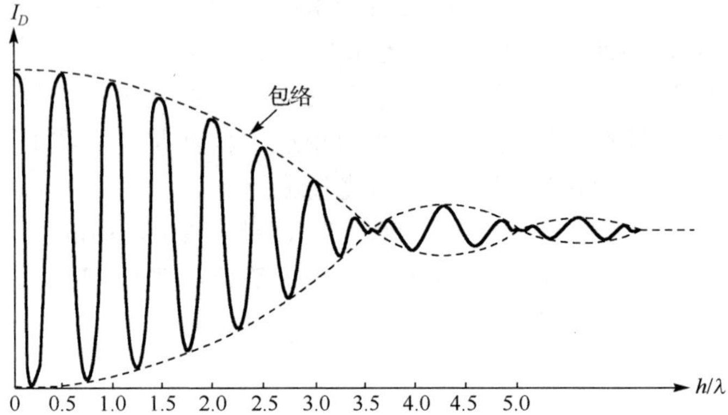

图 2.1.2　移动可平移反射镜时，干涉光强的典型趋势

如果读者经历过实验观察的过程，就会知道 Michelson 干涉仪的干涉条纹通常是很稳定的，说明光场总可以当作平稳随机过程来处理。另外，用于干涉实验的光源都是“单色”性很高的光源，表现为“准单色”的特性。于是，本书需要处理的是一个准单色随机信号。

2.1.2　实验现象的数学描述

接下来需要用数学语言来做进一步的分析，单单的定性解释是远不够的。“定性解释”可以有多种说法，这种“解释”是否反映了事物的内在本性，必须依靠定量分析的支撑。没有定量分析支撑的“定性解释”，只不过是“解释”而已。

关于两光束干涉的数学描述，在很多光学教科书中都可以找到。在本书中，我们集中注意力在与相干性定量描述有关的部分，略去一些精细的细节。另外，由于我们处理的是标量场，所以将光场记为 $u(t)$。

依照图 2.1.1，在观察点的光强可以由式（2.1.1）描述：

$$I_D(h) = \left\langle \left| K_1 u(t) + K_2 u\left(t + \frac{2h}{c}\right) \right|^2 \right\rangle \tag{2.1.1}$$

式中，K_1，K_2 是取决于光路损耗的两个系数；c 是实验场所的光速，一般都将它取为真空中的光速值。将式（2.1.1）展开，得到

$$I_D(h) = \left\langle \left| K_1 u(t) \right|^2 \right\rangle + \left\langle \left| K_2 u\left(t + \frac{2h}{c}\right) \right|^2 \right\rangle$$
$$+ K_1 K_2 \left\langle u(t) u^*\left(t + \frac{2h}{c}\right) \right\rangle + K_1 K_2 \left\langle u^*(t) u\left(t + \frac{2h}{c}\right) \right\rangle$$
$$= (K_1^2 + K_2^2) I_0 + 2K_1 K_2 \operatorname{Re}\left[\Gamma\left(\frac{2h}{c}\right)\right] \tag{2.1.2}$$

式中，$\Gamma(x)$就是第 1 章中出现过的相关函数。根据前言的叙述，在光学领域，它被称为相干函数。

等式也可以表示为归一化形式，也就是复相干度$\gamma(x)$的形式：

$$I_D(h) = (K_1^2 + K_2^2) I_0 \left\{1 + \frac{2K_1K_2}{K_1^2 + K_2^2} \operatorname{Re}\left[\gamma\left(\frac{2h}{c}\right)\right]\right\} \tag{2.1.3}$$

为了使公式看上去更简洁，不妨令$K_1 = K_2 = K$，式（2.1.3）就写为

$$I_D(h) = 2K^2 I_0 \left\{1 + \operatorname{Re}\left[\gamma\left(\frac{2h}{c}\right)\right]\right\} \tag{2.1.3$'$}$$

在第 1 章中，我们曾经提到，对于一个准单色随机信号，相关函数的实部也会包括一个周期函数，其周期为$1/\nu_0$，ν_0是光场的平均频率，它的一般形状呈现为图 1.5.4 的形态。对应于全函数，这样一个形态的数学表述为

$$\gamma(\tau) = |\gamma(\tau)| \exp\{-\mathrm{i}[2\pi\nu_0\tau - \alpha(\tau)]\} \tag{2.1.4}$$

式中，

$$\alpha(\tau) = \arg\gamma(\tau) + 2\pi\nu_0\tau$$

于是，

$$I_D(h) = 2K^2 I_0 \left\{1 + \left|\gamma\left(\frac{2h}{c}\right)\right| \cos\left[2\pi\frac{2h}{\lambda_0} - \alpha\left(\frac{2h}{c}\right)\right]\right\} \tag{2.1.5}$$

λ_0是光场的平均波长。式（2.1.5）的变化趋势与图 2.1.2 是一致的。从式（2.1.5）可以看到干涉条纹的调制深度（在一般教科书上或称为“可见度”）就是$\left|\gamma\left(\frac{2h}{c}\right)\right|$，有

$$V(h) = \frac{I_{\max} - I_{\min}}{I_{\max} + I_{\min}} = \left|\gamma\left(\frac{2h}{c}\right)\right| \tag{2.1.6}$$

值得注意的是，式（2.1.6）是在$K_1 = K_2 = K$时得到的，否则公式的形态会复杂一些。

可以将相干函数通过傅里叶变换在频域上表述：

$$\Gamma(\tau)=\int_{-\infty}^{\infty}S(\nu)\exp(-\mathrm{i}2\pi\nu\tau)\mathrm{d}\tau \tag{2.1.7a}$$

或写成它的归一化形式：

$$\gamma(\tau)=\int_{0}^{\infty}G(\nu)\exp(-\mathrm{i}2\pi\nu\tau)\mathrm{d}\nu \tag{2.1.7b}$$

$S(\nu)$ 是光场的功率谱密度，$G(\nu)$ 是它的归一化形式。很明显，$\int_0^{\infty}G(\nu)\mathrm{d}\nu=1$。从式（2.1.7）推断，$I_D$ 随 h 的变化形态将取决于光源的功率谱密度。

从直观的推论，应该存在一个长度 l_c，当 $h>l_c/2$ 时，条纹将不再被观察到，这个 l_c 值可以称为该光束的相干长度。l_c 所对应的光传播时间是 $\tau_c=l_c/c$，τ_c 就称为相干时间。显然，相干时间和 $\gamma(\tau)$ 之间一定有明确的关系。

以"条纹将不再被观察到"来定义 τ_c，在数学上是不严格的。应该用式（2.1.6）中的 $V(h)$ 减小到某一个确定的小数来确认 τ_c。不过，数学家和物理学家似乎都不太喜欢从实验数据来做理论上的定义，而喜欢用纯粹数学的方式来说话。例如，Born 和 Wolf 就把它们做了如下的定义[4]，即

$$\tau_c^2=N^{-1}\int_{-\infty}^{\infty}\tau^2\left|\gamma(\tau)\right|^2\mathrm{d}\tau=2N^{-1}\int_0^{\infty}\tau^2\left|\gamma(\tau)\right|^2\mathrm{d}\tau \tag{2.1.8}$$

式中，

$$N=\int_{-\infty}^{\infty}\left|\gamma(\tau)\right|^2\mathrm{d}\tau=\int_0^{\infty}G^2(\nu)\mathrm{d}\nu \tag{2.1.9}$$

式（2.1.9）中的后一个等号是根据 Parseval 定理得到的。

如果同时对光源的带宽做如下定义：

$$(\Delta\nu)^2=N^{-1}\int_0^{\infty}(\nu-\nu_0)^2G^2(\nu)\mathrm{d}\nu \tag{2.1.10}$$

式中，ν_0 为光源的平均频率，即

$$\nu_0=N^{-1}\int_0^{\infty}\nu G^2(\nu)\mathrm{d}\nu \tag{2.1.11}$$

在这样的定义体系下，τ_c 和 $\Delta\nu$ 之间的数学关系为

$$\tau_c\Delta\nu=\frac{1}{4\pi} \tag{2.1.12}$$

但很多学者并不认为这是一个"好"定义体系，特别是工程师，他们喜欢用 $\tau_c\Delta\nu\approx 1$ 来估算工程问题。于是曼德尔提出了另一种定义体系[5]，在他的体系中，相干时间定义为

$$\tau_c=\int_0^{\infty}\left|\gamma(\tau)\right|^2\mathrm{d}\tau \tag{2.1.13}$$

而光源带宽定义为

$$\Delta \nu = \left[\int_0^\infty G^2(\nu) \mathrm{d}\nu \right]^{-1} \tag{2.1.14}$$

这样一来，相干时间和光源带宽之间的关系为

$$\tau_c \Delta \nu = 1 \tag{2.1.15}$$

在工程师看来，从实验数据来获得式（2.1.14）的 $\Delta\nu$ 有点麻烦，方便的方法是直接用功率谱曲线的半功率点带宽来定义 $\Delta\nu$，而相干时间 τ_c 则沿用式（2.1.13）。但是 τ_c 和 $\Delta\nu$ 之间的关系还取决于光源的线型。对于理想的呈现矩形功率谱线型的光源，功率谱与复相干度表述为

$$\begin{cases} G(\nu) = \dfrac{1}{\Delta\nu} \mathrm{rect}\left(\dfrac{\nu - \nu_0}{\Delta\nu} \right) \\ \gamma(\tau) = \mathrm{sinc}(\Delta\nu\tau) \exp(-\mathrm{i}2\pi\nu_0\tau) \end{cases} \tag{2.1.16}$$

则 τ_c 和 $\Delta\nu$ 之间的关系与式（2.1.15）相同。遗憾的是，实际存在的光源中几乎没有一种光源可以用矩形功率谱线型来描述，矩形功率谱线型的理论意义远大于它的实用意义。

另外两种经常遇到的光源线型是高斯线型（低压气体放电）和洛伦兹线型（高压气体放电）。它们的功率谱、复相干度的数学表达式以及它们的 τ_c 和 $\Delta\nu$ 之间的关系如表 2.1.1 所示。

表 2.1.1　不同线型时的相干时间与功率谱带宽

	功率谱密度与复相干度	相干时间与功率谱带宽
矩形线型	$G(\nu) = \dfrac{1}{\Delta\nu} \mathrm{rect}\left(\dfrac{\nu - \nu_0}{\Delta\nu} \right)$ $\gamma(\tau) = \mathrm{sinc}(\Delta\nu\tau) \exp(-\mathrm{i}2\pi\nu_0\tau)$	$\tau_c \Delta\nu = 1$
高斯线型	$G(\nu) = \dfrac{2\sqrt{\ln 2}}{\sqrt{\pi}\Delta\nu} \exp\left[-\left(2\sqrt{\ln 2} \dfrac{\nu - \nu_0}{\Delta\nu} \right)^2 \right]$ $\gamma(\tau) = \exp\left[-\left(\dfrac{\pi\tau\Delta\nu}{2\sqrt{\ln 2}} \right)^2 \right] \exp(-\mathrm{i}2\pi\nu_0\tau)$	$\tau_c \Delta\nu = 0.664$
洛伦兹线型	$G(\nu) = \dfrac{2(\pi\Delta\nu)^{-1}}{1 + \left(2\dfrac{\nu - \nu_0}{\Delta\nu} \right)^2}$ $\gamma(\tau) = \exp[-\pi\Delta\nu\lvert\tau\rvert] \exp[-\mathrm{i}2\pi\nu_0\tau]$	$\tau_c \Delta\nu = 0.318$

各线型的功率谱密度与复相干度模量的图形如图 2.1.3 所示。

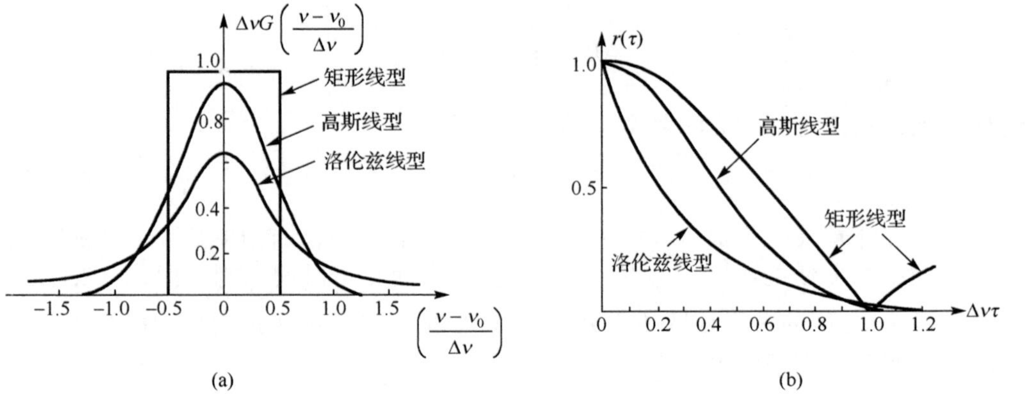

图 2.1.3　各种线型的功率谱密度与复相干度模量

从以上的定量分析读者可以知道，光源时间相干性的基本描述参量是$\gamma(\tau)$，也就是光源的归一化自相干函数，或称为复相干度。这个函数的模量就是干涉条纹的调制深度。$\gamma(\tau)$和干涉条纹的调制深度都只是时间差τ的函数，$\gamma(\tau)$也可以用光源的归一化功率谱密度函数$G(\nu)$来表述。从$\gamma(\tau)$和$G(\nu)$引申出来的两个参数是相干时间τ_c和功率谱带宽$\Delta\nu$，相干时间τ_c还可以转换成相干长度。这些都是描述时间相干性的最常见的参数。

自然界中的发光源带宽都很宽，相干时间都很短，很难观察到它们的干涉图像。而一些刻意制造的人造光源，如激光器，相干时间可以做得很长。例如，气体激光器的相干时间可以达到毫秒量级，也就是它的功率谱带宽仅是千赫兹量级。现在有报道，半导体激光器也能做到千赫兹量级的功率谱带宽。用这样的光源做干涉实验，就很容易得到干涉图像，即便光程差达到上百千米，例如，在激光器用于雷达工程的信号源的情况，也可以获取干涉图像，从而获得更多的目标信息。

当然，“容易获得”是相对于普通光源而言的，在实际操作中，仍然需要仔细设计和调整。特别是为了获取高精度定量数据的场合，甚至空气流动都会产生不利影响，相应的系统往往放置在恒温恒湿的密闭室内。

2.2　空间相干性

在 2.1 节中，讨论是在整个光束截面上的光场起伏都是一样的前提下展开的，从而把光束看作一根直线来处理。这显然是一种理想化的假设，与实际情况是有差别的。光束截面上不同点处，光场起伏不会完全相同，而描述不同点之间起伏关系的参数，读者已经知道是两点之间光场的相干函数：

$$\Gamma(\boldsymbol{r}_1,\boldsymbol{r}_2;t_1,t_2)=\left\langle u(\boldsymbol{r}_1,t_1)u^*(\boldsymbol{r}_2,t_2)\right\rangle \tag{2.2.1}$$

在研究空间相干性时，通常不希望时间因素包括在内，可以假设 $t_1=t_2$，把式（2.1.1）简化为

$$\Gamma(\boldsymbol{r}_1,\boldsymbol{r}_2)=\left\langle u(\boldsymbol{r}_1)u^*(\boldsymbol{r}_2)\right\rangle \tag{2.2.2}$$

不过研究者很快就发现，时间因素经常是绕不过去的。在必须考虑时间的场合，大量的实验观察表明，可以假设两点光场是互平稳的。于是式（2.2.1）写为

$$\Gamma(\boldsymbol{r}_1,\boldsymbol{r}_2;\tau)=\left\langle u(\boldsymbol{r}_1,t_1)u^*(\boldsymbol{r}_2,t_1+\tau)\right\rangle \tag{2.2.3}$$

式（2.2.3）是本节的基本数学描述方式。

2.2.1　空间相干性的实验观察

在时间相干性的实验中，我们将整个光束都看成“一根光线”，在它被分束后并再次相遇时的表现，看作同一点处不同时刻光场的相互作用。现在，要把“一根光线”中细分出更多不同的“点”。这些“点”当然要比时间相干性实验中的“点”更接近数学意义上的“点”，在其中包含的能量也就少得多，观察干涉现象相对来说更困难一些。另外，从这些“点”光场发出的光，其传播方式也不可能再假定为“一根光线”，因为那样一来，干涉图像就无从生成了。

按照式（2.2.2）的设想，我们需要的是“两个点”。显然，要获得空间上两个孤立的点源，在实验上是不可实现的。这“两个点”只能在光的传播途径上加以屏障来实现，例如，著名的杨氏实验（图 2.2.1），就是在离光源足够远处 R 安置一块足够大的屏 $\mathscr{A}$，屏与光的传播方向垂直，屏上开有两个足够小的孔 P_1、P_2，在屏 $\mathscr{A}$ 后面一定距离处，放置与屏 $\mathscr{A}$ 平行的观察屏 $\mathscr{B}$。

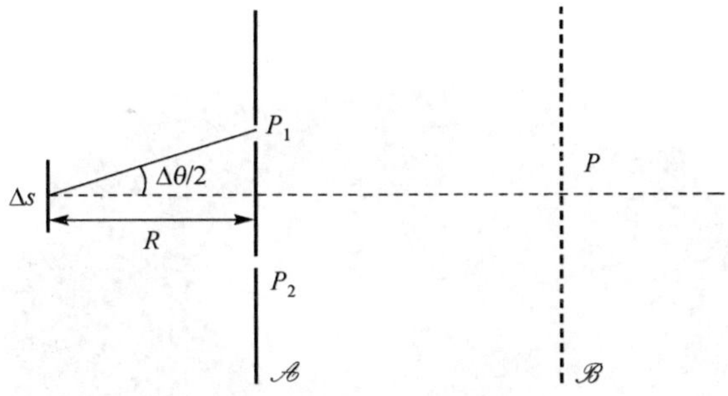

图 2.2.1　杨氏实验示意图

细心的读者一定会注意到，在上面一段叙述中，一连用了三个“足够”。这些“足够”必须要有判断的准则，要不怎么才算是“足够”呢？其实它们不难理解，第一个“足够”，是使在屏 $\mathscr{A}$ 前的光波至少在孔 P_1、P_2 的范围内能近似地看作平面波或球面波。孔 P_1、P_2 处的光波可以调整为“同时”的，可以用式（2.2.2）来描述它们的关系。第二个“足够”，是使得在观察屏上，只有孔 P_1、P_2 发出的波之间的相互

作用，屏以外泄漏过来的光不至于干扰观察。第三个“足够”很微妙，从研究者的愿望来说，孔 P_1、P_2 是越小越好，孔越小，就越接近于数学意义上的“点”，所得到的实验观察结果才越接近于式（2.2.2）；但孔小了，光能量也随之减小，观察就会变得困难，以致什么结果都得不到。

我们知道，托马斯·杨所生活的年代，激光器还没有发明，完全没有“激光”的概念。他所能找到的最佳光源大概就是钠黄灯了。为了满足第一个“足够”，在钠黄灯光前加置了一个带直线窄缝的遮光屏，这条缝就成为图 2.2.1 中的Δs。

为什么要加这条“缝”呢？从实验室的尺度而言，一个有一定体积的光源，在光传播到屏 $\mathscr{A}$ 时，从光源不同点处发出的光，会向不同的方向继续传播，其波前无论如何是不能看作平面波的。不过这是现代的观点，在 19 世纪初，托马斯·杨考虑更多的是能否观察到干涉条纹，以证明光的波动性。钠黄灯在时间相干性方面是当时最好的光源，但实验证明，直接用它照射双孔，根本无法观察干涉现象。于是，在实验中加置了这个带直线窄缝的遮光屏，把光源限制在窄缝之内。如果遮光屏上开的是一个小孔，当然更能符合验证理论的需要，不过小孔中的光能量太少了，条纹的观察会更困难。由于Δs 呈现为一条缝，后面屏 $\mathscr{A}$ 上的孔 P_1、P_2 也用了两条缝，这两条缝互相平行，而且它们构成的屏 $\mathscr{A}$ 也与“缝”Δs 平行，从Δs 引一条垂线到屏 $\mathscr{A}$，垂足到两条缝的距离相等，以保证两条缝上的波前是“同时”的。

在 19 世纪要做成杨氏实验可不是一件容易的事（图 2.2.2）。今天有了激光器，事情好办多了。读者一定有这样的概念，激光器发出的光是高度相干的高亮度光。什么叫做“高度相干”，会在后面慢慢展开来说。但如果用激光器作为光源，则“带直线窄缝的遮光屏”可以丢弃不用，P_1、P_2 也可以恢复为两个小孔，观察干涉条纹并不是很难的事。

图 2.2.2　19 世纪的学者如何做杨氏实验

我们还是回到 19 世纪，来看杨氏实验的历史缘由。在实验中发现，为了观察到干涉条纹，双缝必须靠得很近，使得 $\Delta s\Delta\theta \leqslant \bar{\lambda}$ ，其中Δs 是光源尺度，在 19 世纪的实验中，就是遮光屏上的缝宽。$\Delta\theta$是孔 P_1、P_2之间的距离对光源的张角（图 2.2.1）。考虑到 $\bar{\lambda}$ 的数值在 10^{-7}m 的量级，可以想象实验中的三根缝的制作难度。

在 19 世纪，人们还没有随机过程的清晰概念，但是“相干”这个词汇已经出现了。Δs 发出的张角$\Delta\theta$之内的光，在屏 $\mathscr{A}$ 上形成一个区域ΔA，该区域被称为“相干面积”。如果点 P_1、P_2 如果超出这个区域，则屏 $\mathscr{B}$ 上的干涉条纹就会消失。而满足了 $\Delta s\Delta\theta\leqslant\bar{\lambda}$ 的条件，且仔细调整实验装置，就可以在屏 $\mathscr{B}$ 上观察到如图 2.2.3 的干涉条纹。

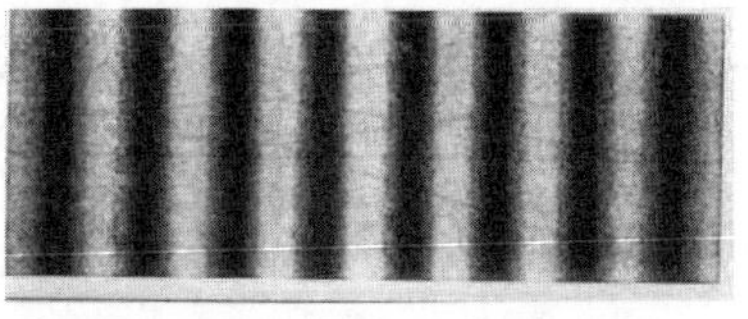

图 2.2.3 在屏 $\mathscr{B}$ 上观察到的干涉条纹

将Δs 看作光源投射面积的尺度，那么它在“屏 $\mathscr{A}$ ”处形成的相干面积尺度为

$$\Delta A \sim (R\Delta\theta)^2 \sim \left(\frac{R\lambda_0}{\Delta s}\right)^2 \sim \lambda_0 / \Delta\Omega' \tag{2.2.4}$$

式中，R 是光源到“屏 $\mathscr{A}$ ”的距离；$\Delta\Omega'$ 就是光源对位于“屏 $\mathscr{A}$ ”上的观察点的张角；$(\Delta A)^{1/2}$ 就可以称为空间相干长度。

请读者注意，在式（2.2.4）中，没有用等号，而代之以符号～，因为我们还没有对“相干面积”作出数学上的定义。从现代的眼光来看，托马斯 · 杨所生活的年代，“相干”是一个既“模糊”又“绝对”的概念。说它“模糊”，因为它还没有用数学概念来对“相干”作出界定；说它“绝对”，对两束光而言，要么是“相干”的，要么是“不相干”的，从来不考虑，或者还没有能力考虑处于中间的状态。

转机出现在 1869 年，意大利学者 Verdet 声称，他用太阳光照射杨氏实验装置，在屏 $\mathscr{B}$ 上观察到了干涉条纹！太阳光在当时被认为是典型的非相干光。由于没有适当的记录手段，很多学者对 Verdet 的声称表示怀疑，有人甚至认为他看花眼了。参看一下表 2.2.1，当时学者的怀疑是有道理的，也没有第二个人重复实现了该实验。但研究者开始思索，在“相干”和“不相干”之间，应该存在过渡状态。20 世纪以后，随着随机理论的长足发展，“部分相干光”的概念日趋成熟。

表 2.2.1 一些光源所构成的相干面积

光源名称	ΔA	$(\Delta A)^{1/2}$
热光源Δs=1mm，R=2m	～1mm	
地球表面的太阳光	～3.67×10^{-3}mm^2	～0.061mm
地球表面的参宿四（猎户座α星）星光	～6m^2	～2.45m

需要注意的是，我们观察到的是屏 $\mathscr{B}$ 上的条纹，但它却是屏 $\mathscr{A}$ 上的两个小孔 P_1、P_2 所发出的光的干涉结果。P_1、P_2 点光场之间相互关系的改变，必然会影响干涉条纹的性状。

2.2.2　条纹形态的数学分析

我们知道，观察屏 $\mathscr{B}$ 上某一点 Q 的光强可表示为

$$I(Q,t)=\left\langle u(Q,t)u^*(Q,t)\right\rangle \tag{2.2.5}$$

$u(Q,t)$ 来自 P_1 和 P_2 点的光场，它们在 Q 点叠加。如果将坐标原点选择在屏 $\mathscr{A}$ 平面上，则

$$u(Q,t)=K_1u\left(P_1,t-\frac{z_1}{c}\right)+K_2u\left(P_2,t-\frac{z_2}{c}\right) \tag{2.2.6}$$

式中，K_1, K_2 是两个与传输消光有关的系数，在通常的实验条件下，可以认为它们是相等的，如果只是观察相对强度，则可以将它们略去；c 是实验条件下的光速，通常可以认为就是真空中的光速；z_1, z_2 分别是 P_1, P_2 到 Q 点的距离。另外，仍假设光场在时间上是平稳的，每一次观察都有足够长的时间。于是，将式（2.2.6）代入式（2.2.5），就得到 $I(Q,t)$ 的四个组成部分：

$$\left\langle u\left(P_1,t-\frac{z_1}{c}\right)u\left(P_1,t-\frac{z_1}{c}\right)^*\right\rangle=\Gamma_{11}(0) \tag{2.2.7}$$

$$\left\langle u\left(P_2,t-\frac{z_2}{c}\right)u\left(P_2,t-\frac{z_2}{c}\right)^*\right\rangle=\Gamma_{22}(0) \tag{2.2.8}$$

$$\left\langle u\left(P_1,t-\frac{z_1}{c}\right)u^*\left(P_2,t-\frac{z_2}{c}\right)\right\rangle=\Gamma_{12}\left(\frac{z_2-z_1}{c}\right) \tag{2.2.9}$$

$$\left\langle u^*\left(P_1,t-\frac{z_1}{c}\right)u\left(P_2,t-\frac{z_2}{c}\right)\right\rangle=\Gamma_{21}\left(\frac{z_1-z_2}{c}\right) \tag{2.2.10}$$

Γ 的下标 1, 2 分别代表了 P_1, P_2 点。

综合上面的四项，并将 z_1-z_2 记为 Δz，有

$$I(Q)=KK^*\left[\Gamma_{11}(0)+\Gamma_{22}(0)+\Gamma_{12}\left(\frac{\Delta z}{c}\right)+\Gamma_{21}\left(\frac{\Delta z}{c}\right)\right] \tag{2.2.11}$$

注意到 $\Gamma_{21}(-\tau)=\Gamma_{12}^*(\tau)$，并考虑到光强仅与相干函数的实部有关，则可以将式（2.2.11）写为

$$I(Q)=KK^*\left[\Gamma_{11}(0)+\Gamma_{22}(0)+2\,\mathrm{Re}\left\{\Gamma_{12}\left(\frac{\Delta z}{c}\right)\right\}\right] \tag{2.2.12}$$

或写为

$$I(Q)=I^{(1)}(Q)+I^{(2)}(Q)+2\sqrt{I^{(1)}(Q)I^{(2)}(Q)}\,\mathrm{Re}\left\{\gamma_{12}\left(\frac{\Delta z}{c}\right)\right\} \tag{2.2.13}$$

式中，$I^{(j)}(Q)$ 代表 P_j 点单独在 Q 点形成的光强。就可以求得条纹的调制深度为

$$V=\frac{2\sqrt{I^{(1)}(Q)I^{(2)}(Q)}}{I^{(1)}(Q)+I^{(2)}(Q)}\left|\gamma_{12}\left(\frac{\Delta z}{c}\right)\right| \tag{2.2.14}$$

注意，这些公式中的Γ_{12}，写全了应该是$\Gamma\left(P_1,P_2;\dfrac{\Delta z}{c}\right)$，其中包括了一项时间因子。尽管我们可以假设 P_1、P_2 点靠得很近，以致可以认为 $z_2\approx z_1$，从而当 $I^{(1)}(Q)=I^{(2)}(Q)$ 时，可以将式（2.2.14）简化为

$$V=|\gamma_{12}(0)| \tag{2.2.15}$$

但时间因子是一个实在的存在，而且干涉条纹事实上正是由于时间差的存在才得以形成。式（2.2.15）只是认为这个时间差并没有影响 P_1、P_2 点的相干状态而已。不过在用通常的热光源做实验时，干涉条纹的调制深度并不像式（2.2.15）那样是一个常数，而是表现为一个渐变过程，如图 2.2.4 所示。图中的 d 是 P_1、P_2 点之间的距离，$\bar{\lambda}$ 是光源的平均波长，$\Delta\nu$ 是光源的功率谱带宽，横轴 x 的走向是 P_1、P_2 点连线的投影线。实验结果表明，$\Gamma(P_1,P_2;\tau)$ 一定是随着τ的变化而改变的。

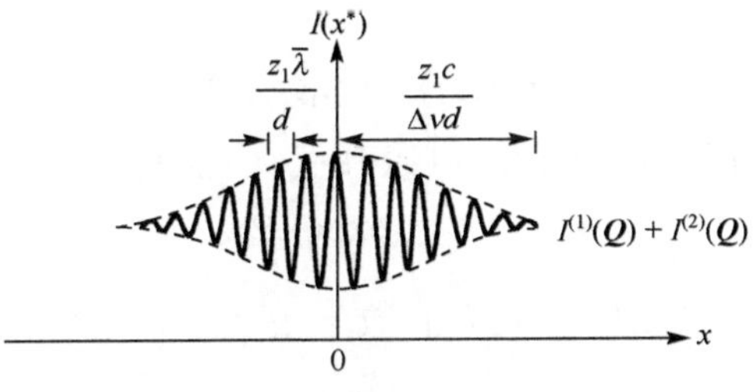

图 2.2.4　屏 $\mathscr{B}$ 上观察到的光强分布状态

这一实验事实给研究者带来一些麻烦，在研究时间相干性时，我们可以完全不考虑空间的问题，但现在研究空间相干性，时间因素似乎无法摆脱。

2.2.3　准单色条件和互谱纯条件

考察图 2.2.4，可以看到，在 $x\ll\dfrac{z_1c}{\Delta\nu d}$ 的范围内，式（2.2.15）是可以成立的。而 x 的这个条件的一个等效的条件为

$$\frac{\Delta z}{c}\ll\tau_c \tag{2.2.16}$$

简单的推导就可以得到该条件的另一种表述方式为

$$\frac{\Delta\nu}{\bar{\nu}} << \frac{\bar{\lambda}}{\Delta z} \tag{2.2.17}$$

考虑到 $\bar{\lambda}$ 大概是 10^{-7}m 的量级，比式（2.2.17）更为明确的表述为

$$\frac{\Delta\nu}{\bar{\nu}} << 1 \tag{2.2.18}$$

这个条件，我们在研究时间相干性时已经看到过，它就是准单色条件。对于准单色条件的光源，在屏 $\mathscr{B}$ 上的条纹调制深度是一个常数。另外，$\Gamma_{12}(\tau)$ 随 τ 的变化可以类同式（2.1.4）那样，表现为一个复指数形式：

$$\Gamma_{12}(\tau) \approx J_{12} \exp(-\mathrm{i}2\pi\bar{\nu}\tau) \tag{2.2.19}$$

式（2.2.19）中引入了一个新参数 J_{12}，从公式很快可以获得

$$J_{12} = \Gamma_{12}(0) \tag{2.2.20}$$

再次提醒读者，$\Gamma_{12}(\tau) = \Gamma(P_1, P_2; \tau)$。为了后面叙述的方便，可以设 P_1 的坐标为 $\boldsymbol{r}_1$，P_2 的坐标为 $\boldsymbol{r}_2$，于是，把式（2.2.20）写全，有

$$J(\boldsymbol{r}_1, \boldsymbol{r}_2) = \Gamma(\boldsymbol{r}_1, \boldsymbol{r}_2; 0) \tag{2.2.21}$$

公式明确意味着，$J(\boldsymbol{r}_1, \boldsymbol{r}_2)$ 是 P_1 和 P_2 点之间没有时间差时的相干函数。它有一个专有名称，称为互强度。它的归一化形式写为 $j(\boldsymbol{r}_1, \boldsymbol{r}_2)$ 或 j_{12}，它是 P_1 和 P_2 点之间无时间差时的复相干度，即

$$j(\boldsymbol{r}_1, \boldsymbol{r}_2) = \gamma(\boldsymbol{r}_1, \boldsymbol{r}_2; 0) \tag{2.2.22}$$

在准单色条件下，考虑时间因素时，可以和式（2.2.19）类似地认为：

$$\gamma_{12}(\tau) \approx j_{12} \exp(-\mathrm{i}2\pi\bar{\nu}\tau) \tag{2.2.23}$$

现在，可以看到式（2.2.15）成立的数学表述了，这就是准单色条件 $\dfrac{\Delta\nu}{\bar{\nu}} << 1$。

我们回到图 2.2.4，沿 x 轴光强分布表现为一系列的极大值和极小值的交替分布。两个极大值（或极小值）的间距是一个和波长有关的量 $\dfrac{z_1\lambda}{d}$。按照杨氏实验的布局，P_1 点和 P_2 点是由同一个光源照射的，它们具有相同的功率谱分布。但就观察屏 $\mathscr{B}$ 上某一点 Q 来说，由于不同波长的极值点出现在不同的位置，Q 点的功率谱分布显然会和 P_1、P_2 点的不同。这一事实对于进一步研究相干性如何传播带来了不便。

于是在 1961 年，曼德尔提出了“互谱纯”的概念：如果在屏 $\mathscr{A}$ 的两个点 r_1 和 r_2 处，光具有相同的功率谱密度 $S(\boldsymbol{r}_1, \nu) = CS(\boldsymbol{r}_2, \nu)$，而在观察屏上存在一个区域，在此区域内叠加后的光具有和点 $\boldsymbol{r}_1$ 和 $\boldsymbol{r}_2$ 相同功率谱密度，则称该光是“互谱纯”的光。

如果说“准单色”是在频域上对光做出限制，那么“互谱纯”是在空域上对光做出限制。存在的这一个“区域”就是图 2.2.4 中 x=0 附近的一小块“地盘”。只要满足条件：①z/d 足够大，且 $z_1 \approx z_2$；②光源满足准单色条件；③对“相同功率谱密度”中的“相同”允许有一定的容差，这个“区域”就可以存在。

第③条，使我们再一次遇到空间中“一个点”的问题。严格说来，只有 x=0 这“一点”才满足互谱纯条件。但是，光探测器件不可能是“严格”的“点”，每次测量会有误差范围内的不同数据，对功率谱密度的数据分析会有分辨率的限制。这些误差和限制因素使得在一定区域内，测量数据无法区分不同的功率谱密度，于是这“一定区域”就是满足互谱纯条件的区域。如果对“相同”再放宽一些，则满足互谱纯条件的区域还可以扩大。

最重要的是，对于很多应用场合，互谱纯条件确实能解决实际问题。

现在来看满足互谱纯的光源在数学描述方面都有什么特点。

我们处理的是与频率有关的问题，在频域上讨论会简单一些。描述观察屏上某一点 Q 处的光强的式（2.2.13），并考虑到准单色条件，Q 点的谱密度函数就可以写为

$$S(Q;\nu)=S(\boldsymbol{r}_1;\nu)+S(\boldsymbol{r}_2;\nu)+2\sqrt{S(\boldsymbol{r}_1;\nu)S(\boldsymbol{r}_2;\nu)}\,\mathrm{Re}[\mu_{12}(\boldsymbol{r}_1,\boldsymbol{r}_2;\nu)\exp(-\mathrm{j}2\pi\nu\tau_0)] \tag{2.2.24}$$

$S(\boldsymbol{r};\nu)$是 $\boldsymbol{r}$ 点处的光谱密度函数，它是坐标 $\boldsymbol{r}$ 的函数，也是频率 ν 的函数。$\mu_{12}(\boldsymbol{r}_1,\boldsymbol{r}_2;\nu)$ 称为谱相干度，是复相干度的谱密度形式，通常是频率 ν 的函数：

$$\mu_{12}(\boldsymbol{r}_1,\boldsymbol{r}_2;\nu)=\frac{W_{12}(\boldsymbol{r}_1,\boldsymbol{r}_2;\nu)}{\sqrt{S(\boldsymbol{r}_1;\nu)S(\boldsymbol{r}_2;\nu)}} \tag{2.2.25}$$

而 $W_{12}(\boldsymbol{r}_1,\boldsymbol{r}_2;\nu)$ 则是互相干函数的傅里叶变换。指数中的 τ_0 是光从 $\boldsymbol{r}_1$ 和 $\boldsymbol{r}_2$ 处传播到 Q 点的时间差。

在式（2.2.24）中，使得 $S(Q;\nu)$和 $S(\boldsymbol{r};\nu)$分布形式不同的只有一个因子：$\mu_{12}(\boldsymbol{r}_1,\boldsymbol{r}_2;\nu)\exp(-\mathrm{j}2\pi\nu\tau_0)$，根据互谱纯的定义，它应该不是频率 ν 的函数：

$$\mu_{12}(\boldsymbol{r}_1,\boldsymbol{r}_2;\nu)\exp(-\mathrm{j}2\pi\nu\tau_0)=f(\boldsymbol{r}_1,\boldsymbol{r}_2;\tau_0) \tag{2.2.26}$$

现在来探讨 $f(\boldsymbol{r}_1,\boldsymbol{r}_2;\tau_0)$ 的形式。将 $\boldsymbol{r}_1$ 和 $\boldsymbol{r}_2$ 两点的相干函数写成它的谱形式：

$$\Gamma_{12}(\boldsymbol{r}_1,\boldsymbol{r}_2;\tau)=\int_0^{\infty}\sqrt{S(\boldsymbol{r}_1,\nu)S(\boldsymbol{r}_2,\nu)}\,\mu_{12}(\boldsymbol{r}_1,\boldsymbol{r}_2;\nu)\exp(-\mathrm{j}2\pi\nu\tau)\mathrm{d}\nu \tag{2.2.27}$$

代入互谱纯条件：

$$\Gamma_{12}(\boldsymbol{r}_1,\boldsymbol{r}_2;\tau)=\sqrt{C}f(\boldsymbol{r}_1,\boldsymbol{r}_2;\tau_0)\int_0^{\infty}S(\boldsymbol{r}_1,\nu)\exp[-\mathrm{j}2\pi\nu(\tau-\tau_0)]\mathrm{d}\nu \tag{2.2.28}$$

在式（2.2.28）中，积分号中所表示的正是Γ_{11}，即

$$\Gamma_{12}(\boldsymbol{r}_1,\boldsymbol{r}_2;\tau)=\sqrt{C}f(\boldsymbol{r}_1,\boldsymbol{r}_2;\tau_0)\Gamma_{11}(\boldsymbol{r}_1,\boldsymbol{r}_1;\tau-\tau_0) \tag{2.2.29}$$

而根据互谱纯的前提条件，则

$$\sqrt{\Gamma_{11}(\boldsymbol{r}_1,\boldsymbol{r}_1;0)\Gamma_{22}(\boldsymbol{r}_2,\boldsymbol{r}_2;0)}=\sqrt{C}\Gamma_{12}(\boldsymbol{r}_1,\boldsymbol{r}_2;0) \tag{2.2.30}$$

将式（2.2.29）和式（2.2.30）两式相除，得到

$$\gamma_{12}(\boldsymbol{r}_1,\boldsymbol{r}_2;\tau)=f(\boldsymbol{r}_1,\boldsymbol{r}_2;\tau_0)\gamma_{11}(\boldsymbol{r}_1,\boldsymbol{r}_1;\tau) \tag{2.2.31}$$

令 $\tau=\tau_0$ 就可以得到

$$f(\boldsymbol{r}_1,\boldsymbol{r}_2;\tau_0)=\gamma_{12}(\boldsymbol{r}_1,\boldsymbol{r}_2;\tau_0) \tag{2.2.32}$$

代回式（2.2.26），就可以得到

$$\mu_{12}(\boldsymbol{r}_1,\boldsymbol{r}_2;\nu)=\exp(\mathrm{j}2\pi\nu\tau_0)\gamma_{12}(\boldsymbol{r}_1,\boldsymbol{r}_2;\tau_0) \tag{2.2.33}$$

这就是说，对于互谱纯的光，**谱相干度的绝对值在所有的频率分量上都是相同的，仅只有一个相位因子 $\exp(\mathrm{j}2\pi\nu\tau_0)$ 的区别**。

将式（2.2.32）代回式（2.2.31），有

$$\gamma_{12}(\boldsymbol{r}_1,\boldsymbol{r}_2;\tau)=\gamma_{12}(\boldsymbol{r}_1,\boldsymbol{r}_2;\tau_0)\gamma_{11}(\boldsymbol{r}_1,\boldsymbol{r}_1;\tau-\tau_0) \tag{2.2.34}$$

这意味着，**复相干度可以分解为两个因子的乘积，其中一个是 $\boldsymbol{r}_1$ 和 $\boldsymbol{r}_2$ 在时间延迟 τ_0 时的空间相干特征，另一个则是照明光源的时间相干特征**。

式（2.2.34）常被称为互谱纯光的简约形式。

最后需要提出注意的是干涉条纹的调制深度：

$$V(\boldsymbol{r},\nu)=\frac{S_{\max}-S_{\min}}{S_{\max}+S_{\min}}=\frac{2\sqrt{C}}{1+C}\left|\gamma_{12}(\boldsymbol{r}_1,\boldsymbol{r}_2;\tau_0)\right| \tag{2.2.35}$$

这就是说，**干涉条纹的调制深度在所有的频率分量上都是相同的**。

读者现在可以体会到理论工作者的良苦用心了。准单色条件，使得相干函数随时间的变化简化为复指数的形式（式（2.2.19））；互谱纯条件，又使得相干函数可以分解为时间因子和空间因子的乘积（式（2.2.34））；最重要的是，在这两个条件下，从实验观察到的光干涉效果在所有频率分量上都是一样的（式（2.2.34））。于是，我们可以只研究其中的某一根谱线的形态，然后把它推论到谱宽范围。

这就给从事实践工作的技术人员提出了一个要求，当引用由此推论出来的结论时，需要考虑所涉及的问题是否符合“准单色互谱纯”条件的要求。

2.3 相干性的传播

在描述杨氏实验时，曾提到“在离光源足够远处 R，安置一块足够大的屏 $\mathscr{A}$”，并大体上解释了如此这般的原因。从本书叙述到现在所具备的认识来看，这样的安

排还说明“在离光源不太远处和离光源足够远处”，光场的互相干函数一定具有不同的形式。于是一个问题就很自然地提出来了，我们是否能够从光源附近的相干状态来计算“离光源足够远处”的相干状态？或者相反，从“离光源足够远处”的相干状态，反推光源附近的相干状态？

在电磁场领域，要在理论上解决一个问题，通常会求助于麦克斯韦方程。在学科发展到今天这样的水平下，列出相关的方程一般不会太难，但求解的过程往往会很复杂。

但有一个明显的问题，麦克斯韦方程也好，由它推出的电磁场波动方程也好，都是对于电磁场的点分布状况随时间变迁的描述，空间位置的变量只有一个。至于像互相干函数这样的关于电磁场点与点之间联系的参数，关于空间位置的变量增加到两个，方程应该如何处理呢？

读者都知道，涉及两个未知数的问题，一个方程是不够的，需要两个方程联立才可能求出确定的解。现在涉及的是两个自变量的函数，是否也需要两个微分方程呢？数学家也是这样想的，他们从标量场的波动方程出发，分别对两个点 $\boldsymbol{r}_1$ 和 $\boldsymbol{r}_2$ 进行算子处理，得出了两个偏微分方程。

现在本书试图来叙述这两个偏微分方程的建立过程。

光场量的波动方程为

$$\nabla^2 u(\boldsymbol{r},t)-\frac{1}{c^2}\frac{\partial^2}{\partial t^2}u(\boldsymbol{r},t)=0 \tag{2.3.1}$$

式中，∇^2 是拉普拉斯算子；c 是介质中的光速。而互相干函数，按照它的定义，是两个点 $\boldsymbol{r}_1$ 和 $\boldsymbol{r}_2$ 的光场量乘积的集合平均：

$$\Gamma_{12}(\boldsymbol{r}_1,\boldsymbol{r}_2,t_1,t_2)=\left\langle u(\boldsymbol{r}_1,t_1)u^*(\boldsymbol{r}_2,t_2)\right\rangle \tag{2.3.2}$$

依照开始叙述的思想，假设点 $\boldsymbol{r}_2$ 不变，仅考虑点 $\boldsymbol{r}_1$ 的变动带来的影响。那么，拉普拉斯算子对互相干函数的作用就可以写为

$$\nabla_1^2\Gamma_{12}=\nabla_1^2\left\langle u(\boldsymbol{r}_1,t_1)u^*(\boldsymbol{r}_2,t_2)\right\rangle \tag{2.3.3}$$

拉普拉斯算子 ∇_1^2 的下标 1 表示它仅作用于 $\boldsymbol{r}_1$ 点。

交换算子和集合平均的次序：

$$\nabla_1^2\Gamma_{12}=\left\langle \nabla_1^2 u(\boldsymbol{r}_1,t_1)u^*(\boldsymbol{r}_2,t_2)\right\rangle \tag{2.3.4}$$

也许有读者感兴趣，交换算子和集合平均的次序是否合法？在一些专门的随机过程著作中，例如，西安交通大学汪荣鑫写的《随机过程》中，就有详细的证明过程，本书不再赘述。

在式（2.3.4）的右边，将式（2.3.1）代入，就有

$$\nabla_1^2 \Gamma_{12} = \left\langle \frac{1}{c^2} \frac{\partial^2 u(\boldsymbol{r}_1, t_1)}{\partial t_1^2} u^*(\boldsymbol{r}_2, t_2) \right\rangle \tag{2.3.5}$$

再交换集合平均和偏微分的次序，得到

$$\nabla_1^2 \Gamma_{12} = \frac{1}{c^2} \frac{\partial^2}{\partial t_1^2} \left\langle u(\boldsymbol{r}_1, t_1) u^*(\boldsymbol{r}_2, t_2) \right\rangle = \frac{1}{c^2} \frac{\partial^2}{\partial t_1^2} \Gamma_{12}(\boldsymbol{r}_1, \boldsymbol{r}_2, t_1, t_2) \tag{2.3.6}$$

这样，就得到了关于互相干函数空间分布的数理方程，只是其中 $\boldsymbol{r}_2$ 点是固定的。

显然可以用同样的方式，得到 $\boldsymbol{r}_1$ 点固定时的方程：

$$\nabla_2^2 \Gamma_{12} = \frac{1}{c^2} \frac{\partial^2}{\partial t_2^2} \left\langle u(\boldsymbol{r}_1, t_1) u^*(\boldsymbol{r}_2, t_2) \right\rangle = \frac{1}{c^2} \frac{\partial^2}{\partial t_2^2} \Gamma_{12}(\boldsymbol{r}_1, \boldsymbol{r}_2, t_1, t_2) \tag{2.3.7}$$

式（2.3.6）和式（2.3.7）组成了互相干函数空间分布的方程组。不过要解出方程，得到一个简明的解析公式，可不是一件容易的事。我们还需要考虑一些限制条件，以简化方程组。

首先，当然是平稳条件。每一点的光场是平稳的，各点之间的光场是互平稳的，于是 t_1, t_2 是不重要的，它们的差值 $\tau = t_1 - t_2$ 才是唯一起作用的时间因素。这样，方程组可以改写为

$$\begin{cases} \nabla_1^2 \Gamma_{12}(\boldsymbol{r}_1, \boldsymbol{r}_2; \tau) = \dfrac{1}{c^2} \dfrac{\partial^2}{\partial \tau^2} \Gamma_{12}(\boldsymbol{r}_1, \boldsymbol{r}_2; \tau) \\ \nabla_2^2 \Gamma_{12}(\boldsymbol{r}_1, \boldsymbol{r}_2; \tau) = \dfrac{1}{c^2} \dfrac{\partial^2}{\partial \tau^2} \Gamma_{12}(\boldsymbol{r}_1, \boldsymbol{r}_2; \tau) \end{cases} \tag{2.3.8}$$

其次，需要准单色的条件限定，在准单色条件下，远场的光场可以用菲涅耳公式来计算。

最后，具体的推导过程，分别从式（2.3.8）中的两个方程出发，用菲涅耳公式求出远场的两个点 $\boldsymbol{r}_1$ 和 $\boldsymbol{r}_2$ 处的场值，再把它们相乘并做集合平均，就可以解出相干函数，如图 2.3.1 所示。

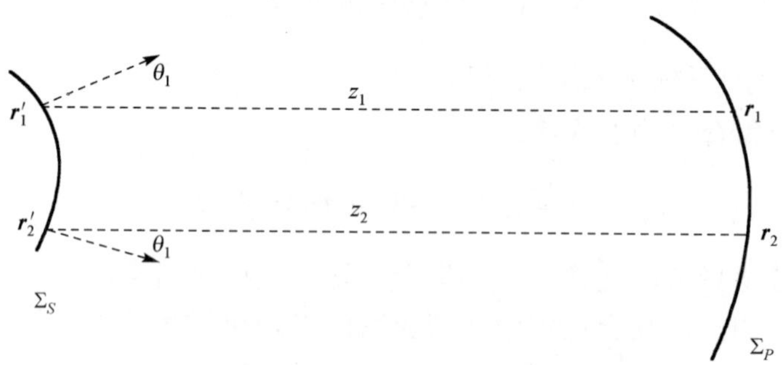

图 2.3.1　互相干函数传播的坐标示意图

菲涅耳公式的计算格局，有《光学原理》阅读背景的读者都很清楚，它是根据光源面 Σ_S 上随 $\boldsymbol{r}'$ 的场分布，以求出远场观察面 Σ_P 上任意点 $\boldsymbol{r}$ 的场值。不同的是，现在要求出两个值 $u(\boldsymbol{r}_1,t+\tau)$ 和 $u^*(\boldsymbol{r}_2,t)$。从式（2.3.8）的第一式，可以求出 $u(\boldsymbol{r}_1,t+\tau)$，而从第二式，可以求出 $u^*(\boldsymbol{r}_2,t)$，即

$$\begin{cases} u(\boldsymbol{r}_1,t+\tau)=\iint_{\Sigma_S}\dfrac{1}{\mathrm{j}\bar{\lambda}z_1}u\left(\boldsymbol{r}_1',t+\tau-\dfrac{z_1}{c}\right)\chi(\theta_1)\mathrm{d}S_1 \\ u^*(\boldsymbol{r}_2,t)=\iint_{\Sigma_S}\dfrac{1}{\mathrm{j}\bar{\lambda}z_2}u\left(\boldsymbol{r}_2',t-\dfrac{z_2}{c}\right)\chi(\theta_2)\mathrm{d}S_2 \end{cases} \tag{2.3.9}$$

于是，在已知光源面 Σ_S 上的相干函数时，就可以写出空间任意两点 $\boldsymbol{r}_1$ 和 $\boldsymbol{r}_2$ 之间的互相干函数的积分表达式。当然，在推导过程中，积分号与集合平均运算是可以互换的，即

$$\begin{aligned} \Gamma_{12}(\boldsymbol{r}_1,\boldsymbol{r}_2;\tau)&=\left\langle u(\boldsymbol{r}_1,t+\tau)u^*(\boldsymbol{r}_2,t)\right\rangle \\ &=\iint_{\Sigma_S}\iint_{\Sigma_S}\frac{\Gamma_{12}\left(\boldsymbol{r}_1',\boldsymbol{r}_2';\tau+\dfrac{z_2-z_1}{c}\right)}{\bar{\lambda}^2z_1z_2}\chi(\theta_1)\chi(\theta_2)\mathrm{d}S_1\mathrm{d}S_2 \end{aligned} \tag{2.3.10}$$

说起来 $\boldsymbol{r}_1$ 和 $\boldsymbol{r}_2$ 可以是空间的任意两点，但在实际问题中，它们通常是在一个与光源距离相等的观察平面上。在这种状况下，可以认为 $\tau=0$，相干函数 $\Gamma_{12}(\boldsymbol{r}_1,\boldsymbol{r}_2,\tau)$ 简化互强度 $J_{12}(\boldsymbol{r}_1,\boldsymbol{r}_2)$，这是研究者最关心的形式。在式（2.3.10）中代入 $\tau=0$ 就可以得到。

还可以再简化一步，考虑到光源面上，准单色条件使得相干函数随时差的变化表现为复指数函数：

$$\Gamma_{12}(\tau)=J_{12}\exp(-\mathrm{j}2\pi\bar{\nu}\tau) \tag{2.3.11}$$

于是，

$$\Gamma_{12}\left(\boldsymbol{r}_1',\boldsymbol{r}_2';\tau+\frac{z_2-z_1}{c}\right)=J_{12}(\boldsymbol{r}_1',\boldsymbol{r}_2')\exp\left[-\mathrm{j}\left(\tau+\frac{2\pi}{\lambda}\overline{z_2-z_1}\right)\right] \tag{2.3.12}$$

在实际应用中所处理的问题，通常认为光源面 Σ_s 是一个等相面，也就是在 Σ_s 上，处处有 $\tau=0$。当它们传播到观察面时，只需要考虑传播途径不同所引起的时间差。在式（2.3.12）中令 $\tau=0$，并代入式（2.3.10），就得到互相干性传播的一般解析表达式：

$$J_{12}(\boldsymbol{r}_1,\boldsymbol{r}_2)=\iint_{\Sigma_S}\iint_{\Sigma_S}\frac{J_{12}(\boldsymbol{r}_1',\boldsymbol{r}_2')}{\bar{\lambda}^2z_1z_2}\exp\left[-\mathrm{j}\frac{2\pi}{\bar{\lambda}}(z_1-z_2)\right]\chi(\theta_1)\chi(\theta_2)\mathrm{d}S_1\mathrm{d}S_2 \tag{2.3.13}$$

在式（2.3.13）中，令 $\boldsymbol{r}_1=\boldsymbol{r}_2=\boldsymbol{r}$，则可求得点 $\boldsymbol{r}$ 处的光强值：

$$I(\boldsymbol{r})=\iint_{\Sigma_S}\iint_{\Sigma_S}\frac{J_{12}(\boldsymbol{r}_1',\boldsymbol{r}_2')}{\bar{\lambda}^2 z_1 z_2}\exp\left[-\mathrm{j}\frac{2\pi}{\bar{\lambda}}(z_1-z_2)\right]\chi(\theta_1)\chi(\theta_2)\mathrm{d}S_1\mathrm{d}S_2 \qquad (2.3.14)$$

也就是说，观察面上的光强是与光源面上的互相干函数有关的。如果光源的互相干函数恒等于 1，则该式转化为一般的用菲涅耳公式求光强的公式。

本节的最后，讨论一下互谱密度函数的传播问题。

在互相干函数的公式里，读者可以看到一个数值 $\bar{\lambda}$。在前面已经说过，$\bar{\lambda}$ 的测量并不容易。另外，式（2.3.14）中，随着 $\boldsymbol{r}$ 的变化，$I(\boldsymbol{r})$的谱分量分布有没有变化？如果有变化，用 $\bar{\lambda}$ 是不是合理的选择？在式（2.3.13）和式（2.3.14）中，显然认为 $\bar{\lambda}$ 没有变化，所以它们隐含了互谱纯的假设。既然有互谱纯的假设，那么直接考虑互谱密度函数的传播会更方便一些，把结果推论到所有的频谱分量上就可以了。

本书不再详细叙述过程了。互谱密度函数的传播可以用亥姆霍兹方程描述为

$$\begin{cases}\nabla_1^2 W(\boldsymbol{r}_1,\boldsymbol{r}_2;\nu)+k^2 W(\boldsymbol{r}_1,\boldsymbol{r}_2;\nu)=0\\ \nabla_2^2 W(\boldsymbol{r}_1,\boldsymbol{r}_2;\nu)+k^2 W(\boldsymbol{r}_1,\boldsymbol{r}_2;\nu)=0\end{cases} \qquad (2.3.15)$$

方程的解为

$$W(\boldsymbol{r}_1,\boldsymbol{r}_2;\nu)=\frac{1}{\lambda^2 z_1 z_2}\iint_{\Sigma_S}\iint_{\Sigma_S}W(\boldsymbol{r}_1',\boldsymbol{r}_2';\nu)\exp[-\mathrm{j}k(z_2-z_1)]\chi(\theta_1)\chi(\theta_2)\mathrm{d}S_1\mathrm{d}S_2 \qquad (2.3.16)$$

而当 $\boldsymbol{r}_1=\boldsymbol{r}_2=\boldsymbol{r}$ 时，$\boldsymbol{r}$ 处的谱密度值则为

$$S(\boldsymbol{r},\nu)=\frac{1}{\lambda^2 z_1 z_2}\iint_{\Sigma_S}\iint_{\Sigma_S}W(\boldsymbol{r}_1',\boldsymbol{r}_2';\nu)\exp[-\mathrm{j}k(z_2-z_1)]\chi(\theta_1)\chi(\theta_2)\mathrm{d}S_1\mathrm{d}S_2 \qquad (2.3.17)$$

注意，在式（2.3.16）和式（2.3.17）中，k 值上没有平均符号，而是该频谱分量上的波数值。

2.4　互相干函数的极限形式

本书叙述到现在，读者对相干性的数学描述大概有点概念了。但疑问也就由此而生：在一般教科书中所提及的“相干光”、“非相干光”和这些数学描述之间有什么关系呢？

回答当然是肯定的，而且在时间相干性的叙述中，读者已经看到，如果认为光束在横截面上是完全相干的，那么在时间范畴内的“相干光”，可以由“相干时间”或“相干长度”来界定。现在的问题是，横截面上不同点之间不一定是相干的，“相干光”又该如何界定？还有些读者会更进一步问，有没有“完全相干”的光？或者说，从目前建立的理论角度来看，什么样的光场是“完全相干”的，什么样的光场是“完全不相干”的。

这个问题是如此的重要，因为以往的光学理论，就是建立在“完全相干”或“完

全不相干”之上的。由此，在讨论如何度量横截面相干问题之前，先讨论一下“完全相干”和“完全不相干”这两个术语。

有些读者也许会说，这很简单，光场中任意两点之间的相干度都为 1，就是“完全相干”的，如果都为 0，则是“完全不相干”的。下面本书就从这样的想法出发，来展开讨论。

2.4.1　相干场

首先来看一下，什么样的场可以称为“完全相干”场。

回顾一下复相干度函数的物理意义，当$|\gamma_{12}(\boldsymbol{r}_1,\boldsymbol{r}_2;\tau)|=1$时，如果$\boldsymbol{r}_1$和$\boldsymbol{r}_2$处的光场发生干涉，则干涉条纹的调制深度是 1。在通常的语境下，$\boldsymbol{r}_1$和$\boldsymbol{r}_2$处的光场是完全相干的。读者很自然地会想到，可以定义$|\gamma_{12}(\boldsymbol{r}_1,\boldsymbol{r}_2;\tau)|\equiv 1$的光场是完全相干的。

不过这个条件过于苛刻了。Mandel 等在 1995 年出版的著作中，用了 5 页文字，从相干矩阵的非负定性出发，推论出$|\gamma_{12}(\boldsymbol{r}_1,\boldsymbol{r}_2;\tau)|\equiv 1$时的两种情况[6]。

（1）如果$\boldsymbol{r}_1=\boldsymbol{r}_2$，则意味着只考虑时间相干性，此时相干函数简化成自相干函数。$|\gamma_{12}(\boldsymbol{r},\boldsymbol{r};\tau)|=1$的限定将导致$\boldsymbol{r}$点的光场只能是单一频率的周期函数。

（2）对于更普遍的状况，$|\gamma_{12}(\boldsymbol{r}_1,\boldsymbol{r}_2;\tau)|\equiv 1$的限定导致光场只能是单一频率的平面波。

推论的过程冗长而枯燥，有兴趣的读者可以直接阅读原文。

由此看来，这样一个“定义”并没有多少实用意义，需要寻求一种较为宽松的，且又具有实用价值的说法。

一种办法是将考虑问题的基点从时-空范畴转移到频-空范畴，也就是将互相干函数对时间差τ进行傅里叶变换，变成互谱密度函数。这样，对于每一个单频分量，时间相干性总是可以看成完全相干的，从而把时-空相干性的问题简化为空间相干性的问题。光场的相干性就可以在某一频率点上来定义，于是在某一单频上完全相干就变为

$$|\mu_{12}(\boldsymbol{r}_1,\boldsymbol{r}_2;\nu)|=1 \tag{2.4.1}$$

这当然是很有效的，特别是像处理激光这样的窄带光（也就是时间相干性特别好的光）。进一步说，对于如同 2.2 节中所讨论的满足互谱纯条件的光场，完全可以用中心频率的光场相干特性，代表整体光场的相干特性。

但并不是所有的光场都可以很容易地用频-空范畴的方法来处理。有些时候，傅里叶逆变换也是相当麻烦的事。对于一般的光场，考虑问题的基点仍应放在时-空范畴，但可以对“相干”的定义作出较为宽松意义上的修正。讨论这样一个定义的产生过程和数学上的严格讨论，又将是十分冗长的。在本书中，只是直接给出目前比较一致的意见，并做一些简单的解释。

目前意见比较一致的宽松定义是：若对于光场中每一个点对 $(\boldsymbol{r}_1,\boldsymbol{r}_2)$ ，总能找到一个延迟 τ_{12} ，使得 $|\gamma_{12}(\boldsymbol{r}_1,\boldsymbol{r}_2;\tau_{12})|=1$ ，则称此光场为完全相干的。用公式可以表示为

$$\max|\gamma_{12}(\boldsymbol{r}_1,\boldsymbol{r}_2;\tau)|=1 \tag{2.4.2}$$

在式（2.4.2）中，如果 $\boldsymbol{r}_1=\boldsymbol{r}_2$ ，则它将描述光场的时间相干特性。如果将光场描述成实函数，则从随机过程的理论可以知道，此时 γ 必定是一个周期函数，它的傅里叶变换是一系列的分立谱线。也就是说，一个在时间上的完全相干场，是由多个单频光场叠加所构成的。这显然比“只有单色平面波符合完全相干条件”要宽松得多。

当 $\boldsymbol{r}_1\neq\boldsymbol{r}_2$ 时， γ_{12} 可表示为

$$\gamma_{12}(\boldsymbol{r}_1,\boldsymbol{r}_2;\tau_{12})=\frac{\left|\left\langle u(\boldsymbol{r}_1,t+\tau_{12})u^*(\boldsymbol{r}_2,t)\right\rangle\right|}{\left[\left\langle\left|u(\boldsymbol{r}_1,t+\tau_{12})\right|^2\right\rangle\left\langle\left|u^*(\boldsymbol{r}_2,t)\right|^2\right\rangle\right]^{1/2}} \tag{2.4.3}$$

考虑到在准单色光的情况下，光场可以表示为

$$u(\boldsymbol{r},t)=A(\boldsymbol{r},t)\exp(-\mathrm{i}2\pi\bar{\nu}t) \tag{2.4.4}$$

式中， $A(\boldsymbol{r},t)$ 是光场的复包络项。于是，式（2.4.3）可以写成如下形式：

$$\gamma_{12}(\boldsymbol{r}_1,\boldsymbol{r}_2;\tau_{12})=\frac{\left|\left\langle A(\boldsymbol{r}_1,t+\tau_{12})A^*(\boldsymbol{r}_2,t)\right\rangle\right|}{\left[\left\langle\left|A(\boldsymbol{r}_1,t+\tau_{12})\right|^2\right\rangle\left\langle\left|A^*(\boldsymbol{r}_2,t)\right|^2\right\rangle\right]^{1/2}} \tag{2.4.5}$$

为使式（2.4.5）等于 1，显然应该有

$$\left|\left\langle A(\boldsymbol{r}_1,t+\tau_{12})A^*(\boldsymbol{r}_2,t)\right\rangle\right|=\left[\left\langle\left|A(\boldsymbol{r}_1,t+\tau_{12})\right|^2\right\rangle\left\langle\left|A^*(\boldsymbol{r}_2,t)\right|^2\right\rangle\right]^{1/2} \tag{2.4.6}$$

利用 Schwarz 不等式，可以推得使式（2.4.6）成立的条件为

$$A(\boldsymbol{r}_2,t)=K_{12}A(\boldsymbol{r}_1,t+\tau_{12}) \tag{2.4.7}$$

也就是说，为使式（2.4.2）的定义成立，对于光场中的任意点对，必须存在一个时间延迟 τ_{12} ，使得该两点的光场的复包络在相对延迟时间 τ_{12} 后是完全相似的，它们之间只相差一个与时间无关的比例系数 K_{12} 。

若光场是互谱纯的，则“完全相干”的条件比较明显，有

$$|\mu_{12}(\boldsymbol{r}_1,\boldsymbol{r}_2)|=1 \tag{2.4.8}$$

该式与式（2.4.2）是等效的。此处略去证明过程。

2.4.2 非相干场

现在讨论“完全不相干”或称为“非相干场”的光场。

一个很自然的想法是当 $\boldsymbol{r}_1=\boldsymbol{r}_2$ 和 $\tau=0$ 时， $\gamma_{12}(\boldsymbol{r}_1,\boldsymbol{r}_2;\tau)=1$ ，除此之外的所有情况， $\gamma_{12}(\boldsymbol{r}_1,\boldsymbol{r}_2;\tau)$ 都等于 0。写成数学形式为

$$|\gamma_{12}(\boldsymbol{r}_1,\boldsymbol{r}_2;\tau)|=\begin{cases}0, & \boldsymbol{r}_1\neq\boldsymbol{r}_2\text{或}\tau\neq 0\\ 1, & \boldsymbol{r}_1=\boldsymbol{r}_2,\quad \tau=0\end{cases} \tag{2.4.9}$$

则称该光场是非相干的。

但这样一个“定义”导致的结果却不太美妙。

在一个光源面Σ_1上来考察这个定义。如果在Σ_1上有一个如式（2.4.9）定义的场，则它的互相干函数也有与式（2.4.9）同样的性质：当$\boldsymbol{r}_1\neq\boldsymbol{r}_2$时，$\Gamma_{12}=0$。当$\boldsymbol{r}_1=\boldsymbol{r}_2$且$\tau=0$时，它等于一个有限的值。

现在，根据式（2.3.10）来求取传播一段距离后的两个点的互相干函数：

$$\Gamma(\boldsymbol{r}_1',\boldsymbol{r}_2';\tau)=\iint_{\Sigma_1}\iint_{\Sigma_1}\Gamma(\boldsymbol{r}_1,\boldsymbol{r}_2;0)\frac{\chi(\theta_1)}{\bar{\lambda}z_1}\frac{\chi(\theta_2)}{\bar{\lambda}z_2}\mathrm{d}s_1\mathrm{d}s_2 \tag{2.4.10}$$

式中，假定在Σ_1上光源呈现为等相面，故$\tau=0$；而在观察面上，则有一个由于传播路径不同而引入的τ值。依照式（2.4.9）中的函数$\Gamma(\boldsymbol{r}_1,\boldsymbol{r}_2;\tau)$的数值特点，式（2.4.10）的结果是很明显的：$\Gamma(\boldsymbol{r}_1',\boldsymbol{r}_2';\tau)\equiv 0$。当$\boldsymbol{r}_1'=\boldsymbol{r}_2'$时，我们就得到$I(\boldsymbol{r}')=0$的结果。

$I(\boldsymbol{r}')=0$意味着光源面Σ_1根本没有向外辐射。数学推理的结论可以叙述为：一个由式（2.4.9）定义的场是不能辐射的。或者说，如同式（2.4.9）定义的“非相干场”在自由空间中是不存在的。

对于准单色光，式（2.4.10）的结论在互强度的传播问题中也适用。

$$J(\boldsymbol{r}_1',\boldsymbol{r}_2')=\iint_{\Sigma_1}\iint_{\Sigma_1}J(\boldsymbol{r}_1,\boldsymbol{r}_2)\exp[-\mathrm{i}\bar{k}(z_2-z_1)]\frac{\chi(\theta_1)}{\bar{\lambda}z_1}\frac{\chi(\theta_2)}{\bar{\lambda}z_2}\mathrm{d}s_1\mathrm{d}s_2=0 \tag{2.4.11}$$

式（2.4.9）是不能改变的，因为相干系数模量的最大值就是 1。但式（2.4.10）和式（2.4.11）中的互相干函数$\Gamma(\boldsymbol{r}_1,\boldsymbol{r}_2;\tau)$和互强度函数$J(\boldsymbol{r}_1,\boldsymbol{r}_2)$是可以采取措施的。以互强度函数为例，如果把互强度函数设定为δ函数：

$$J(\boldsymbol{r}_1,\boldsymbol{r}_2)=\kappa I(\boldsymbol{r}_1)\delta(\boldsymbol{r}_1-\boldsymbol{r}_2) \tag{2.4.12}$$

则式（2.4.11）可以计算出数值。在叙述 Van Cittert-Zernike 定理时，就是采用了这个措施。

式（2.4.12）在理论计算时当然是很方便的，但它并不是一个实际存在的光场。我们多次提到对“点”的理解。在第 1 章中，也列出了很多函数形式，它们的某种极限形式就是δ函数。我们是否能选定某个函数形式来描述现实中可能存在的光场呢？

就现在的具体情况而言，首先，既然互强度可以设定为δ函数，那么光源面Σ_1上的光场应该是统计均匀各向同性的，它的互强度函数仅是$\boldsymbol{r}_1,\boldsymbol{r}_2$两点之间距离的函数，两个三维坐标变量的函数简化为一个标量的函数；其次，作为二维平面上的函数形式，用贝塞尔函数显然具备优势，它将和衍射图样的函数形式一致。于是，可

以将光源面Σ_1上的互强度函数写为

$$J(\boldsymbol{r}_1,\boldsymbol{r}_2)=\sqrt{I(\boldsymbol{r}_1)I(\boldsymbol{r}_2)}\left[2\frac{\mathrm{J}_1(\bar{k}R)}{\bar{k}R}\right] \tag{2.4.13}$$

式中，

$$R=|\boldsymbol{r}_1-\boldsymbol{r}_2| \tag{2.4.14}$$

当$\bar{k}$趋近于无穷大时，式（2.4.13）对R呈现为δ函数。$\bar{k}$是平均波数，对光波而言，的确是一个不小的数值，把式（2.4.13）看作δ函数不会有大问题。但当R小到和波长可以比拟的距离时，式（2.4.13）与式（2.4.12）的区别就明显了，或者说，一个实际产生辐射的“非相干”光源，在光源面上波长量级的距离范围内，还是应该“相干”的。

现在，可以看到式(2.4.12)中系数κ的作用了。既然式(2.4.12)源自式(2.4.13)，它就应该和式（2.4.13）在数值上一致。两个公式比较后，可以得到

$$\kappa=\frac{\lambda^2}{\pi} \tag{2.4.15}$$

2.5 Van Cittert-Zernike 定理

在 2.4 节中，读者对“非相干”光场有了了解。在本节中，将叙述一个准单色非相干光源所产生的光场的相干特性。这项研究工作的结果现在称为 Van Cittert-Zernike 定理。定理由 Van Cittert 于 1934 年首先提出，并由 Zernike 于 1938 年给出了一个更为一般的形式。考虑到自然界自发产生的光场都是由非相干光源所产生的（不包括激光，激光显然不能看作自然界自发的光源），因此，Van Cittert-Zernike 定理无疑是经典光学中最重要的定理之一。

2.5.1 Van Cittert-Zernike 定理的基本表述

既然是考察光源产生的光场，应该从式（2.3.10）或式（2.3.13）作为研究的起点。对于准单色光，式（2.3.13）更为合适。采用该式时，用光场互强度的概念来描述光源和它所产生光场的统计形态。

设光源是一个平面光源，记为Σ_s，该面上的坐标记为$\boldsymbol{r}'$，观察面的坐标记为$\boldsymbol{r}$。这样，式（2.3.13）就写为

$$J(\boldsymbol{r}_1,\boldsymbol{r}_2)=\iint_{\Sigma_S}\iint_{\Sigma_S}\frac{1}{\bar{\lambda}^2 z_1 z_2}J(\boldsymbol{r}_1',\boldsymbol{r}_2')\exp\left[-\mathrm{i}\frac{2\pi}{\bar{\lambda}}(z_2-z_1)\right]\chi(\theta_1)\chi(\theta_2)\mathrm{d}^2\boldsymbol{r}_1'\mathrm{d}^2\boldsymbol{r}_2' \tag{2.5.1}$$

式（2.5.1）中的$J(\boldsymbol{r}_1',\boldsymbol{r}_2')$是什么形式？既然是非相干光源，就有式（2.4.13）与

式（2.4.12）两个选择对象。对于通常的应用，互强度的δ函数形式已足够精确。将式（2.4.12）代入式（2.5.1），有

$$J(\boldsymbol{r}_1,\boldsymbol{r}_2)=\iint_{\Sigma_S}\iint_{\Sigma_S}\frac{1}{\bar{\lambda}^2 z_1 z_2}\kappa I(\boldsymbol{r}_1')\delta(\boldsymbol{r}_1'-\boldsymbol{r}_2')\exp\left[-\mathrm{i}\frac{2\pi}{\bar{\lambda}}(z_2-z_1)\right]\chi(\theta_1)\chi(\theta_2)\mathrm{d}^2\boldsymbol{r}_1'\mathrm{d}^2\boldsymbol{r}_2' \tag{2.5.2}$$

δ函数的特点，直接导致式（2.5.2）简化为

$$J(\boldsymbol{r}_1,\boldsymbol{r}_2)=\iint_{\Sigma_S}\frac{\kappa}{\bar{\lambda}^2 z_1 z_2}I(\boldsymbol{r}')\exp\left[-\mathrm{i}\frac{2\pi}{\bar{\lambda}}(z_2-z_1)\right]\chi(\theta_1)\chi(\theta_2)\mathrm{d}^2\boldsymbol{r}' \tag{2.5.3}$$

式（2.5.3）中的其他参变量的简化途径和光学中的衍射公式是一样的。若考虑小角度近似，则有$\chi(\theta_1)\approx\chi(\theta_2)\approx 1$；式（2.5.3）简化为

$$J(\boldsymbol{r}_1,\boldsymbol{r}_2)=\kappa\left(\frac{\bar{k}}{2\pi}\right)^2\iint_{\Sigma_S}\frac{1}{z_1 z_2}I(\boldsymbol{r}')\exp\left[-\mathrm{i}\frac{2\pi}{\bar{\lambda}}(z_2-z_1)\right]\mathrm{d}^2\boldsymbol{r}' \tag{2.5.4}$$

又如对于z_1, z_2的处理，分母中可以简单地认为$z_1\approx z_2\approx z$，而在指数中，则采用下列近似（图 2.5.1）：

$$\begin{cases} z_1 = r_1 - \boldsymbol{s}_1\cdot\boldsymbol{r}' \\ z_2 = r_2 - \boldsymbol{s}_2\cdot\boldsymbol{r}' \end{cases} \tag{2.5.5}$$

式中，$\boldsymbol{s}_1, \boldsymbol{s}_2$分别是$\boldsymbol{r}_1, \boldsymbol{r}_2$方向上的单位矢量。

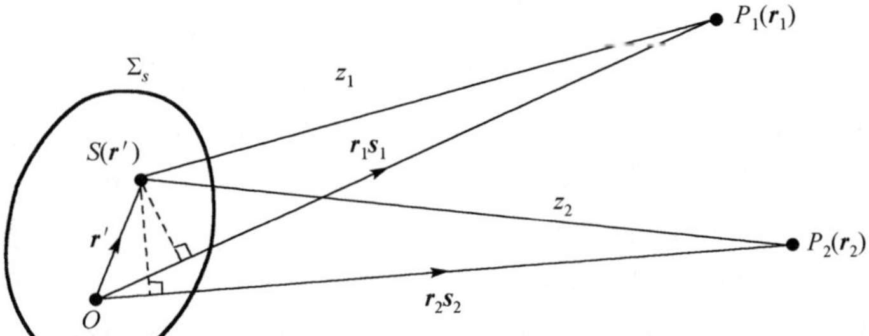

图 2.5.1　Van Cittert-Zernike 定理推导时的坐标示意

尽管式（2.5.3）的积分限限定为光源的面积，但积分限延伸到无穷并不影响积分的值。因为“无穷”总是包含了$I(\boldsymbol{r}')$的区域，而在该区域之外，$I(\boldsymbol{r}')$又等于 0。为什么要将积分限延伸到无穷呢？因为这样更便于数学上的变换处理。于是 Van Cittert-Zernike 定理的一般形式就写为

$$J(\boldsymbol{r}_1,\boldsymbol{r}_2)=\frac{\kappa\mathrm{e}^{-\mathrm{i}\bar{k}(r_2-r_1)}}{(\bar{\lambda}z)^2}\iint I(\boldsymbol{r}')\exp\left[-\mathrm{i}\bar{k}(s_2-s_1)\cdot\boldsymbol{r}'\right]\mathrm{d}^2\boldsymbol{r} \tag{2.5.6}$$

也就是说，互强度$J(\boldsymbol{r}_1, \boldsymbol{r}_2)$可以表达为光源强度分布$I(\boldsymbol{r}')$的空间二维傅里叶变换。

当 $\boldsymbol{r}_1=\boldsymbol{r}_2=\boldsymbol{r}$ 时，式（2.5.6）就描述了 $\boldsymbol{r}$ 点的光强：

$$I(\boldsymbol{r})=\frac{\kappa}{(\bar{\lambda}z)^2}\iint I(\boldsymbol{r}')\mathrm{d}^2\boldsymbol{r}' \tag{2.5.7}$$

式中，κ 取决于光源可能存在的逼近 δ 函数的具体形式，例如，采用在 2.4 节中所讨论的式（2.4.13）时，κ 值就由式（2.4.15）确定。

也可以用归一化形式来表述 Van Cittert-Zernike 定理，避免选定 κ 值的麻烦，即

$$\mu(\boldsymbol{r}_1,\boldsymbol{r}_2)=\frac{\mathrm{e}^{-\mathrm{i}\bar{k}(r_2-r_1)}\iint I(\boldsymbol{r})\exp\left[-\mathrm{i}\bar{k}(\boldsymbol{s}_2-\boldsymbol{s}_1)\cdot\boldsymbol{r}'\right]\mathrm{d}^2\boldsymbol{r}'}{\iint I(\boldsymbol{r}')\mathrm{d}^2\boldsymbol{r}'} \tag{2.5.8}$$

式（2.5.6）是一个通用的矢量表述式。在做具体计算时，表述方式会随着坐标系选择的不同而有所不同，若在直角坐标系中，则表述的形式为

$$J(\boldsymbol{r}_1,\boldsymbol{r}_2)=\frac{\kappa\mathrm{e}^{-\mathrm{i}\psi}}{(\bar{\lambda}z)^2}\iint I(\boldsymbol{r})\exp\left[-\mathrm{i}\frac{2\pi}{\bar{\lambda}z}(\Delta x\cdot x'+\Delta y\cdot y')\right]\mathrm{d}x'\mathrm{d}y'$$

式中，$\Delta x=x_2-x_1$；$\Delta y=y_2-y_1$；

$$\psi=\frac{\pi}{\bar{\lambda}z}[(x_2^2+y_2^2)-(x_1^2+y_1^2)]=\frac{\pi}{\bar{\lambda}z}(\rho_2^2-\rho_1^2) \tag{2.5.9}$$

2.5.2 圆形平面非相干光源的辐射

圆形平面非相干光源是自然界最常见的光源，把处于远距离上的发光天体——不论自发发光还是被其他光源照射后的反射光——看作圆形光源都不会有什么不妥。拿它作为一个例子，计算它的远场相干因子μ_{12}，既能阐明 Van Cittert-Zernike 定理的计算方法，又能得到大部分自然光的远场相干特性的表述，并由此展开思维，来讨论空间相干特性的定量描述方法。

设光源的半径是 a，圆心定为坐标原点 O，在圆盘上的强度分布 $I(\boldsymbol{r}')$是一个常数。在大多数的实际情况中，可以认为所观察的两个点非常靠近圆盘的垂直方向，且它们到原点的距离相等。这样，式（2.5.8）可以简化为

$$\mu_{12}(\boldsymbol{r}_1,\boldsymbol{r}_2)=\frac{\iint_{r'\leqslant a}\exp[-\mathrm{i}\bar{k}(\boldsymbol{s}_2-\boldsymbol{s}_1)\cdot\boldsymbol{r}']\mathrm{d}^2\boldsymbol{r}'}{\iint_{r'\leqslant a}\mathrm{d}^2\boldsymbol{r}'} \tag{2.5.10}$$

为计算这个积分，需要将 $\boldsymbol{r}'$ 和 $\boldsymbol{s}_2-\boldsymbol{s}_1$ 化解为具体坐标系中的参数。显然，在本例中采用极坐标系是合适的。$\boldsymbol{r}'$ 化解为

$$\boldsymbol{r}'=(\rho\cos\theta,\rho\sin\theta) \tag{2.5.11}$$

$\boldsymbol{s}_2-\boldsymbol{s}_1$ 是三维坐标。不过考虑到假设条件：$\boldsymbol{s}_1$ 和 $\boldsymbol{s}_2$ 都非常靠近光源平面的垂直方向，$\boldsymbol{s}_2-\boldsymbol{s}_1$ 就会是一个与 $\boldsymbol{r}'$ 近乎平行的矢量，它和光源平面坐标矢量 $\boldsymbol{r}'$ 的点积可

以近似地表示为

$$(\boldsymbol{s}_2-\boldsymbol{s}_1)\cdot\boldsymbol{r}'\approx(\boldsymbol{s}_{2\perp}-\boldsymbol{s}_{1\perp})\cdot\boldsymbol{r}' \tag{2.5.12}$$

式中，$\boldsymbol{s}_{2\perp}$ 和 $\boldsymbol{s}_{1\perp}$ 是三维矢量 $\boldsymbol{s}_1,\boldsymbol{s}_2$ 在光源平面上的投影，表现为一个二维矢量。于是，可以将它如同坐标矢量那样化解为

$$\boldsymbol{s}_{2\perp}-\boldsymbol{s}_{1\perp}\equiv(w\cos\psi,w\sin\psi) \tag{2.5.13}$$

经过简单的推导，式（2.5.10）可以演化为

$$\mu_{12}(\boldsymbol{r}_1,\boldsymbol{r}_2)=\frac{1}{\pi a^2}\int_0^a\int_0^{2\pi}\exp[-\mathrm{i}\bar{k}\rho w\cos(\theta-\psi)]\rho\mathrm{d}\rho\mathrm{d}\varphi \tag{2.5.14}$$

该式的右边和半径为 a 的圆孔的 Fraunhofer 衍射的形式是一样的，其积分的结果为

$$\mu_{12}(\boldsymbol{r}_1,\boldsymbol{r}_2)=\frac{2\mathrm{J}_1(\upsilon)}{\upsilon} \tag{2.5.15}$$

式中

$$\upsilon=\bar{k}a\,|\,\boldsymbol{s}_{2\perp}-\boldsymbol{s}_{1\perp}\,| \tag{2.5.16}$$

而 J_1 是第一类一阶贝塞尔函数。

注意到 $\boldsymbol{s}_{2\perp}$ 和 $\boldsymbol{s}_{1\perp}$ 是两个矢量，它们可以表述为坐标分量的形式：

$$\boldsymbol{s}_{1\perp}=\left(\frac{x_1}{z},\frac{y_1}{z},0\right),\qquad \boldsymbol{s}_{2\perp}=\left(\frac{x_2}{z},\frac{y_2}{z},0\right) \tag{2.5.17}$$

于是式（2.5.16）也可以表述为

$$\upsilon=\bar{k}\left(\frac{a}{z}\right)[(x_1-x_2)^2+(y_1-y_2)^2]^{1/2}=\bar{k}\left(\frac{a}{z}\right)d \tag{2.5.18}$$

式中，d 是观察平面上所考虑两点 $\boldsymbol{r}_1,\boldsymbol{r}_2$ 之间的距离。

式（2.5.15）的图形如图 2.5.2 所示。第一个零点的位置出现在

$$d=\frac{3.83}{\bar{k}}\left(\frac{z}{a}\right)=\frac{0.61z\bar{\lambda}}{a} \tag{2.5.19}$$

也就是说，随着所考虑的两个点之间的距离增加，它们之间的相干性越来越弱，在式（2.5.19）等于 0 的距离上，相干性完全消失。继续增加 d，会再出现一点相干性，但在相位上差了一个π值。

圆形平面非相干光源和传统杨氏实验中的第一个小孔看起来很像，或者说，那个小孔是不是可以看成一个“圆形平面非相干光源”。在激光器出现之前，这样的说法是成立的，至少是“虽不中，不远矣”。如图 2.5.3 所示，最左边的屏上有一个小孔 S，这个小孔是有面积的，通常不应该被看作“一个点”；在传统光源的近距离照明下，面积内各点上的光强是互不相干的；制备这个带小孔的光屏障的工艺决定了小孔可以看作一个圆孔（当然也可以把小孔做成方形，不过就工艺难度而言，它比

做一个圆孔难得多)。由此，它可以被看作一个“圆形平面非相干光源”。中间的屏上开有两个小孔 P_1 和 P_2，这就是本节中所讨论的两个点 $\boldsymbol{r}_1,\boldsymbol{r}_2$ 。

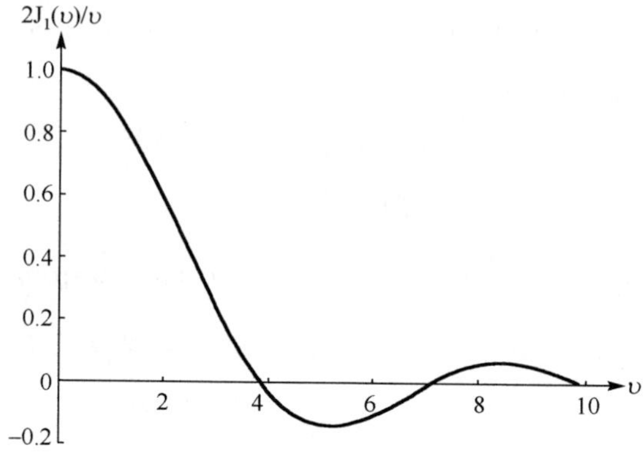

图 2.5.2　函数 $2\mathrm{J}_1(\upsilon)/\upsilon$ 的图形

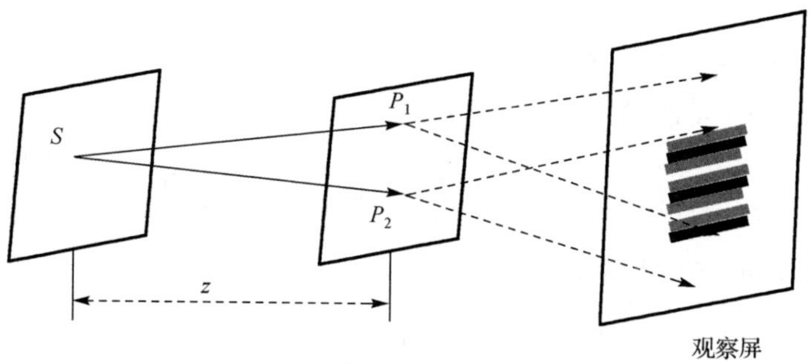

图 2.5.3　说明干涉图像变化的光路示意图

从 P_1 和 P_2 发出的光，将在观察屏上形成干涉条纹。那么，从本节所叙述的理论，可以推断出干涉条纹调制深度的状况。

还是从式（2.5.19）出发，当 $d<\dfrac{0.61z\bar{\lambda}}{a}$ 时，可以看见条纹的存在，d 越接近 0，条纹间隔越大，条纹调制深度也越接近 1；随着 d 的增大，条纹间隔越来越小，条纹调制深度越来越小。当 $d=\dfrac{0.61z\bar{\lambda}}{a}$ 时，条纹消失，观察屏上的照度等于平均值。当 $d>\dfrac{0.61z\bar{\lambda}}{a}$，但仍处于第二个零点出现之前时，又可以看见条纹的出现，只不过条纹间隔越来越小，调制深度也比较差，而且位于 P_1 和 P_2 中垂线上的点群的光强度位置与 $d<\dfrac{0.61z\bar{\lambda}}{a}$ 时的情况发生了变化，本来是光强最大值的地方，现在变为最小值的位置了。

这个实验做起来不太容易。这是因为要改变 P_1 和 P_2 之间的距离 d，改变的办法或是更换中间屏，或是将中间屏上的小孔设计成活动的。无论哪一种办法，要保证小孔的相对位置对称于左边屏上的单孔，都不是容易的事。其次，在实验室中，z 的长度又不可能很长，要使式（2.5.10）成立，P_1 和 P_2 之间的距离很有限，为获得可信的调制度随 d 变化的实验曲线，必须在有限的距离上获得足够多的点，这就需要十分精细的距离调整。

不过有一个事实是可以确认的：P_1 和 P_2 之间的距离 d 决定了观察屏上干涉条纹的调制深度。我们可以以此来给空间相干性一个类似于相干时间的指征，称为相干面积。凡是在相干面积内的点对，都认为是有一定相干性的。

与定义相干时间一样，如何在数值上限定相干面积，不同的学者有不同的说法。例如，Mandel 和 Wolf 就将调制深度为 0.88 作为“相干”的标准，然后根据式（2.5.10），得出在非相干圆盘光源照明下的相干面积为[6]

$$A = 0.063\frac{z^2\overline{\lambda}^2}{\pi a^2} \tag{2.5.20}$$

而 Goodman 则认为，既然 μ_{12} 只与 Δx 和 Δy 有关（见式（2.5.18）），则可以定义相干面积 A 为[5]

$$A = \int_{-\infty}^{\infty} |\mu_{12}(\Delta x, \Delta y)|^2 \,\mathrm{d}\Delta x \mathrm{d}\Delta y \tag{2.5.21}$$

所得到的结果为

$$A = \frac{z^2\overline{\lambda}^2}{\pi a^2} \tag{2.5.22}$$

两者的系数有较大的差别，这是因为式（2.5.22）实际上把相干面积包括到相干度接近 0 的程度。

哪一种标准更为大多数受众所赞赏呢？式（2.5.20）对光场的“相干”要严格得多，比较符合人们对纯净事物追求的理念。但在实验观察中，判断“0”点，要比判断“0.88”点容易得多，科技工作者比较热衷于式（2.5.22）。他们还喜欢另一个更为简单的近似估算式，当传播距离大于光源面积时，式（2.5.22）可以表达为

$$A \approx \frac{\overline{\lambda}^2}{\Omega_s} \tag{2.5.23}$$

式中，Ω_s 是光源对所考察点对所在平面的中心点所张的立体角。

细心的读者一定会有疑问，在本节中，一直是用两点之间的距离 d 作为自变量来研究空间相干性，d 是一个一维量，怎么就导出了一个具有二维特征的“相干面积”？我们必须记住式（2.5.10）的前提条件：①光源是圆形平面非相干光源；②所观察的两个点非常靠近圆盘的垂直方向，且它们到原点的距离相等。在这样的条件限定下，相干性在观察平面上呈现为各向同性的性质，能推断出“相干面积”也就不奇怪了。

也正因为相干性的各向同性性，直接用特定相干系数数值时的 d 值来描述相干状态，也是很常见的。在圆形平面非相干光源的情况下，可以定义 $d_0 = \dfrac{0.61z\bar{\lambda}}{a}$（此时，相干系数下降到 0)，称为横向相干长度。与相干面积的情况类似，对于“特定相干系数数值”，不同的学者常有不同的说法。尽管相干长度的物理含义都是“相干系数下降到一定程度”时两点之间的距离，但在数值上会有一些不同，理论公式也会有些区别。在阅读有关文献时，需要仔细加以甄别。

2.5.3　应用实例——Michelson 星体干涉仪

利用 Van Cittert-Zernike 定理的一个范例是 Michelson 星体干涉仪，尽管它是一个世纪之前的创作，在 Van Cittert-Zernike 定理定型之前就出现了。Michelson 在 1913 年提出了干涉法测定星体角直径的概念。如图 2.5.4 所示，极遥远处发射来的星光，当然可以看作平行光，进入设备的两个入瞳，入瞳之间的间距可以调整；进入入瞳的两束光，经过望远镜系统在焦平面上形成干涉条纹。

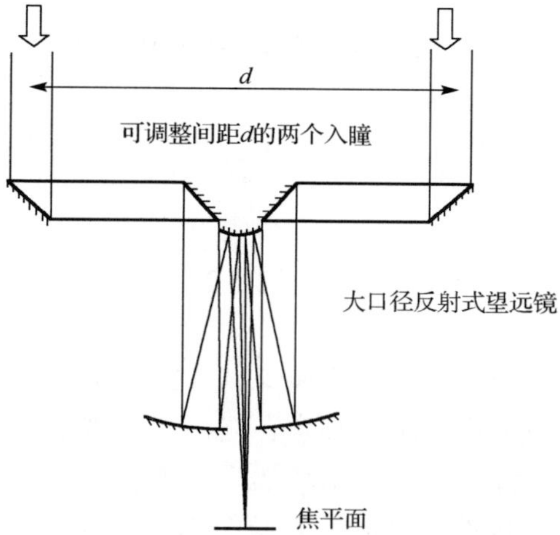

图 2.5.4　Michelson 星体干涉仪原理示意图

按照已经知晓的理论，干涉条纹的调制深度与进入设备的两束光之间的相干系数有关，而相干系数则取决于入瞳之间的间距 d。在观察和测量时，观察者逐步增大间距 d，同时注意观察干涉图的调制深度。

根据式（2.5.19），当 $d = \dfrac{0.61z\bar{\lambda}}{a}$ 时，干涉图的调制深度应该为 0，观察者不能观察到干涉条纹。于是，所观察的星体的角直径就是 $\dfrac{2a}{z} = 1.22\dfrac{\bar{\lambda}}{d_0}$，$d_0$ 是干涉条纹消失时的入瞳间距值。

这件事的原理，听起来挺简单的，但做起来却很不容易。在 Michelson 所处的时代，观察手段主要依靠眼睛，辅之以照相底片，入瞳的口径不能太小，否则所形成的干涉图像的亮度太弱，无法观察；口径大了，它就不再是“一个点”，对于干涉条纹“消失”的判断和角直径的计算，还需要一套修正的办法；入瞳间距的调整，必须保证入射光束的平行，以保证在焦平面上能观察到干涉图像；为观察足够远的星体，间距的调整范围越大越好，但总有工艺制作的限度；望远镜的像差要很小，使它不至于影响干涉图像的观察。这台干涉仪用了 7 年时间，直到 1920 年才制作成功，而且是一个庞然大物。

Michelson 干涉仪在 1920 年就制作出来了，而 Van Cittert-Zernike 定理在 1938 年才完成它的最终形式，最早也只能追溯到 1934 年，为什么说 Michelson 干涉仪是 Van Cittert-Zernike 定理的应用范例呢？其实，应用先于完整的理论，在科技史上并不少见，在第 1 章中，我们就见识过了。“概率”的严格理论在 1933 年才由柯尔莫哥洛夫加以确立，但在这之前，它已经广泛地被科技工作者所运用。Van Cittert-Zernike 定理也是这样，光学界很早就认识到干涉条纹的“可见度”问题，并有了“相干面积”的概念。对于星体角直径与“相干面积”之间的关系，也可以用其他不那么严格的方法推算出来，如前面叙述过的式（2.2.4）。不过，严格的数学表述，是由 Zernike 完成的。在文章发表的当时，受到学界很高的评价，认为他“重新燃起了对相干性研究的热忱”。

Michelson 星体干涉仪如图 2.5.5 和图 2.5.6 所示。

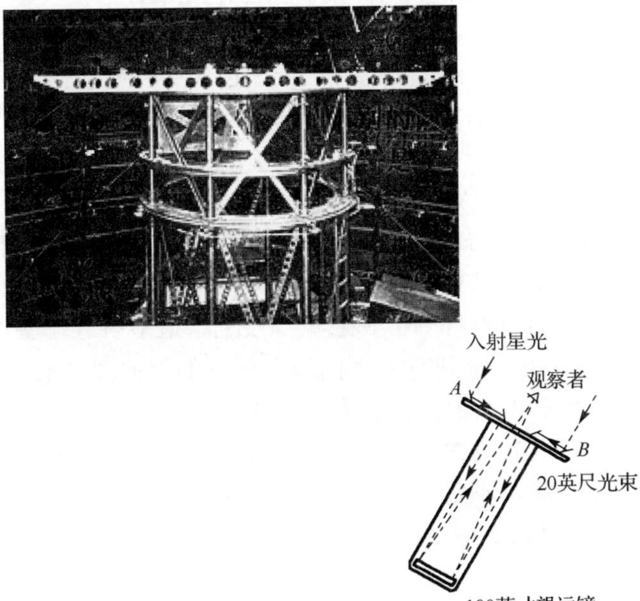

图 2.5.5　Michelson 星体干涉仪照片及结构示意

图 2.5.6　Michelson 星体干涉仪的使用

今天，Michelson 星体干涉仪已发展成多孔径的干涉成像技术。另外，激光器的发明，也使人们继续对“相干性”保持热忱。从第 3 章开始，本书会讨论更多的相干性理论的应用。

2.6　部分相干光源的辐射

在 2.4 节中，我们就“完全相干光”和“完全不相干光”展开了讨论，并作出了比较实用化的规定。对于处在两者之间的光场状况，都可以归入“部分相干光”的类型中。

从部分相干光的角度来看，Van Cittert-Zernike 定理只是辐射理论中的一个特例，尽管它能适用于描述绝大部分的自然光源。该定理出现之后，光的相干性理论日趋成熟，但它的应用却无从下手。另外，相干性理论涉及“概率”、“随机”等当时看来时髦而深奥的概念，以致大学的教科书中都避免提及它，最多引入一些“可见度”一类的表观指标（第 4 章中，还会看到有关“偏振”问题的类似现象）。直到激光器出现后，情况才有所改变。在第 3 章中，将着重讨论相干理论在激光束问题中的应用。在讨论之前，先来看相干性与辐射之间关系的式（2.3.14）的一般解算方法，也就是假定光源是一个部分相干光源，不是 Van Cittert-Zernike 定理那样的一个非相干光源。

本节涉及较多的数学概念，如果有些读者没有兴趣，则可以只阅读黑体字的结论性叙述。

作为一种普遍的考虑，假定光源是一个三维光源，它占据一个有限的区域 D，并假定光源在时间上的起伏是一个平稳过程。在 2.3 节中已经提到，**在通常的应用**

中，总是隐含着互谱纯的假设，所以研究者从谱密度函数所遵循的式（2.3.15）出发来简化问题：

$$\begin{cases}\nabla_1^2 W(\boldsymbol{r}_1,\boldsymbol{r}_2;\nu)+k^2 W(\boldsymbol{r}_1,\boldsymbol{r}_2;\nu)=0\\ \nabla_2^2 W(\boldsymbol{r}_1,\boldsymbol{r}_2;\nu)+k^2 W(\boldsymbol{r}_1,\boldsymbol{r}_2;\nu)=0\end{cases} \tag{2.6.1}$$

解此方程，可以得到三维光源辐射场的互相干谱函数 $W(\boldsymbol{r}_1,\boldsymbol{r}_2;\nu)$ 可表述为光源的互相干谱函数的积分：

$$W(\boldsymbol{r}_1,\boldsymbol{r}_2;\nu)=\int_D\int_D W_Q(\boldsymbol{r}_1',\boldsymbol{r}_2';\nu)\frac{\mathrm{e}^{\mathrm{i}k(R_2-R_1)}}{R_1R_2}\mathrm{d}^3\boldsymbol{r}_1'\mathrm{d}^3\boldsymbol{r}_2' \tag{2.6.2}$$

式中，

$$R_j=\left|\boldsymbol{r}_j-\boldsymbol{r}_j'\right|,\quad j=1,2 \tag{2.6.3}$$

公式中的符号意义可以参见图 2.6.1。显然，坐标原点应取在光源占据的区域 D 内。$\boldsymbol{r}_1,\boldsymbol{r}_2;\boldsymbol{r}_1',\boldsymbol{r}_2'$ 是位置矢量，前两个是待求的辐射场中所考虑的两个点 P_1,P_2 的位置矢量，后两个则代表光源内部任意两点的位置矢量。

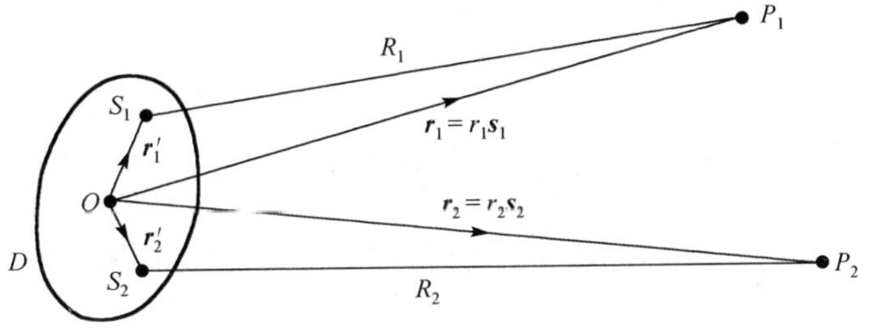

图 2.6.1　考虑远场互谱密度的坐标示意图

为使式（2.6.2）显现出更多的物理内涵，需要对它进行一些处理。首先，令

$$\boldsymbol{r}_1=r_1\boldsymbol{s}_1,\quad \boldsymbol{r}_2=r_2\boldsymbol{s}_2 \tag{2.6.4}$$

式中，$\boldsymbol{s}_1,\boldsymbol{s}_2$ 为 $\boldsymbol{r}_1,\boldsymbol{r}_2$ 方向上的单位矢量。

对于远场近似，式（2.6.2）中的指数部分可取下列近似（图 2.6.1）：

$$R_1\equiv\left|\boldsymbol{r}_1-\boldsymbol{r}_1'\right|\approx r_1-\boldsymbol{r}_1'\cdot\boldsymbol{s}_1,\quad R_2\equiv\left|\boldsymbol{r}_2-\boldsymbol{r}_2'\right|\approx r_2-\boldsymbol{r}_2'\cdot\boldsymbol{s}_2 \tag{2.6.5}$$

而在分母上，则可令

$$R_1\approx r_1,\quad R_2\approx r_2 \tag{2.6.6}$$

于是，

$$W^{(\infty)}(\boldsymbol{r}_1,\boldsymbol{r}_2;\nu)=\frac{\mathrm{e}^{\mathrm{i}k(r_2-r_1)}}{r_1r_2}\int_D\int_D W_Q(\boldsymbol{r}_1',\boldsymbol{r}_2';\nu)\exp[-\mathrm{i}k(\boldsymbol{s}_2\cdot\boldsymbol{r}_2'-\boldsymbol{s}_1\cdot\boldsymbol{r}_1')]\mathrm{d}^3\boldsymbol{r}_1'\mathrm{d}^3\boldsymbol{r}_2' \tag{2.6.7}$$

式中，用 $W^{(\infty)}$ 强调该互相干谱函数是处于远场的。

式（2.6.7）的右边，可以看成两个因子的乘积；第一个因子是(r_1,r_2)的函数，第二个因子是由$\boldsymbol{s}_1,\boldsymbol{s}_2$所确定的方向的函数。公式显然可以写成下面的形式：

$$W^{(\infty)}(r_1\boldsymbol{s}_1,r_2\boldsymbol{s}_2;\nu)=L(\boldsymbol{s}_1,\boldsymbol{s}_2;\nu)\frac{\mathrm{e}^{\mathrm{i}k(r_2-r_1)}}{r_1r_2} \tag{2.6.8}$$

式中，

$$L(\boldsymbol{s}_1,\boldsymbol{s}_2;\nu)=\int_D\int_D W_Q(\boldsymbol{r}_1',\boldsymbol{r}_2';\nu)\exp[-\mathrm{i}k(\boldsymbol{s}_2\cdot\boldsymbol{r}_2'-\boldsymbol{s}_1\cdot\boldsymbol{r}_1')]\mathrm{d}^3\boldsymbol{r}_1'\mathrm{d}^3\boldsymbol{r}_2' \tag{2.6.9}$$

$L(\boldsymbol{s}_1,\boldsymbol{s}_2;\nu)$应该被称为辐射互强度函数（radiant cross-intensity），但既然现在是在谱密度的范畴内讨论问题，所以它被称为辐射谱互相干函数，或简称为辐射互谱函数。尽管式（2.6.8）是在一些假设前提下得到的，但可以证明，当$kr_1\to\infty,kr_2\to\infty$时，它是一个精确的渐近表达式。

注意到在区域 D 之外，$L(\boldsymbol{s}_1,\boldsymbol{s}_2;\nu)$的值实际上是零，所以，可以将式（2.6.9）的积分限延伸到无穷而不影响计算结果。延伸的结果是辐射互相干谱函数与源场互相干谱函数之间，可以表述为六维空间傅里叶变换的形式：

$$L(\boldsymbol{s}_1,\boldsymbol{s}_2,\nu)=(2\pi)^6\tilde{W}_Q(-k\boldsymbol{s}_1,k\boldsymbol{s}_2,\nu) \tag{2.6.10}$$

式中，

$$\tilde{W}_Q(\boldsymbol{K}_1,\boldsymbol{K}_2;\nu)=\frac{1}{(2\pi)^6}\iint W_Q(\boldsymbol{r}_1',\boldsymbol{r}_2';\nu)\mathrm{e}^{-\mathrm{i}(\boldsymbol{K}_1\cdot\boldsymbol{r}_1'+\boldsymbol{K}_2\cdot\boldsymbol{r}_2')}\mathrm{d}^3\boldsymbol{r}_1'\mathrm{d}^3\boldsymbol{r}_2' \tag{2.6.11}$$

式（2.6.8）和式（2.6.10）组成了研究辐射互谱函数的基本方程。注意到变换对中变量$\boldsymbol{K}$表述为

$$\boldsymbol{K}_1=-k\boldsymbol{s}_1,\quad \boldsymbol{K}_2=-k\boldsymbol{s}_2 \tag{2.6.12}$$

而

$$|\boldsymbol{K}_1|=|\boldsymbol{K}_2|=k=\frac{2\pi\nu}{c} \tag{2.6.13}$$

它的幅值就是自由空间的波数。

在空间关系上，$L(\boldsymbol{s}_1,\boldsymbol{s}_2;\nu)$是一个仅与方向有关的量，如果回忆一下描述光辐射的基本参量，则可以知道$L(\boldsymbol{s}_1,\boldsymbol{s}_2;\nu)$是与“辐射强度”对应的统计参量，它与前面所出现过的“互强度函数”$J(\boldsymbol{r}_1,\boldsymbol{r}_2)$不是一回事。$J(\boldsymbol{r}_1,\boldsymbol{r}_2)$是与坐标点有关的量，它应该被称为“互通量密度函数”更为确切。但现在的文献上，都称它为“互强度函数”，而在叙述$L(\boldsymbol{s}_1,\boldsymbol{s}_2;\nu)$时，则在“强度”前面加以“辐射”予以修饰。

当$L(\boldsymbol{s}_1,\boldsymbol{s}_2;\nu)$中的$\boldsymbol{s}_1=\boldsymbol{s}_2=\boldsymbol{s}$时，其值就是辐射谱强度。通常以符号$J$来表示，即

$$J(\boldsymbol{s},\nu)=L(\boldsymbol{s},\boldsymbol{s};\nu) \tag{2.6.14}$$

式（2.6.14）意味着，当所观察的两点 P_1 和 P_2 重合时，$L(\boldsymbol{s}_1,\boldsymbol{s}_2;\nu)$的数值就是

光源的谱辐射强度值。而此时，可以从式（2.6.8）得到 P_1 点的通量密度谱函数 S 的表述以及它与 J 之间的关系为

$$S^{(\infty)}(r\boldsymbol{s},\nu)=W^{(\infty)}(r\boldsymbol{s},r\boldsymbol{s};\nu)=\frac{J(\boldsymbol{s},\nu)}{r^2} \tag{2.6.15}$$

式中，右上角的符号 (∞) 是强调远场的意思。

从上面的讨论可知，很清楚的一点是：谱辐射强度可以从源的互相干谱函数计算出来：

$$J(\boldsymbol{s},\nu)=(2\pi)^6\tilde{W}_Q(-k\boldsymbol{s},k\boldsymbol{s};\nu) \tag{2.6.16}$$

当光场的空间分布是统计均匀的状况时，上述的诸多公式可以进一步简化。采用的方法是对光源坐标使用中心坐标系，即

$$\boldsymbol{r}'=\boldsymbol{r}_2'-\boldsymbol{r}_1',\quad \boldsymbol{r}=\frac{1}{2}(\boldsymbol{r}_2'+\boldsymbol{r}_1') \tag{2.6.17}$$

式（2.6.17）的变换 Jacobi 行列式为 1，于是式（2.6.11）就写为

$$\tilde{W}_Q(-k\boldsymbol{s},k\boldsymbol{s};\nu)=\frac{1}{(2\pi)^6}\iint W_Q\left(\boldsymbol{r}-\frac{1}{2}\boldsymbol{r}',\boldsymbol{r}+\frac{1}{2}\boldsymbol{r}';\nu\right)\exp(-\mathrm{i}\boldsymbol{k}\cdot\boldsymbol{r}')\mathrm{d}^3\boldsymbol{r}\mathrm{d}^3\boldsymbol{r}' \tag{2.6.18}$$

式（2.6.18）积分表述的积分限是 $\boldsymbol{r}$ 和 $\boldsymbol{r}'$ 的一切可能值。

现在，积分式中与 $\boldsymbol{r}$ 有关的部分可以分离出来，并用一个符号表示，即

$$\int W_Q\left(\boldsymbol{r}-\frac{1}{2}\boldsymbol{r}',\boldsymbol{r}+\frac{1}{2}\boldsymbol{r}';\nu\right)\mathrm{d}^3\boldsymbol{r}=C_Q(\boldsymbol{r}',\nu) \tag{2.6.19}$$

$C_Q(\boldsymbol{r}',\nu)$ 是光源的互相干谱函数 $W_Q(\boldsymbol{r}_1,\boldsymbol{r}_2;\nu)$ 在整个光源范围内的积分，积分计算时确认不变的是光源中所考虑两点的差 $\boldsymbol{r}'=\boldsymbol{r}_2'-\boldsymbol{r}_1'$ 。 $C_Q(\boldsymbol{r}',\nu)$ 可以称为源积分互谱函数。于是，式（2.6.18）可以简化写为

$$\begin{aligned}\tilde{W}_Q(-k\boldsymbol{s},k\boldsymbol{s};\nu)&=\frac{1}{(2\pi)^6}\int C_Q(\boldsymbol{r}',\nu)\exp(-\mathrm{i}\boldsymbol{k}\cdot\boldsymbol{r}')\mathrm{d}^3\boldsymbol{r}'\\&=\frac{1}{(2\pi)^3}\tilde{C}_Q(k\boldsymbol{s},\nu)\end{aligned} \tag{2.6.20}$$

式中，

$$\tilde{C}_Q(k\boldsymbol{s},\nu)=\frac{1}{(2\pi)^3}\int C_Q(\boldsymbol{r}',\nu)\exp(-\mathrm{i}\boldsymbol{k}\cdot\boldsymbol{r}')\mathrm{d}^3\boldsymbol{r}' \tag{2.6.21}$$

是 $C_Q(\boldsymbol{r}',\nu)$ 的三维空间傅里叶变换。这样，式（2.6.16）就有另一种表述方法

$$J(\boldsymbol{s},\nu)=(2\pi)^3\tilde{C}_Q(k\boldsymbol{s};\nu) \tag{2.6.22}$$

解方程（2.6.1）的目的，是获得观察面相干度谱函数与光源参数之间的关系。现在已经获得了观察面谱密度互相干函数 $W^{(\infty)}(\boldsymbol{r}_1,\boldsymbol{r}_2;\nu)$ 和通量密度谱函数 $S^{(\infty)}(r\boldsymbol{s},\nu)$，则相干度谱很容易得到

$$\mu^{(\infty)}(r_1\boldsymbol{s}_1,r_2\boldsymbol{s}_2;\nu)=\frac{W^{(\infty)}(r_1\boldsymbol{s}_1,r_2\boldsymbol{s}_2;\nu)}{[S^{(\infty)}(r_1\boldsymbol{s}_1,\nu)S^{(\infty)}(r_2\boldsymbol{s}_2,\nu)]^{1/2}} \tag{2.6.23}$$

它也可以表述为辐射互强度谱和辐射强度谱的函数形式：

$$\mu^{(\infty)}(r_1\boldsymbol{s}_1,r_2\boldsymbol{s}_2;\nu)=\frac{L(\boldsymbol{s}_1,\boldsymbol{s}_2;\nu)}{[J(\boldsymbol{s}_1,\nu)J(\boldsymbol{s}_2,\nu)]^{1/2}}\exp[\mathrm{i}k(r_2-r_1)] \tag{2.6.24}$$

或者写成式（2.6.23）的傅里叶变换的形式：

$$\mu^{(\infty)}(r_1\boldsymbol{s}_1,r_2\boldsymbol{s}_2;\nu)=\frac{\tilde{W}_Q(-k\boldsymbol{s}_1,k\boldsymbol{s}_2;\nu)}{[\tilde{W}_Q(-k\boldsymbol{s}_1,k\boldsymbol{s}_1;\nu)\tilde{W}_Q(-k\boldsymbol{s}_2,k\boldsymbol{s}_2;\nu)]^{1/2}}\exp[\mathrm{i}k(r_2-r_1)] \tag{2.6.25}$$

由式（2.6.24）可知，当 $r_1=r_2$（注意，r_1 和 r_2 都是标量，是所考虑的两点分别到原点的距离，等式意味着所考虑的两个点与原点的距离相同）且 $|\boldsymbol{r}_1-\boldsymbol{r}_2|<<r_1$ 时($\boldsymbol{r}_1$ 和 $\boldsymbol{r}_2$ 都是矢量，不等式意味着所考虑的两个点很接近)，**这种情况下所考虑的两点之间的相干性表现为空间位置之间的关系，称为横向相干性**。此时式（2.6.24）中的指数项等于 1。而式（2.6.24）中其他部分与距离 r_1 和 r_2 无关。**于是，横向相干性只与所考虑的点与辐射原点构成的方向有关，而与它们和光源的距离无关。**

但如果 $\boldsymbol{s}_1=\boldsymbol{s}_2$，而 $r_1\neq r_2$，则所考虑的两个点处于同一个方向上的不同位置，此时，场的相干性被称为纵向相干性。无论从式（2.6.24）还是式（2.6.25），我们都可以得到

$$\mu^{(\infty)}(r_1\boldsymbol{s}_1,r_2\boldsymbol{s}_2;\nu)=\exp[\mathrm{i}k(r_2-r_1)] \tag{2.6.26}$$

式（2.6.26）的模量为 1。也就是说，**对于单个谱线，从原点发出的光场，在同一方向上的任意两点之间，总是完全相干的。按我们在讨论互谱纯概念时所得到的概念，这一结论可以推论到整个互谱纯的范围中。**

2.7　谢尔模型光源、准均匀光源

可以看出，2.6 节中所得到的公式在实际计算中是很繁杂的，而且无法从解析的角度加以简化。有读者会质疑说，在计算技术如此发达的今天，解析公式还有多大的意义？**解析公式能清晰地表达参数之间的关系，数理逻辑的推导过程有可能得到新颖的结论，这是单纯的数值计算难以替代的**。由此，在本节中，来讨论一下一种当前被普遍采用的光源相干性的假设：准均匀光源，或以它的提出者命名称为谢尔（Schell）模型光源。

前面已经提到过，空间范畴的“均匀”相当于时间范畴的“平稳”。“平稳过程”的两个条件是：任何时刻的均值相等和两个时刻之间的相关函数仅取决于它们的时间差τ，而与具体的时刻t无关。对应过来，一个空间分布是“均匀”的，也应该有两个条件：空间中任意点的均值相等；任何两个点之间的相关函数仅与它们的坐标差值$\boldsymbol{r}_2-\boldsymbol{r}_1$有关，而与它们的坐标值$\boldsymbol{r}_1$和$\boldsymbol{r}_2$无关。

但“空间中任意点的均值相等”所带来的麻烦远非“任何时刻的均值相等”可比。对于后者，如果所研究的时间范围内均值有所变化，则我们可以把时间范围分割为足够小的时段，在每一个时段内，可以把过程看作“均值相等”的，然后，把各个时段的研究结果拼接起来，就可以得到整个时间范围内的过程景象。但在空间范畴，类似的“分割”、“拼接”过程，会得到面目全非的结果。“空间中任意点的均值相等”的假设，限定了光源的光场数值必须处处相同，而这样一个限定，使得它的实用价值非常有限（2.5.2 节中的圆形平面非相干光源是它的一个应用特例）。

于是，谢尔在 1961 年首先提出，是否可以不要“空间中任意点的均值相等”的限定，仅保留“任何两个点之间的相关函数与它们的坐标差值$\boldsymbol{r}_2-\boldsymbol{r}_1$有关”这一限定来讨论问题呢？后来的发展中，证明在一定的范围内（这个“范围”，本书很快就会论述）这样做是可行的。这个单一限定的假设也就被称为谢尔模型光源，因为它只用了“一半”的均匀概念，另一半是在“一定的范围内”，所以也被称为“准均匀”光源。

谢尔是研究微波辐射的研究人员，“准均匀”光源的概念最早出现在微波领域。但很快，它就被移植到光源中，“任何两个点之间的相关函数仅与它们的坐标差值$\boldsymbol{r}_2-\boldsymbol{r}_1$有关”也就变成“任何两个点之间的相干函数仅与它们的坐标差值$\boldsymbol{r}_2-\boldsymbol{r}_1$有关”。

2.7.1　谢尔模型光源和准均匀光源的数学表述

谢尔模型光源的数学表述是：如果光源谱相干度函数$\mu_Q(\boldsymbol{r}_1,\boldsymbol{r}_2;\nu)$仅取决于$\boldsymbol{r}_1$和$\boldsymbol{r}_2$的差值，即

$$\mu_Q(\boldsymbol{r}_1,\boldsymbol{r}_2;\nu)\equiv g_Q(\boldsymbol{r}_2-\boldsymbol{r}_1,\nu) \tag{2.7.1}$$

这样的光源称为谢尔模型光源。此时，光源的互相干谱函数为

$$W_Q(\boldsymbol{r}_1,\boldsymbol{r}_2;\nu)\equiv[S_Q(\boldsymbol{r}_1,\nu)]^{1/2}[S_Q(\boldsymbol{r}_2,\nu)]^{1/2}g_Q(\boldsymbol{r}_2-\boldsymbol{r}_1,\nu) \tag{2.7.2}$$

从式(2.7.1)的表达式中，很自然地想到，可以定义一个相干长度Δ来描述$|g_Q(\boldsymbol{r}_2-\boldsymbol{r}_1,\nu)|$的有效宽度（图 2.7.1(a)）。如果相干长度$\Delta$不那么长，以致$|g_Q(\boldsymbol{r}_2-\boldsymbol{r}_1,\nu)|$可以看作变化比较快的函数，那么它的谱函数$S_Q(\boldsymbol{r},\nu)$对于$\boldsymbol{r}$而言一定是一个缓变函数。这样一个缓变函数$S_Q(\boldsymbol{r},\nu)$，在相干长度内总可以描述为（图 2.7.1(b)）

$$[S_Q(\boldsymbol{r}_1,\nu)]^{1/2}[S_Q(\boldsymbol{r}_2,\nu)]^{1/2} \approx S_Q\left[\frac{1}{2}(\boldsymbol{r}_1+\boldsymbol{r}_2),\nu\right] \tag{2.7.3}$$

能用式（2.7.3）描述的光源称为准均匀光源。

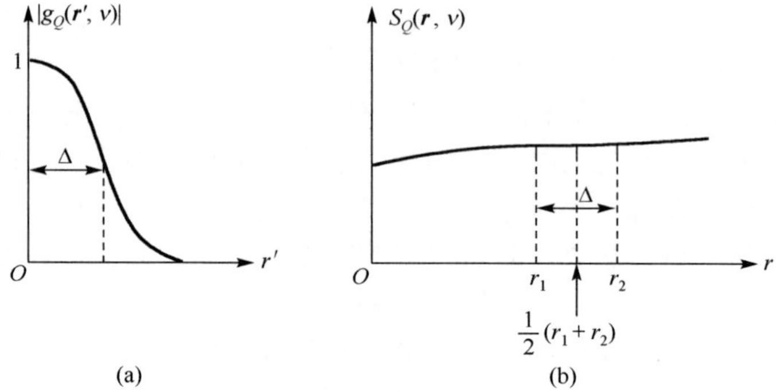

图 2.7.1　准均匀源的概念

图(a)的 g_Q 是速变函数，图(b)的 S_Q 是缓变函数。为形象化地阐述，图中化简为一维的情况

谢尔模型光源和准均匀光源的区别在于准均匀光源在谢尔模型光源的基础上，再加上式（2.7.3）的限定范围。早期的著作中，它有一个更为直观的名称，叫做“均匀缓变”光源。不过现在的文献，往往不区分谢尔模型光源和准均匀光源。因为如果没有式（2.7.3）的限定，则原始定义的谢尔模型光源没有实际用处和理论价值。

将式（2.7.3）代入式（2.7.2），便可以得到

$$W_Q(\boldsymbol{r}_1,\boldsymbol{r}_2;\nu) \approx S_Q\left[\frac{1}{2}(\boldsymbol{r}_1+\boldsymbol{r}_2),\nu\right]g_Q(\boldsymbol{r}_2-\boldsymbol{r}_1,\nu) \tag{2.7.4}$$

或使用中心坐标系：

$$W_Q(\boldsymbol{r},\boldsymbol{r}';\nu) \approx S_Q(\boldsymbol{r},\nu)g_Q(\boldsymbol{r}',\nu) \tag{2.7.5}$$

此时，式（2.6.10）和式（2.6.16）中的六维傅里叶变换可以写成两个三维傅里叶变换的乘积，即

$$\begin{aligned}\tilde{W}_Q(\boldsymbol{k}_1,\boldsymbol{k}_2;\nu) &= \tilde{S}_Q(\boldsymbol{k}_1+\boldsymbol{k}_2,\nu)\tilde{g}_Q\left[\frac{1}{2}(\boldsymbol{k}_1-\boldsymbol{k}_2),\nu\right] \\ &= \tilde{S}_Q(\boldsymbol{k},\nu)\tilde{g}_Q\left(\frac{1}{2}\boldsymbol{k}',\nu\right)\end{aligned} \tag{2.7.6}$$

式中，

$$\tilde{S}_Q(\boldsymbol{k},\nu) = \frac{1}{(2\pi)^3}\int S_Q(\boldsymbol{r},\nu)\exp(-\mathrm{i}\boldsymbol{k}\cdot\boldsymbol{r})\mathrm{d}^3\boldsymbol{r} \tag{2.7.7}$$

$$\tilde{g}_Q(\boldsymbol{k}',\nu) = \frac{1}{(2\pi)^3}\int g_Q(\boldsymbol{r}',\nu)\exp(-\mathrm{i}\boldsymbol{k}'\cdot\boldsymbol{r}')\mathrm{d}^3\boldsymbol{r}' \tag{2.7.8}$$

S_Q 和 g_Q 的假设前提是：S_Q 是缓变函数，g_Q 是速变函数。由此可以推断，$\tilde{S}_Q$ 是 $\boldsymbol{k}$ 的速变函数，而 $\tilde{g}_Q$ 是 $\boldsymbol{k}'$ 的缓变函数。

将式（2.7.6）代入式（2.6.10）和式（2.6.16），就可以得到

$$L(\boldsymbol{s}_1,\boldsymbol{s}_2;\nu)=(2\pi)^6\tilde{S}_Q[k(\boldsymbol{s}_2-\boldsymbol{s}_1),\nu]\tilde{g}_Q\left[\frac{1}{2}k(\boldsymbol{s}_2+\boldsymbol{s}_1),\nu\right] \tag{2.7.9}$$

和

$$J(\boldsymbol{s},\nu)=(2\pi)^6\tilde{S}_Q(0,\nu)\tilde{g}_Q(k\boldsymbol{s},\nu) \tag{2.7.10}$$

进一步，将上式（2.7.9）和式（2.7.10）代入式（2.6.24），可以得到在均匀缓变假设前提下的远场相干度谱表述：

$$\mu^{(\infty)}(r_1\boldsymbol{s}_1,r_2\boldsymbol{s}_2;\nu)=G_Q(k\boldsymbol{s}_1,k\boldsymbol{s}_2;\nu)\frac{\tilde{S}_Q[k(\boldsymbol{s}_2-\boldsymbol{s}_1),\nu]}{\tilde{S}_Q(0,\nu)}\exp[\mathrm{i}k(r_2-r_1)] \tag{2.7.11}$$

式中，

$$G_Q(k\boldsymbol{s}_1,k\boldsymbol{s}_2;\nu)=\frac{\tilde{g}_Q\left[\frac{1}{2}k(\boldsymbol{s}_1+\boldsymbol{s}_2),\nu\right]}{\sqrt{\tilde{g}_Q(k\boldsymbol{s}_1,\nu)\tilde{g}_Q(k\boldsymbol{s}_2,\nu)}} \tag{2.7.12}$$

注意到 $\tilde{g}_Q$ 是 $\boldsymbol{k}$ 的缓变函数，式（2.7.12）的值可以近似地认为是 1，这样就有

$$\mu^{(\infty)}(r_1\boldsymbol{s}_1,r_2\boldsymbol{s}_2;\nu)=\frac{\tilde{S}_Q[k(\boldsymbol{s}_2-\boldsymbol{s}_1),\nu]}{\tilde{S}_Q(0,\nu)}\exp[\mathrm{i}k(r_2-r_1)] \tag{2.7.13}$$

我们又做了一堆数学推导。不过式（2.7.13）的表述还是比较简洁的：**除了一个相位因子之外，谱相干度仅与辐射方向的差值有关。**

从上面各个远场参数的表述式中，可以推论本节中的准均匀光源（或用更能体现光源特征的名称“均匀缓变”光源）至少有两点特别之处需要强调。

（1）从式（2.7.10）可以看出，辐射强度 $J(\boldsymbol{s},\nu)$ 的角分布正比于光源的互相干谱函数的三维空间傅里叶变换。

（2）从式（2.7.13）可以看出，除了一个简单的相位因子外，远场的互相干谱函数等于光源的密度谱函数的归一化三维空间傅里叶变换。

光源的谱密度空间分布和光源的互相干谱函数对远场的影响是相当不同的。

2.7.2　圆球形发光体的空间辐射

作为一个例子，我们来讨论圆球形发光体的空间辐射。圆球形发光体是天文学中常见的发光类型，如同太阳那样的恒星都可以看作圆球形发光体。但在我们日常

接触的光源中，这一类发光体极为少见。更多遇见的是在初级光源照射下的面发光源，在本书以后的章节中，有更多的机会来论述它们。

对于天文学上的圆球形发光体，假设它是各向同性的准均匀光源不会有太大的问题。另外，为了数学上处理的方便，设它的密度谱函数和互相干谱函数都遵循高斯分布，即

$$\begin{cases} S_Q(\boldsymbol{r},\nu) = A^2(\nu)\exp\left[-\dfrac{r^2}{2\sigma_s^2(\nu)}\right] \\ g_Q(\boldsymbol{r}',\nu) = \exp\left[-\dfrac{r'^2}{2\sigma_g^2(\nu)}\right] \end{cases} \tag{2.7.14}$$

式中，A,σ_s,σ_g 都是正值。另外，各向同性的性质，使得我们可以只考虑坐标矢量 $\boldsymbol{r},\boldsymbol{r}'$ 的模值，而无须考虑它们的方向。从准均匀的假设，有

$$\sigma_s >> \sigma_g \tag{2.7.15}$$

式（2.7.15）中省略了 ν 这个符号。这个省略也适用于以下的叙述中，以简化书写。

如同式（2.7.14）所描述的圆球形发光体，其中心强度最高，在中心点以外的各处，强度按照 r 的指数平方规律下降。另外，由于式（2.7.15）的作用，这个球形发光体从整体上看是一个非相干光源。以这样一个模型来描述如同太阳那样的恒星，“虽不中，不远矣”。

式（2.7.14）的三维空间傅里叶变换的结果为

$$\begin{cases} \tilde{S}_Q(\boldsymbol{k},\nu) = A^2\left(\dfrac{\sigma_s}{\sqrt{2\pi}}\right)^3 \exp[-(k\sigma_s)^2/2] \\ \tilde{g}_Q(\boldsymbol{k}',\nu) = \left(\dfrac{\sigma_g}{\sqrt{2\pi}}\right)^3 \exp[-(k\sigma_g)^2/2] \end{cases} \tag{2.7.16}$$

这样，

$$J(\boldsymbol{s},\nu) = (2\pi\sigma_s\sigma_g)^3 A^2 \exp[-(k\sigma_g)^2/2] \tag{2.7.17}$$

从式（2.7.17）可以看到，$J(\boldsymbol{s},\nu)$ 实际上是和 $\boldsymbol{s}$ 无关的。这是因为光源的分布被假定为各向同性的，且光强分布又假定为缓变函数。在公式中，$J(\boldsymbol{s},\nu)$ 正比于 σ_s^3，或者说正比于光源的有效体积。如果 σ_g 足够小，以至于 $\exp[-(k\sigma_g)^2/2]\approx 1$，那么辐射也可近似地认为是正比于光源的有效相干体积 σ_g^3。归一化 J 的计算结果如图 2.7.2 所示。

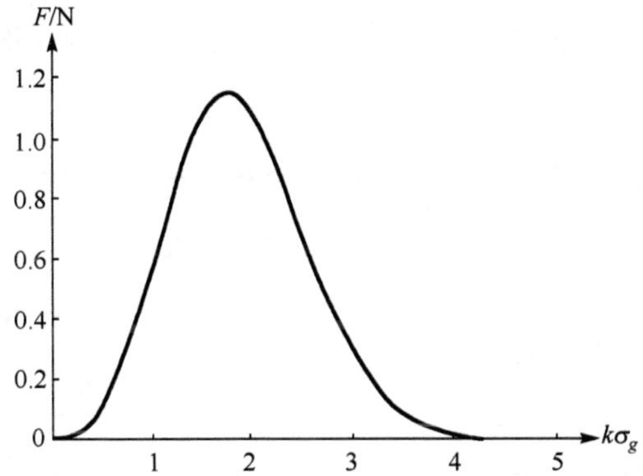

图 2.7.2　辐射强度的归一化图形

$J / N = (k\sigma_g)^3 \exp\left[-\frac{1}{2}(k\sigma_g)^2\right]$，　$N = (2\pi / k)^3 A^2 \sigma_s^3$

辐射场远场的相干度谱为

$$\mu^{(\infty)}(r_1\boldsymbol{s}_1, r_2\boldsymbol{s}_2; \nu) - \exp[-(k\sigma_s)^2 \mid \boldsymbol{s}_2 - \boldsymbol{s}_1 \mid /2]\exp[ik(r_2 - r_1)] \qquad (2.7.18)$$

式中，$|\boldsymbol{s}_2 - \boldsymbol{s}_1|$可以由式（2.7.19）计算，即

$$|\boldsymbol{s}_2 - \boldsymbol{s}_1| \approx 2\sin^2\left(\frac{\theta}{2}\right) \qquad (2.7.19)$$

于是可以得到

$$\mu^{(\infty)}(r_1\boldsymbol{s}_1, r_2\boldsymbol{s}_2; \nu) = \exp[-(k\sigma)^2 \sin^2\left(\frac{\theta}{2}\right)]\exp[ik(r_2 - r_1)] \qquad (2.7.20)$$

从式（2.7.20）可以看出，值得注意的θ范围位于

$$\sin^2\left(\frac{\theta}{2}\right) \leqslant \frac{1}{2(k\sigma_s)^2} \qquad (2.7.21)$$

如果σ_s比较小，远小于一个波长的范围（当然，这仅是一个理论上的说法。此时，光源可以看作一个点光源），那么有$k\sigma_s \ll 1$，式（2.7.21）在所有的θ上都是满足的，其结果是：**对于点光源的辐射，光场在空间各点之间都是完全相干的**。不过要注意式（2.7.20）的表述方式$\mu^{(\infty)}(r_1\boldsymbol{s}_1, r_2\boldsymbol{s}_2; \nu)$，完全相干是指在频率点$\nu$以及符合互谱纯条件的频率范围内。

但如果σ_s比波长大很多，以致有$k\sigma_s \gg 1$，则由式（2.7.21）所限定的θ就比较小，以致可以认为$\sin^2\left(\frac{\theta}{2}\right) \approx \left(\frac{\theta}{2}\right)^2$。这样，$\theta$的限定范围为

$$\theta \leqslant \frac{\sqrt{2}}{k\sigma_s} \qquad (2.7.22)$$

由式（2.7.20）所决定的谱相干度的计算结果如图 2.7.3 所示。

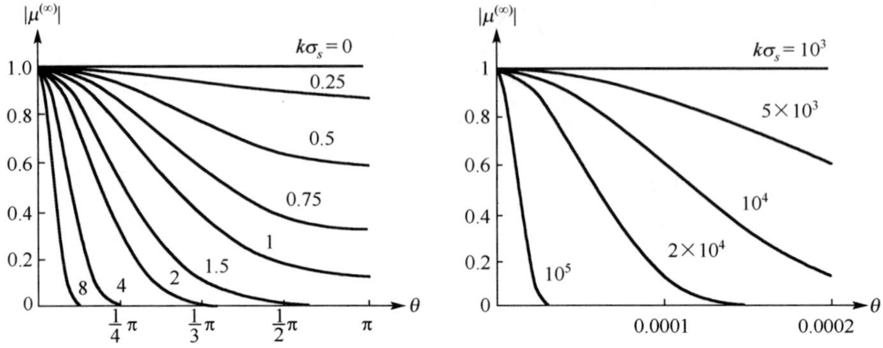

图 2.7.3　式（2.7.20）计算的结果

左图是 $k\sigma_s$ 比较大的情况，右图是 $k\sigma_s$ 很小时的情况

2.8　二次平面光源的辐射

日常接触的很多光源可以看作二次平面光源，这种光源有一个透明或半透明的通光孔径，或是一个不透明的反射孔径，被初级光源直接照明或是通过一个光学系统照明。大部分激光器也属于这样一类光源。平面光源的数学处理显然要比三维光源来得简单。本节将就平面光源处理上的一些特点展开一般性的讨论。在处理中，本书不再考虑初级光源的三维位置和特性，而把注意力集中在光源的平面参数上。

2.8.1　一般讨论

对于平面光源的情况，远场互谱密度函数可以表示为

$$W^{(\infty)}(\boldsymbol{r}_1,\boldsymbol{r}_2;\nu)=\left(\frac{k}{2\pi}\right)^2\int_\sigma\int_\sigma W_Q(\boldsymbol{\rho}_1,\boldsymbol{\rho}_2;\nu)\frac{\mathrm{e}^{\mathrm{i}k(R_2-R_1)}}{R_1R_2}\cos\theta_1'\cos\theta_2'\mathrm{d}^2\boldsymbol{\rho}_1\mathrm{d}^2\boldsymbol{\rho}_2 \tag{2.8.1}$$

式中，$\boldsymbol{\rho}_1,\boldsymbol{\rho}_2$ 是源面上任意两点 S_1,S_2 的坐标；$\boldsymbol{r}_1,\boldsymbol{r}_2$ 是远场上任意两点 P_1,P_2 的坐标；$\boldsymbol{s}_1$ 和 $\boldsymbol{s}_2$ 是 $\boldsymbol{r}_1,\boldsymbol{r}_2$ 的单位矢量；σ 是源面的有效范围；θ_1' 和 θ_2' 分别是从 S_1 点到 P_1 点连线和从 S_2 点到 P_2 点连线与源平面垂直方向的夹角；R_1 和 R_2 分别是从 S_1 点到 P_1 点连线和从 S_2 点到 P_2 点连线的距离。

描述平面光源辐射特性坐标示意图如图 2.8.1 所示。

在远场上来解式（2.8.1）时，指数上的 R 项可以写为

$$R_1=r_1-\boldsymbol{\rho}_1\cdot\boldsymbol{s}_{1\perp},\quad R_2=r_2-\boldsymbol{\rho}_2\cdot\boldsymbol{s}_{2\perp} \tag{2.8.2}$$

式中，$\boldsymbol{s}_{1\perp}$ 和 $\boldsymbol{s}_{2\perp}$ 分别是 $\boldsymbol{s}_1$ 和 $\boldsymbol{s}_2$ 在源平面上的投影矢量。

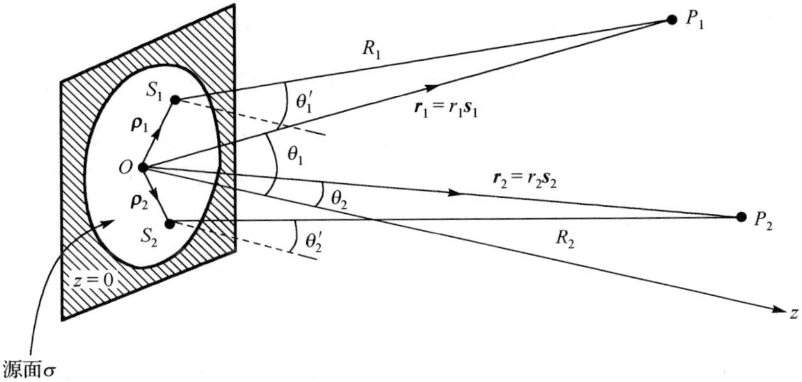

图 2.8.1　描述平面光源辐射特性坐标示意图

分母上则有

$$R_1 \approx r_1,\quad R_2 \approx r_2 \tag{2.8.3}$$

两项余弦中的角度则近似可取为

$$\theta_1' \approx \theta_1,\quad \theta_2' \approx \theta_2 \tag{2.8.4}$$

式中，θ_1和θ_2分别是从原点到 P_1 点连线和到 P_2 点连线与源平面垂直方向的夹角。将这些近似代入式（2.8.1），有

$$W^{(\infty)}(r_1\boldsymbol{s}_1, r_2\boldsymbol{s}_2;\nu) = L(\boldsymbol{s}_1,\boldsymbol{s}_2;\nu)\frac{\mathrm{e}^{\mathrm{i}k(r_2-r_1)}}{r_1 r_2} \tag{2.8.5}$$

式中，

$$L(\boldsymbol{s}_1,\boldsymbol{s}_2;\nu) = \left(\frac{k}{2\pi}\right)^2 \cos\theta_1\cos\theta_2 \int_\sigma\int_\sigma W_Q(\boldsymbol{\rho}_1,\boldsymbol{\rho}_2;\nu)\exp[-\mathrm{i}k(\boldsymbol{s}_{2\perp}\cdot\boldsymbol{\rho}_2 - \boldsymbol{s}_{1\perp}\cdot\boldsymbol{\rho}_1)]\mathrm{d}^2\boldsymbol{\rho}_1\mathrm{d}^2\boldsymbol{\rho}_2 \tag{2.8.6}$$

接下来的简化，类同本书在前面经常用到过的那样，是将积分限扩展到无穷。设定在σ之外，光源的各种参数都等于 0，将积分限扩展到无穷不会改变积分的数值。于是，式（2.8.6）有更简洁的形式：

$$L(\boldsymbol{s}_1,\boldsymbol{s}_2;\nu) = (2\pi k)^2 \tilde{W}_Q(-k\boldsymbol{s}_{1\perp}, k\boldsymbol{s}_{2\perp};\nu)\cos\theta_1\cos\theta_2 \tag{2.8.7}$$

式中，

$$\tilde{W}_Q(-\boldsymbol{f}_1,\boldsymbol{f}_2;\nu) = \frac{1}{(2\pi)^4}\iint W_Q(\boldsymbol{\rho}_1,\boldsymbol{\rho}_2;\nu)\exp[-\mathrm{i}(\boldsymbol{f}_2\cdot\boldsymbol{\rho}_2 + \boldsymbol{f}_1\cdot\boldsymbol{\rho}_1)]\mathrm{d}^2\boldsymbol{\rho}_1\mathrm{d}^2\boldsymbol{\rho}_2 \tag{2.8.8}$$

是光源互相干谱函数的空间四维傅里叶变换。

注意，由于$|\boldsymbol{s}_{1\perp}|\leqslant 1, |\boldsymbol{s}_{2\perp}|\leqslant 1$，所以在式（2.8.8）中，$|\boldsymbol{f}_1|, |\boldsymbol{f}_2|$都是小于 k 的值。这意味着，**光源的互相干谱函数中，仅有空间频率小于 k 的傅里叶分量，才对远场的互相干谱函数有贡献。**

在式（2.8.7）中，令 $\boldsymbol{s}_1=\boldsymbol{s}_2$，立即可以得到辐射强度谱函数为

$$J(\boldsymbol{s},\nu)=(2\pi k)^2\tilde{W}_Q(-k\boldsymbol{s}_\perp,k\boldsymbol{s}_\perp;\nu)\cos^2\theta \tag{2.8.9}$$

在本书后面的篇幅中，读者会看到，采用中心坐标系往往是更方便的，前提条件是在相干尺度内场振幅的变化相对缓慢。参照三维光源处理的方法，引入一个称为光源的积分互相干谱函数的参量 C_Q，有

$$C_Q(\boldsymbol{\rho}',\nu)=\int W_Q\left(\boldsymbol{\rho}-\frac{1}{2}\boldsymbol{\rho}',\boldsymbol{\rho}+\frac{1}{2}\boldsymbol{\rho}';\nu\right)\mathrm{d}^2\boldsymbol{\rho} \tag{2.8.10}$$

注意式中的中心坐标系的用法：$\boldsymbol{\rho}=\frac{1}{2}(\boldsymbol{\rho}_1+\boldsymbol{\rho}_2),\boldsymbol{\rho}'=\boldsymbol{\rho}_2-\boldsymbol{\rho}_1$。于是，式（2.8.9）可以写为

$$J(\boldsymbol{s},\nu)=k^2\tilde{C}_Q(k\boldsymbol{s}_\perp;\nu)\cos^2\theta \tag{2.8.11}$$

式中，

$$\tilde{C}_Q(\boldsymbol{f},\nu)=\frac{1}{(2\pi)^2}\int C_Q(\boldsymbol{\rho}',\nu)\exp(-\mathrm{i}\boldsymbol{f}\cdot\boldsymbol{\rho}')\mathrm{d}^2\boldsymbol{\rho}' \tag{2.8.12}$$

相干度谱函数从上面的式子很容易推导出来。我们把它们的形式写在下面，以备后面引用，有

$$\mu^{(\infty)}(r_1\boldsymbol{s}_1,r_2\boldsymbol{s}_2;\nu)=\frac{L(r\boldsymbol{s}_1,r\boldsymbol{s}_2;\nu)}{\sqrt{F(\boldsymbol{s}_1,\nu)F(\boldsymbol{s}_2,\nu)}}\exp[\mathrm{i}k(r_2-r_1)] \tag{2.8.13}$$

或

$$\mu^{(\infty)}(r_1\boldsymbol{s}_1,r_2\boldsymbol{s}_2;\nu)=\frac{\tilde{W}_Q(-k\boldsymbol{s}_{1\perp},k\boldsymbol{s}_{2\perp};\nu)\exp[\mathrm{i}k(r_2-r_1)]}{\sqrt{\tilde{W}_Q(-k\boldsymbol{s}_{1\perp},k\boldsymbol{s}_{1\perp};\nu)\tilde{W}_Q(-k\boldsymbol{s}_{2\perp},k\boldsymbol{s}_{2\perp};\nu)}} \tag{2.8.14}$$

2.8.2　准均匀平面光源

准均匀平面光源的概念和 2.7 节中已经出现过的准均匀光源是一样的，只不过它被限定在平面范围内而已。2.7 节中作为空间坐标出现的 $\boldsymbol{r}$，在准均匀平面光源中，会被平面坐标 $\boldsymbol{\rho}$ 所取代。

首先还是定义谢尔模型平面光源：如果平面光源的谱相干度函数 $\mu_Q(\boldsymbol{\rho}_1,\boldsymbol{\rho}_2;\nu)$ 仅取决于 $\boldsymbol{\rho}_1$ 和 $\boldsymbol{\rho}_2$ 的差值：

$$\mu_Q(\boldsymbol{\rho}_1,\boldsymbol{\rho}_2;\nu)\equiv g_Q(\boldsymbol{\rho}_2-\boldsymbol{\rho}_1,\nu) \tag{2.8.15}$$

这样的光源称为谢尔模型平面光源。此时，光源的互相干谱函数为

$$W_Q(\boldsymbol{\rho}_1,\boldsymbol{\rho}_2;\nu)\equiv[S_Q(\boldsymbol{\rho}_1,\nu)]^{1/2}[S_Q(\boldsymbol{\rho}_2,\nu)]^{1/2}g_Q(\boldsymbol{\rho}_2-\boldsymbol{\rho}_1,\nu) \tag{2.8.16}$$

再进一步定义准均匀平面光源。如果 $S_Q(\boldsymbol{\rho},\nu)$ 对于 $\boldsymbol{\rho}$ 而言是一个缓变函数，以致在相干长度内，可以将 $S_Q(\boldsymbol{\rho},\nu)$ 描述为

$$[S_Q(\boldsymbol{\rho}_1,\nu)]^{1/2}[S_Q(\boldsymbol{\rho}_2,\nu)]^{1/2}\approx S_Q\left[\frac{1}{2}(\boldsymbol{\rho}_1+\boldsymbol{\rho}_2),\nu\right] \tag{2.8.17}$$

则称此光源为准均匀平面光源。

于是，光源的互相干谱函数就可以写为

$$\begin{aligned}W_Q(\boldsymbol{\rho}_1,\boldsymbol{\rho}_2;\nu)&\approx S_Q\left[\frac{1}{2}(\boldsymbol{\rho}_1+\boldsymbol{\rho}_2),\nu\right]g_Q(\boldsymbol{\rho}_2-\boldsymbol{\rho}_1,\nu)\\&=S_Q(\boldsymbol{\rho},\nu)g_Q(\boldsymbol{\rho}',\nu)\end{aligned} \tag{2.8.18}$$

务必注意，$S_Q(\boldsymbol{\rho},\nu)$ 是 $\boldsymbol{\rho}$ 的缓变函数，而 $g_Q(\boldsymbol{\rho}',\nu)$ 对 $\boldsymbol{\rho}'$ 来说变化相对较快。作为全局而言，这样一类光源是“非相干”的。但只要 $g_Q(\boldsymbol{\rho}',\nu)$ 的相干长度比起光源的波长更长，那么从局部来看，这类光源又具有一定的相干性。学者将它们称为部分相干光源（locally coherent source）。当然，如果光源的相干尺度只是波长的量级，则光源即使从局部来看也是非相干的。

式（2.8.18）和式（2.7.5）非常类似，光源的互相干谱函数写成两个函数的乘积。**其中一个函数仅是坐标点的函数，显然它代表了该坐标点的通量密度；另一个函数是坐标差值的函数，按照公式的表述，这个“坐标差值”是以该坐标点为中心，在其邻域对称位置上的差值。光源的通量密度可以随坐标点的不同而有所变化，但坐标差值的函数却不随坐标点变化，它在整个光源平面上具有相同的形式。**

这样一个模型，是否能有效地描述实际的光源呢？本书先来进一步研究它的辐射特性后，再来回答这个问题。

2.8.3　准均匀平面光源的辐射

谈及光源的辐射，就是在光源特性已经清楚的前提下，研究离光源一定距离外的光场状况。对于准均匀平面光源，光源特性表现为式（2.8.18），从这个公式出发，可以导出描述一定距离外光场特性的公式。

辐射互强度谱的表达式为

$$L(\boldsymbol{s}_1,\boldsymbol{s}_2;\nu)=(2\pi k)^2\tilde{S}_Q[k(\boldsymbol{s}_{2\perp}-\boldsymbol{s}_{1\perp});\nu]\tilde{g}_Q\left[\frac{1}{2}k(\boldsymbol{s}_{2\perp}+\boldsymbol{s}_{1\perp});\nu\right]\cos\theta_1\cos\theta_2 \tag{2.8.19}$$

谱辐射强度则为

$$J(\boldsymbol{s};\nu)=(2\pi k)^2\tilde{S}_Q(0;\nu)\tilde{g}_Q(k\boldsymbol{s}_\perp;\nu)\cos^2\theta \tag{2.8.20}$$

两个公式中，$\tilde{S}_Q(\boldsymbol{f};\nu)$ 和 $\tilde{g}_Q(\boldsymbol{f}';\nu)$ 分别是 $S_Q(\boldsymbol{\rho};\nu)$ 和 $g_Q(\boldsymbol{\rho}';\nu)$ 的二维傅里叶变换，即

$$\tilde{S}_Q(\boldsymbol{f};\nu)=\frac{1}{(2\pi)^2}\int S_Q(\boldsymbol{\rho};\nu)\exp(-\mathrm{i}\boldsymbol{f}\cdot\boldsymbol{\rho})\mathrm{d}^2\boldsymbol{\rho} \tag{2.8.21}$$

$$\tilde{g}_Q(\boldsymbol{f}';\nu)=\frac{1}{(2\pi)^2}\int g_Q(\boldsymbol{\rho};\nu)\exp(-\mathrm{i}\boldsymbol{f}'\cdot\boldsymbol{\rho}')\mathrm{d}^2\boldsymbol{\rho}' \tag{2.8.22}$$

远场相干度谱函数则为

$$\mu^{(\infty)}(r_1\boldsymbol{s}_1,r_2\boldsymbol{s}_2;\nu)=\frac{\tilde{S}_Q[-k(\boldsymbol{s}_{2\perp}-\boldsymbol{s}_{1\perp});\nu]}{\tilde{S}_Q(0;\nu)}\exp[\mathrm{i}k(r_2-r_1)] \tag{2.8.23}$$

可以看到这些公式与 2.7 节中相应的公式是十分相似的，但需要注意它们之间的差别。在 2.7 节，本书提到的三维球形光源的谱辐射强度 $J(\boldsymbol{s},\nu)$ 是和方向无关的量，但在二维平面光源中，谱辐射强度通常总是随方向参数 $\boldsymbol{s}$ 的变化而剧烈的变化。

以上的分析说明以下几点。

（1）辐射强度谱的远场角分布正比于光源的相干度谱函数的二维空间傅里叶变换以及 $\boldsymbol{s}$ 方向所确定的 θ 角的余弦平方的乘积。

（2）如果再加上各向同性的条件，那么远场辐射强度谱对于源面正交方向来说是圆对称的，与源的形状和光场通量密度谱函数的形式无关。

（3）除了一个相位因子外，远场的相干度谱函数正比于光源的密度谱函数的归一化二维空间傅里叶变换。

在这一章内，通用的公式总是令人生畏，而一些常用的特殊情况反而显得简单明了。下面的一个例子，通量密度谱函数和相干度谱函数都呈现为高斯函数，其结果就不那么“复杂”。

例 2.8.1 设有一个圆形的准均匀平面光源，圆半径 $a>>\lambda$，它的通量密度谱函数和相干度谱函数都是高斯型的：

$$S_Q(\boldsymbol{\rho};\nu)=\begin{cases}A^2(\nu)\exp\left[-\dfrac{\boldsymbol{\rho}^2}{2\sigma_s^2(\nu)}\right], & \rho\leqslant a\\ 0, & \rho>a\end{cases} \tag{2.8.24}$$

以及

$$g_Q(\boldsymbol{\rho}';\nu)=\exp\left[-\frac{\boldsymbol{\rho}'^2}{2\sigma_g^2(\nu)}\right] \tag{2.8.25}$$

由于假定为准均匀光源，所以有 $\sigma_s>>\sigma_g$，为简化计算，再假定 $\sigma_s<<a$。先求出式（2.8.24）和式（2.8.25）的二维空间傅里叶变换：

$$\tilde{S}_Q(\boldsymbol{f};\nu)=\frac{A^2(\nu)\sigma_s^2}{2\pi}\exp\left(-\frac{1}{2}\sigma_s^2\boldsymbol{f}^2\right) \tag{2.8.26}$$

$$\tilde{g}_Q(\boldsymbol{f}';\nu)=\frac{\sigma_g^2}{2\pi}\exp\left(-\frac{1}{2}\sigma_g^2\boldsymbol{f}'^2\right) \tag{2.8.27}$$

这样就可以获得辐射强度谱为（注意到$s_\perp^2=\sin^2\theta$）

$$J(\boldsymbol{s};\nu)=J^{(0)}(\nu)\cos^2\theta\exp\left[-\frac{1}{2}(k\sigma_g^2)\sin^2\theta\right] \tag{2.8.28}$$

式中，$J^{(0)}(\nu)$是$\theta=0$时的谱辐射强度值，即

$$J^{(0)}(\nu)=[kA(\nu)\sigma_g\sigma_s]^2 \tag{2.8.29}$$

式（2.8.28）是科技工作者最感兴趣的公式形式，它描述了离光源一定距离以外的光辐射随着角度不同的分布状况。显然，它是呈现圆对称分布的（既然光源的各种参数呈现圆对称分布，光辐射的这一特点也在意料之中）。其他特点则可以以σ_g的不同来分别讨论，主要考察以下两种极限情况。

（1）$k\sigma_g\to 0$，也就是说，对频率分量ν而言，光源平面上的光场可以说是不相干的。从式（2.8.28）很容易得到，此时，

$$\left[\frac{J(\boldsymbol{s};\nu)}{J^{(0)}(\nu)}\right]_{\text{incoh}}\to\cos^2\theta \tag{2.8.30}$$

读者都有光学常识，知道一个不相干平面二次光源的辐射分布应该遵循Lambert定律，它的辐射角分布随θ的关系是$\cos\theta$。而在本例中，它成为$\cos^2\theta$，辐射强度随θ的减小要快得多。如何自圆其说，下面再来讨论。不过读者也可以体会到，即便是“不相干”的情况，也会有所区别，有“这样”的不相干，也有“那样”的不相干。

（2）$k\sigma_g\to\infty$，此时，对频率分量ν而言，光源相当于一个相干源。同样容易推得

$$\left[\frac{J(\boldsymbol{s};\nu)}{J^{(0)}(\nu)}\right]_{\text{coh}}\to\begin{cases}0, & \theta\neq 0\\ 1, & \theta=0\end{cases} \tag{2.8.31}$$

于是，辐射强度仅在$\theta=0$处才有值，也就是说此类光源在平面上呈现完全相干时，它的辐射方向图是一个δ函数。这是比“光束”还要更“细”的辐射束！

式（2.8.28）的计算图形如图 2.8.2(a)所示。

再来看远场的谱相干度函数，它可以根据式（2.8.23）经过一定推导而导出，同样不再赘述过程，直接写出结果：

$$\mu^{(\infty)}(r_1\boldsymbol{s}_1,r_2\boldsymbol{s}_2;\nu)=\exp\left[-\frac{1}{2}(k\sigma_s)^2u_{12}^2\right]\exp[\mathrm{i}k(r_2-r_1)] \tag{2.8.32}$$

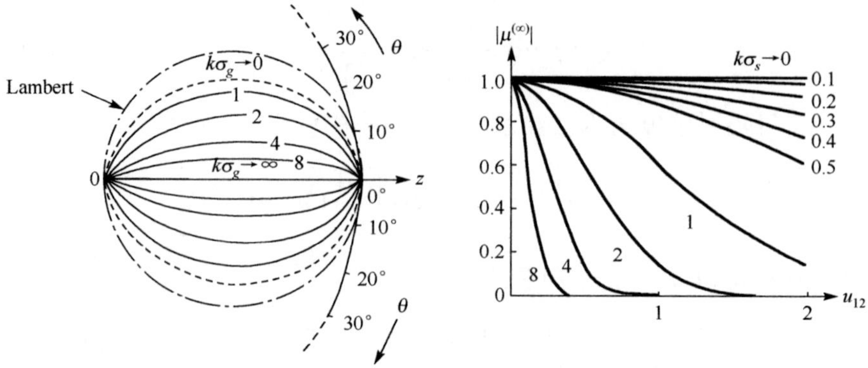

(a) 按式（2.8.28）计算的辐射强度的角分布，以$k\sigma_g$为参变量

(b) 按式（2.8.32）计算的相干度谱模量，以$k\sigma_s$为参变量

图 2.8.2　圆形平面光源的辐射强度和相干度谱

式中，

$$u_{12} = | \boldsymbol{s}_{2\perp} - \boldsymbol{s}_{1\perp} | \tag{2.8.33}$$

相干度谱的计算结果如图 2.8.2(b)所示。在图中可以看到，当 $k\sigma_s \to 0$ 时，$\left|\mu^{(\infty)}\right|$ 将趋向于常数 1。k 是波长倒数的量级，$k\sigma_s \to 0$ 意味着 σ_s 至少要与波长在同一量级上，甚至还要小些。而从式（2.8.24）可以得知，σ_s 就是光源的尺度标示，当它很小时，光源可以看作一个“点”源。于是可以认为，**一个平面上的点光源产生的足够远处的光场是一个相干光场，与“点光源”本身的相干状态并没有什么关系**。但当光源尺度增大时，情况就会发生变化。

2.8.4　逆向问题

在 2.8.3 节的通量密度谱函数和相干度谱函数都呈现为高斯函数的例子中，出现了与光学已知定律不相符合的情况。当然这并不意味着该例的结果不符合实际情况。毕竟，Lambert 定律也只是一种理想状态，很多关于粗糙表面光散射的实验结果证实，Lambert 分布也只是近似地符合实验结果。但有一点是确定的，本书叙述到现在的这套关于“相干性”的理论，必须能导出符合 Lambert 定律的光源相干性特征，否则学界就难以接受这套理论。

于是现在的问题是：在已知辐射场强度角分布的情况下，能否反推光源的密度谱函数和相干度谱函数。前面，本书叙述的是当光源平面上的互相干谱函数已知时，如何求出辐射场远场的密度谱函数和相干度谱函数。如果把它称为“正问题”，那么“现在的问题”可以称为“逆问题”。

要解决“逆问题”，显然应该从辐射强度角分布与光源相干性之间的式（2.8.20）着手，很容易得到

$$\tilde{g}_Q(k\boldsymbol{s}_\perp;\nu) = \frac{J(\boldsymbol{s};\nu)}{(2\pi k)^2 \tilde{S}_Q(0;\nu)\cos^2\theta} \tag{2.8.34}$$

需要提醒读者的是：在这个公式中，$\tilde{g}_Q(k\boldsymbol{s}_\perp;\nu)$ 内的空间频率是以 $\boldsymbol{f} = k\boldsymbol{s}_\perp$ 的形式出现的。而 $|\boldsymbol{s}_\perp| \leqslant 1$，故只有较低的空间频率的傅里叶分量（$|\boldsymbol{f}| \leqslant k$）能从 $J(\boldsymbol{s};\nu)$ 的数值中确定，那些较高的频率分量（$|\boldsymbol{f}| \geqslant k$）产生的辐射则对应于倏逝波，不会反映在远场的角分布中。因此，“逆问题”能解决的只是光源相干函数的较低的空间频率的傅里叶分量（$|\boldsymbol{f}| \leqslant k$）。

在式（2.8.34）中，对 $\tilde{g}_Q(k\boldsymbol{s}_\perp;\nu)$ 进行傅里叶逆变换，就可以得到源面上的相干度谱函数的近似式，在表达式中，注意 $\cos\theta = \sqrt{1 - s_\perp^2}$。

$$g_Q(\boldsymbol{\rho}';\nu) = \frac{1}{(2\pi k)^2 \tilde{S}_Q(0;\nu)} \int_{s_\perp^2 \leqslant 1} \frac{J(\boldsymbol{s};\nu)}{1 - \boldsymbol{s}_\perp^2} \exp(\mathrm{i}k\boldsymbol{s}_\perp \cdot \boldsymbol{\rho}') \mathrm{d}^2(k\boldsymbol{s}_\perp) \tag{2.8.35}$$

令 $\boldsymbol{\rho}' = 0$，并考虑到 $g_Q(\boldsymbol{\rho}';\nu)$ 在 $\boldsymbol{\rho}' = 0$ 时总是等于 1 的，在式（2.8.35）中进行一些简单的移项和推算，就可以得到

$$\tilde{S}_Q(0;\nu) = \frac{1}{(2\pi k)^2} \int_{s_\perp^2 \leqslant 1} \frac{J(\boldsymbol{s};\nu)}{1 - \boldsymbol{s}_\perp^2} \mathrm{d}^2(k\boldsymbol{s}_\perp) \tag{2.8.36}$$

于是式（2.8.25）可以写为

$$g_Q(\boldsymbol{\rho}';\nu) = \frac{\displaystyle\int_{s_\perp^2 \leqslant 1} \frac{J(\boldsymbol{s};\nu)}{1 - \boldsymbol{s}_\perp^2} \exp(\mathrm{i}k\boldsymbol{s}_\perp \cdot \boldsymbol{\rho}) \mathrm{d}^2(k\boldsymbol{s}_\perp)}{\displaystyle\int_{s_\perp^2 \leqslant 1} \frac{J(\boldsymbol{s};\nu)}{1 - \boldsymbol{s}_\perp^2} \mathrm{d}^2(k\boldsymbol{s}_\perp)} \tag{2.8.37}$$

在考虑还原光源平面的通量密度谱函数时，还需要用到辐射场远场的相干度谱函数关系的公式（2.8.23），为下面书写方便，令

$$\frac{\tilde{S}_Q[-k(\boldsymbol{s}_{2\perp} - \boldsymbol{s}_{1\perp});\nu]}{\tilde{S}_Q(0;\nu)} = g^{(\infty)}[k(\boldsymbol{s}_{2\perp} - \boldsymbol{s}_{1\perp});\nu] \tag{2.8.38}$$

于是式（2.8.23）写为

$$\mu^{(\infty)}(r_1\boldsymbol{s}_1, r_2\boldsymbol{s}_2;\nu) = g^{(\infty)}[k(\boldsymbol{s}_{2\perp} - \boldsymbol{s}_{1\perp});\nu]\exp[\mathrm{i}k(r_2 - r_1)] \tag{2.8.39}$$

在式（2.8.39）中，若令所考虑的两个点与原点的距离相等，也就是令 $r_1=r_2(=r)$，则

$$\mu^{(\infty)}(r\boldsymbol{s}_1, r\boldsymbol{s}_2;\nu) = g^{(\infty)}[k(\boldsymbol{s}_{2\perp} - \boldsymbol{s}_{1\perp});\nu] \tag{2.8.40}$$

从式（2.8.40）可以看到，空间傅里叶分量中的空间频率矢量是以 $\boldsymbol{f} = k(\boldsymbol{s}_{2\perp} - \boldsymbol{s}_{1\perp})$ 的形式出现的。由于 $|\boldsymbol{s}_{2\perp}| \leqslant 1$，$|\boldsymbol{s}_{1\perp}| \leqslant 1$，仅有光源通量密度谱函数中 $|\boldsymbol{f}| \leqslant 2k$ 的频率分量才能对远场相干度谱函数做出贡献。也就是说，在逆问题中，只能从远场相干度谱函数中还原出光源密度谱中的 $|\boldsymbol{f}| \leqslant 2k$ 的频率分量。

对式（2.8.38）进行傅里叶逆变换，便得

$$S_Q(\boldsymbol{\rho},\nu) \approx \tilde{S}_Q(0,\nu)\int_{|\boldsymbol{f}|\leqslant 2k} g^{(\infty)}(\boldsymbol{f},\nu)\exp(\mathrm{i}\boldsymbol{f}\cdot\boldsymbol{\rho})\mathrm{d}^2\boldsymbol{f} \tag{2.8.41}$$

式中，$\tilde{S}_Q(0,\nu)$ 可以由式（2.8.36）求得。另外，从傅里叶变换的定义，也立刻可以得到

$$\tilde{S}_Q(0,\nu) = \frac{1}{(2\pi)^2}\int_\sigma S_Q(\boldsymbol{\rho},\nu)\mathrm{d}^2\boldsymbol{\rho} \tag{2.8.42}$$

该式说明，$\tilde{S}_Q(0,\nu)$ 正比于通量密度谱函数在整个源面上的积分。

现在有条件来解决 Lambert 定律的问题了。

Lambert 光源是一个平面二次光源，源面的形状不限。照射在这个平面上的谱通量密度分布是均匀的，由于漫反射而产生二次辐射。该二次辐射被认为是非相干辐射，其特点是它的远场角分布呈现为

$$J(\boldsymbol{s};\nu) = J^{(0)}(0;\nu)\cos\theta \tag{2.8.43}$$

式中，$J^{(0)}(0;\nu)$ 显然就是 $\theta=0$ 时的 $J(\boldsymbol{s};\nu)$ 值。将式（2.8.43）代入式（2.8.37）就可以得到

$$g_Q(\boldsymbol{\rho}';\nu) = \frac{G^{(0)}(\boldsymbol{\rho}';\nu)}{G^{(0)}(0;\nu)} \tag{2.8.44}$$

式中，

$$G^{(0)}(\boldsymbol{\rho}';\nu) = \iint_{s_x^2+s_y^2\leqslant 1}\frac{\exp[\mathrm{i}k(s_x x' + s_y y')]}{\sqrt{1-s_x^2-s_y^2}}\mathrm{d}s_x\mathrm{d}s_y \tag{2.8.45}$$

注意，式（2.8.45）中，$s_x^2+s_y^2=s_\perp^2$；而 x',y' 是 $\boldsymbol{\rho}'$ 的笛卡儿坐标分量。

式（2.8.45）可不是一个令人满意的形式，带有积分符号的表述，用于描述基本的物理现象是不可取的。式（2.8.45）必须做进一步的推演。

为了将积分求出来，可令

$$s_x = \tau\cos\chi,\quad s_y = \tau\sin\chi \tag{2.8.46}$$

和

$$x' = \rho'\cos\theta,\quad y' = \rho\sin\theta \tag{2.8.47}$$

代入式（2.8.45）中，有

$$G^{(0)}(\boldsymbol{\rho}';\nu) = \int_0^{2\pi}\mathrm{d}\chi\int_0^1\frac{\exp[\mathrm{i}k\tau\boldsymbol{\rho}'\cos(\chi-\theta)]}{\sqrt{1-\tau^2}}\tau\mathrm{d}\tau \tag{2.8.48}$$

式中，关于 χ 的积分的结果是一个贝塞尔函数：

$$\int_0^{2\pi}\exp[\mathrm{i}k\tau\boldsymbol{\rho}'\cos(\chi-\theta)]\mathrm{d}\chi = 2\pi\mathrm{J}_0(k\tau\boldsymbol{\rho}') \tag{2.8.49}$$

于是式（2.8.48）就消掉了一个积分号，成为

$$G^{(0)}(\boldsymbol{\rho}';\nu) = 2\pi\int_0^1 \frac{\mathrm{J}_0(k\tau\boldsymbol{\rho}')}{\sqrt{1-\tau^2}}\tau\mathrm{d}\tau \tag{2.8.50}$$

学者刚得到式（2.8.50）时，一定是既兴奋，又有点沮丧。兴奋的是，二重积分变成了单一积分，沮丧的是怎么会导出一个贝塞尔函数的积分？这个积分很不容易直接解出解析式。不过数学家却早已对贝塞尔函数的积分有所研究，并编在了专业的积分手册中。参考文献[7]的 682 页中的积分公式 6.554-2，给出了积分的结果：

$$G^{(0)}(\boldsymbol{\rho}';\nu) = 2\pi\frac{\sin k\boldsymbol{\rho}'}{k\boldsymbol{\rho}} \tag{2.8.51}$$

显然，$G^{(0)}(0;\nu)=2\pi$，这样，光源的谱相干度可以表述为

$$g_Q(\boldsymbol{\rho}_2-\boldsymbol{\rho}_1;\nu) = \frac{\sin k|\boldsymbol{\rho}_2 \quad \boldsymbol{\rho}_1|}{k|\boldsymbol{\rho}_2-\boldsymbol{\rho}_1|} \tag{2.8.52}$$

式（2.8.52）的表述是相当完善了，三角函数是最基本的函数形式之一。Lambert 光源的源面相干度得到了完美的表述。在 2.4 节中就已经说到，一个向外辐射的“非相干源”不是各点之间相干度都是 0 的光源，只是它的横向相干长度非常小，在每个谱分量的波长的量级上；而且通常“非相干源”的源面相干度可以表述为 δ 函数。式（2.8.52）完全符合 2.4 节中的相关叙述。

Lambert 光源的源面相干度问题的成功，激发了学者对其他角分布状况逆向求取源面相干度的兴趣。其中一个十分著名的是圆孔的衍射图样——艾里斑，它的辐射强度角分布为

$$J(\boldsymbol{s},\nu) = \left(\frac{k}{2\pi}\right)^2(\pi a)^2 I_0\cos^2\theta\left[\frac{2\mathrm{J}_1(ka\sin\theta)}{ka\sin\theta}\right]^2 \tag{2.8.53}$$

式中，a 是圆孔半径；$\mathrm{J}_1(x)$ 是一阶第一类贝塞尔函数。有学者证明[8]，一个准均匀的圆形光源，要产生如式（2.8.53）的谱辐射强度分布，它的源面谱相干度为

$$g^{(0)}(\boldsymbol{\rho}';\nu) = \begin{cases} \dfrac{2}{\pi}\left[\arccos\left(\dfrac{\boldsymbol{\rho}'}{2a}\right) - \left(\dfrac{\boldsymbol{\rho}'}{2a}\right)\sqrt{1-\left(\dfrac{\boldsymbol{\rho}'}{2a}\right)^2}\right], & \boldsymbol{\rho}'<2a \\ 0, & \text{其他} \end{cases} \tag{2.8.54}$$

如果读者查阅 20 世纪 80～90 年代的相关刊物，则还会看到不少相似内容的文献。不过对于建立光学相干性理论的基础，完美地解释 Lambert 光源的源面相干度已经足够了。

第3章 光　束

“光束”一词，对于从事光学工作的人们是耳熟能详，掂来就用的。不过细究起来，这个词的构成是有点“另类”的。词典中，“光束”的解释是“呈束状的光线”。那么，什么是“束”？作为量词如一束花、一束头发等，是指多个同类的细长物体被捆绑在一起；作为动词如束之高阁、束手待毙等，直接就是捆绑的意思。“光束”中的“束”，当然可以理解为将“光线”捆绑在一起的意思，不过这些“光线”是否依照传统的规律那样“直线传播”呢？读者很快就会发现这个问题。

在英语中，“光束”是“a beam of light”。“beam”的意思是横梁，如体操项目中的“平衡木”，就是“beam”。“a beam of light”如果直译，则应该是“一根光梁”或“一个光棍”。无论“光梁”还是“光棍”，总会引起一些可笑的联想，译成“光束”还是不错的选择。至于“束”，可以理解为“约束”，是将光场范围约束在有限空间的意思。

在激光器发明之前，人们对于“光束”并不重视，在处理光的物理特性时，总是把光作为平面波或是球面波来处理。平面波和球面波是麦克斯韦方程的两个最简单的解。它们的共同特点是在传播过程中光场都充满了整个空间。按“光线的方向就是波阵面的法线方向”这一约定，在折射率均匀分布的媒质中，光线都呈现为直线传播。两者的区别是，平面波的光线只有一个方向，而球面波的光线是向四面八方全方位地传播开的；另外，球面波所包含的能量可以是有限的，平面波所包含的能量一定是无限的。无论平面波还是球面波，在传统光学问题中都有广泛的应用。

但激光的发明，使得这两个“最简单的解”显得无能为力了。对激光最初的观察说明，尽管不能说它的传播只有一个方向，但却是集中在一个很小的范围，以致可以看作“一个方向”，或者说它“具有高度的方向性”，绝不是如同球面波那样全方位地传播出去。但激光的能量是有限的，所占据的空间也是很有限的。无论“球面波”还是“平面波”都不可能用来描述“光束”。在某些教科书中出现的“平面波光束”或“球面波光束”，实际上是一种不规范的名称。把“球面波”或是“平面波”截出一小块，它还是“球面波”、“平面波”吗？它必然会产生衍射，不再保持“球面波”或“平面波”的特性。

于是，“光束”的数学描述问题很自然地提到了学者的日程表上。

当前，描述激光器发出的激光束的最普遍的形式是高斯光束。本章将从高斯光束的数学基础开始，来深入讨论高斯光束的特性，从部分相干性原理的观点引入高斯-谢尔模型光束，进一步讨论在实际应用中如何评价光束，它们和理论之间有些什么关系。

读者可能会问，衍射光束不行吗？一块不透明的屏板，钻上一个圆孔，在平面波的照射下，屏板后面就会形成衍射光束。衍射的数学形式早就被学者认识了，用于描述激光束有何不可？回答是：确实不可。激光束形成的光斑，不会出现衍射光斑那样的环状条纹；另外，对于圆孔形光源，在研究它的远场特性时，不妨使用如下形式：

$$E=\begin{cases}A, & \text{圆孔内}\\0, & \text{其他}\end{cases} \tag{3.0.1}$$

很明显，式（3.0.1）不是麦克斯韦方程的解。研究圆孔边沿的场分布和它们对近场辐射的影响，是一件困难的事。对于一般的激光器，没有如同式（3.0.1）那样的光阑限制，在它的辐射平面上，至少在一级近似的范围内场分布应该符合麦克斯韦方程的限定。由此可见，衍射光束不足以适应学科的新发展。不过在学科发展的过程中，常会拿衍射问题来做一些比较，毕竟衍射理论是经过大量实验证实的，如果新的学说和它冲突，学界是难以接受的。20 世纪 80 年代末出现的“无衍射光束”（或称“贝塞尔光束”）就是一个典型例子。本章也将对“无衍射光束”做一些评述。

3.1 光场的二维傅里叶变换

本节是高斯光束的数学准备。特别忙的读者，可以跳过本节，但建议阅读黑体字。对于高斯光束的一些误读，这些黑体字也许会有所启发。

对激光束的实验观察证实，激光束被限定在一个非常狭长的空间。如果把传播方向设定为 z 轴，则光场在 z 方向可以延伸到很大的距离，而在 x 和 y 方向，光场所占有的空间非常有限。或者说，光场在 z 方向是尺度的缓变函数，而在 x 和 y 方向，在一个很小的尺度之内，光场就经历了从无到有和从有到无的剧烈变化。这给研究者一个启示，在探求光束数学表述的过程中，z 方向的分量相对来说不那么重要，主要的精力应集中在 x 和 y 方向。

从数学的角度考虑，标量场总是比较容易处理的。它也足以描述那些偏振特性不产生改变的光学物理过程，例如路程中没有偏振元件的光传播过程。自然界常见的介质空间中的光束显然可以用标量场来处理。由此，本节的讨论限于标量场。

3.1.1 光场二维傅里叶变换的“角谱”特征

假设在均匀介质的空域 D 中有一个单色标量光场：

$$V(\boldsymbol{r},t)=U(\boldsymbol{r})\exp(-\mathrm{j}\omega t) \tag{3.1.1}$$

并设产生该光场的光源位于 D 之外。在区域内，依赖于空间坐标部分的光场应满足 Helmholtz 方程：

$$(\nabla^2 + k^2)U(\boldsymbol{r}) = 0 \tag{3.1.2}$$

在常见的均匀无吸收介质中，k 是一个实数。

按照前述把“主要的精力应集中在 x 和 y 方向”的精神，学者**在 z=常数的平面上，将 $U(\boldsymbol{r})$ 表现为它的傅里叶积分形式**，如图 3.1.1 所示。

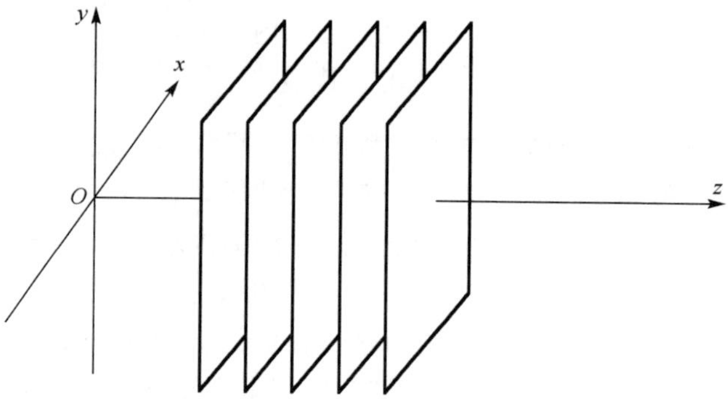

图 3.1.1 在 z=常数的平面上，对光场进行二维分解

$$U(x,y,z) = \iint \breve{U}(u,v;z)\exp[\mathrm{i}(ux+vy)]\mathrm{d}u\mathrm{d}v \tag{3.1.3}$$

$\breve{U}(u,v;z)$ 是 $U(x,y,z)$ 在 (x,y) 平面上的二维傅里叶变换。当然，随着 z 的不同，它的数值也不同。将它代入 Helmholtz 方程并交换积分与算子的次序，就有

$$\iint (\nabla^2 + k^2)\{\breve{U}(u,v;z)\exp[\mathrm{i}(ux+vy)]\}\mathrm{d}u\mathrm{d}v = 0 \tag{3.1.4}$$

我们想从式（3.1.4）中找出光波传播与各个 z=常数的平面上的光场结构之间的一些关系，为此，展开算子 ∇^2 是必需的。注意算子是对 x, y, z 进行运算的，展开的结果为

$$\iint\left[(-u^2 - v^2 + k^2)\breve{U}(u,v;z) + \frac{\partial^2 \breve{U}(u,v;z)}{\partial^2 z}\right]\exp[\mathrm{i}(ux+vy)]\mathrm{d}u\mathrm{d}v = 0 \tag{3.1.5}$$

显然，唯一使式（3.1.5）成立的条件是中括号内的部分为 0，即

$$\left[(-u^2 - v^2 + k^2)\breve{U}(u,v;z) + \frac{\partial^2 \breve{U}(u,v;z)}{\partial^2 z}\right] = 0 \tag{3.1.6}$$

令

$$w^2 = -u^2 - v^2 + k^2 \tag{3.1.7}$$

则式（3.1.6）可以写得简洁一些，有

$$\left[w^2\breve{U}(u,v;z)+\frac{\partial^2\breve{U}(u,v;z)}{\partial^2 z}\right]=0 \tag{3.1.8}$$

w 是一个很奇异的量，把式（3.1.7）写成 $k^2=u^2+v^2+w^2$，可以看得更清楚一些。k 是所考虑的单色波的波数，与波长紧紧地联系在一起。u 和 v 是 z=常数平面上的光场分布傅里叶变换后的宗量。每一个（u,v）对应了一个所考虑平面上的余弦波纹结构，它们的值决定了波纹结构的波数、取向和相位（图 3.1.2）。

图 3.1.2　每一个（u,v）对应了一个所考虑平面上的余弦波纹结构，它们的值决定了波纹结构的波数、取向和相位

式（3.1.7）把这二者联系起来。从它的数学形式，很容易联想到，u, v, w 是不是波矢量 $\boldsymbol{k}$ 的三个分量 $\boldsymbol{k}_x, \boldsymbol{k}_y, \boldsymbol{k}_z$ 的模量？从 u, v, w 的起因来说，显然不是。$\boldsymbol{k}$ 是与传播有关的参数，w 把它与场分布综合起来，**说明波的传播与光场分布之间有密切的关系**，这是令人兴奋的迹象。

式（3.1.8）的通解可以写为

$$\breve{U}(u,v;z)=A(u,v)\mathrm{e}^{\mathrm{i}wz}+B(u,v)\mathrm{e}^{-\mathrm{i}wz} \tag{3.1.9}$$

于是有

$$\begin{aligned}U(x,y,z)=&\iint A(u,v)\exp[\mathrm{i}(ux+vy+wz)]\mathrm{d}u\mathrm{d}v\\&+\iint B(u,v)\exp[\mathrm{i}(ux+vy-wz)]\mathrm{d}u\mathrm{d}v\end{aligned} \tag{3.1.10}$$

式（3.1.10）说明在 D 域内的光场可以表述为一系列形式为 $\exp(\mathrm{i}\boldsymbol{K}^+\cdot\boldsymbol{r})$ 和 $\exp(\mathrm{i}\boldsymbol{K}^-\cdot\boldsymbol{r})$ 的光场的叠加。叠加中的每一个分量都满足同一个微分方程，即 Helmholtz 方程。由此，可以认为它是光场的一种模式表述。表述中的关键参数是传播参数 $\boldsymbol{K}^\pm$，即

$$\boldsymbol{K}^{\pm}=(u,v,\pm w) \tag{3.1.11}$$

在式（3.1.11）中，u, v 有明确的物理意义，w 却还没有，而且随着 u, v 和 k 之间数值关系的变化，它还有可能是虚数。对此，先来做一个规定：

$$w=\begin{cases}+\sqrt{k^2-u^2-v^2}, & u^2+v^2\leqslant k^2\\ +\mathrm{i}\sqrt{u^2+v^2-k^2}, & u^2+v^2>k^2\end{cases} \tag{3.1.12}$$

这样，$\exp(\mathrm{i}\boldsymbol{K}^{+}\cdot\boldsymbol{r})$ 和 $\exp(\mathrm{i}\boldsymbol{K}^{-}\cdot\boldsymbol{r})$ 各有两种不同类型的模式。前者的两种模式如下。

（1）$u^2+v^2\leqslant k^2$，w **为实数，模式的具体形式是** $\exp[\mathrm{i}(ux+vy+wz)]$ **。注意到** $A(u,v)$ **是与空间坐标** $\boldsymbol{r}$ **无关的量，所以这是一个典型的平面波传播模式，等幅面与等相面重合，称为齐次（homogeneous）波，传播方向则由** u, v, w **决定。**

（2）$u^2+v^2\geqslant k^2$，w **为虚数，模式的具体形式是** $\exp[-|w|z+\mathrm{i}(ux+vy)]$ **。这种模式下，等幅面由** $\exp(-|w|z)$ **决定，波的幅度随** z **值的增大而按指数规律衰减，而等相面由** $ux+vy=c$ **决定，这是一个非齐次的平面波。**

对于后者，也有两种相对应模式。

（1）$u^2+v^2\leqslant k^2$，w **为实数，模式的具体形式是** $\exp[\mathrm{i}(ux+vy-wz)]$ **，但它在沿** z **轴的传播行为正好与第一种情况相反。**

（2）$u^2+v^2\geqslant k^2$，w **为虚数，模式的具体形式是** $\exp[|w|z+\mathrm{i}(ux+vy)]$ **，波的幅度随** z **值的增大而按指数规律增长。**

$A(u,v)$ 和 $B(u,v)$ 都不是空间坐标 $\boldsymbol{r}$ 的函数，由此，四种模式都是平面波的形态，但传播方向随着 u,v 的不同而有所不同，呈现为一个扇形展开。当 z=0 时，这种展开对原点呈现为不同角度辐射的平面波传播。也就是说，**在 z=0 的平面上，如果有一个光场分布，那么它的辐射将呈现为一系列向不同方向传播的平面波的叠加，$A(u,v)$ 和 $B(u,v)$ 决定了这些平面波的幅度和方向。由此，它们也被称为光波传播的角谱。**

不过，u,v 与角度的关系不是那么明显，我们还需要寻找更清晰的表述。

3.1.2　光波在 $z\geqslant 0$ 的区域的传播特征

对于光束传播问题，为数学处理上的方便，通常总是将光源定义在 z=0 的平面上，然后研究 $z\geqslant 0$ 的区域内的传播特征。这种定义方式适用于包括大部分激光器在内的很多二次光源。它们在某一个平面上形成了一个光场分布，这个光场分布会向这个平面的一侧（称为前向）辐射，而在另一侧（称为后向），其辐射或被完全阻隔，或与前向没有什么联系。此时，3.1.1 节讨论的四种模式中，第三种是沿 z 轴向后向传播的模式；第四种的波的幅度随 z 值的增大，按指数规律增长，显然不符合物理事实。由此，可以仅讨论前两个由 $A(u,v)$ 确定的模式，而将 $B(u,v)$ 合理地处理为 0。式（3.1.10）就变为

$$U(x,y,z)=\iint A(u,v)\exp[\mathrm{i}(ux+vy+wz)]\mathrm{d}u\mathrm{d}v \tag{3.1.13}$$

对应于第二种情况（$u^2+v^2\geqslant k^2$，w 为虚数）的，是一系列的非齐次波，其特点是它们的振幅随 z 的增加而迅速下降。它们在角谱中通常不占有主要地位（想象一下，$u^2+v^2\geqslant k^2$ 表示在源平面上的幅度随 x, y 坐标的变化非常快，快到可以和一个波长内波的瞬时值的变化相比拟。一般情况下，它们不可能在光源中占据主要地位），而且传播的距离也很有限。这些模式被称为倏逝波，必须考虑倏逝波的区域称为“近场”①。

对应于第一种情况（$u^2+v^2\leqslant k^2$，w 为实数），是一系列齐次平面波，它们各自传播方向由对应的 u, v, w 的数值决定，幅度则由 $A(u,v)$ 的模值决定。对一般科技工作者感兴趣的“远场”而言，传播特征由第一种情况确定，此时可以不考虑倏逝波的存在。

在 z=0 的平面上，式（3.1.13）变为

$$U(x,y,0)=\iint A(u,v)\exp[\mathrm{i}(ux+vy)]\mathrm{d}u\mathrm{d}v \tag{3.1.14}$$

从另一个角度来看。在式（3.1.3）中，令 z=0，可以得到

$$U(x,y,0)=\iint \tilde{U}(u,v)\exp[\mathrm{i}(ux+vy)]\mathrm{d}u\mathrm{d}v \tag{3.1.15}$$

也就是说，$A(u,v)$ 就是光源平面上光场分布 $U(x,y,0)$ 的傅里叶变换，写出它的逆变换，即

$$\tilde{U}(u,v)=\frac{1}{(2\pi)^2}\iint U(x,y,0)\exp[\mathrm{i}(ux+vy)]\mathrm{d}x\mathrm{d}y \tag{3.1.16}$$

于是可以说，场的角谱表述中的每一个平面波模式的谱表述 $A(u,v)$ 被场在 z=0 处的值 $U(x,y,0)$ 的唯一的一个空间傅里叶分量所确定。

3.1.3 角谱表述的另一种形式

在很多文献中，将上述公式中的 u,v,w 的数值对 k 归一化，有

$$u=kp,\quad v=kq,\quad w=km \tag{3.1.17}$$

于是，式（3.1.13）就变为

$$U(x,y,z)=\iint a(p,q)\exp[\mathrm{i}k(px+qy+mz)]\mathrm{d}p\mathrm{d}q \tag{3.1.18}$$

① 关于“近场”，也可以从菲涅耳公式的适用区域来考虑，菲涅耳公式不适用的区域称为“近场”。

式中，

$$a(p,q)=k^2A(kp,kq) \tag{3.1.19}$$

以及

$$m=\begin{cases}+\sqrt{1-p^2-q^2}, & p^2+q^2\leqslant 1\\ \mathrm{i}\sqrt{p^2+q^2-1}, & p^2+q^2>1\end{cases} \tag{3.1.20}$$

而对于光波传播特征就可以表述为：**当 $p^2+q^2\leqslant 1$ 时，它们是齐次平面波；当 $p^2+q^2>1$ 时，它们是非齐次波**，其振幅随 z 的增加而迅速下降，代表了倏逝波。

在 z=0 的平面上，式（3.1.15）变为

$$\begin{aligned}U(x,y,0)&=\iint a(p,q)\exp[\mathrm{i}k(px+qy)]\mathrm{d}p\mathrm{d}q\\&=\frac{1}{k^2}\iint a\left(\frac{u}{k},\frac{v}{k}\right)\exp[\mathrm{i}(ux+vy)]\mathrm{d}u\mathrm{d}v\end{aligned} \tag{3.1.21}$$

其逆变换与式（3.1.16）比较后可得

$$\tilde{U}(u,v)=\frac{1}{k^2}a\left(\frac{u}{k},\frac{v}{k}\right) \tag{3.1.22}$$

这就意味着：

$$a(p,q)=k^2\tilde{U}(kp,kq) \tag{3.1.23}$$

式（3.1.23）的表述方式，很清楚地表现了 z=0 时，$U(x,y,0)$ 空间傅里叶分量与波数 k 之间的关系。**对于远场的光场，仅是光源中 $p^2+q^2\leqslant 1$ 的傅里叶分量才会对它起作用；而 $p^2+q^2>1$ 的傅里叶分量，不会对远场传播产生影响。**

平面波模式与源平面空间傅里叶分量之间的一一对应关系，表明每一个模式都携带了光源幅度分布的信息。考虑到 k 与波长λ之间的倒数关系，可以粗略地认为，齐次波携带了光源幅度变化周期大于波长λ的信息，而倏逝波则携带了小于λ的信息。

3.1.4　远距离时的近似表述

在处理远距离光场传播问题时，总可以认为其幅值呈现 $1/r$ 的变化规律（在近轴时，近似为 $1/z$ 的规律），其波阵面呈现为球面波的形态，也就是说此时光场数值可以写为

$$U(r\boldsymbol{s})\sim F(\boldsymbol{s})\frac{\mathrm{e}^{\mathrm{j}kr}}{r} \tag{3.1.24}$$

式中，$\boldsymbol{s}$ 是任意方向单位矢量；r 是所考察点与原点的距离，光源位于 z=0 的平面上；$F(\boldsymbol{s})$被称为辐射图像。或者可以倒过来说，当光场可以表达为式（3.1.24）的形式时，则光场已处于远场的范围。

在式（3.1.24）中，$U(r\boldsymbol{s})$和$U(x,y,z)$是同义符号，只不过前者用了矢量来表述位置变量。单位矢量的三个分量与直角坐标对应时，便是$s_x = x/r$，$s_y = y/r$以及$s_z = z/r$。考虑了这些关系，式（3.1.24）可以写为

$$U(r\boldsymbol{s}) \equiv U(x,y,z) \sim F\left(\frac{x}{r},\frac{y}{r},\frac{z}{r}\right)\frac{\mathrm{e}^{\mathrm{j}kr}}{r} \tag{3.1.25}$$

将它与角谱表述的式（3.1.18）和式（3.1.21）比较，可以看到$s_z = z/r$与x/r、y/r是不同的，它可以直接从积分号中提出来，与$a(p,q)$没什么关系。于是，式（3.1.25）可以写为

$$U(r\boldsymbol{s}) \equiv U(x,y,z) \sim \frac{2\pi i}{k}\left(\frac{z}{r}\right)a\left(\frac{x}{r},\frac{y}{r}\right)\frac{\mathrm{e}^{\mathrm{j}kr}}{r} \tag{3.1.26}$$

注意式（3.1.26）的写法，它不是精确的表达式，只是说光源的辐射图像与源平面的 a 函数有关，函数的自变量是$s_x = x/r$和$s_y = y/r$。这两个自变量的数值显然都小于 1。

在应用于对光束的描述时，s_x和s_y都是很小的量，而s_z则可以近似为$s_z \approx \cos\theta$，θ是单位矢量$\boldsymbol{s}$与z轴的夹角，于是式（3.1.26）就可以写为

$$U(r\boldsymbol{s}) \equiv U(x,y,z) \sim \frac{2\pi i}{k}a\left(\frac{x}{r},\frac{y}{r}\right)\cos\theta\frac{\mathrm{e}^{\mathrm{j}kr}}{r} = U^{(\infty)}(r\boldsymbol{s}) \tag{3.1.27}$$

式（3.1.27）说明，**对光束而言，只有源平面上空间频率很低的傅里叶分量才会对光束的形成有所贡献，那些较高空间频率的分量是可以忽略的。**

式（3.1.27）的坐标示意图如图 3.1.3 所示。

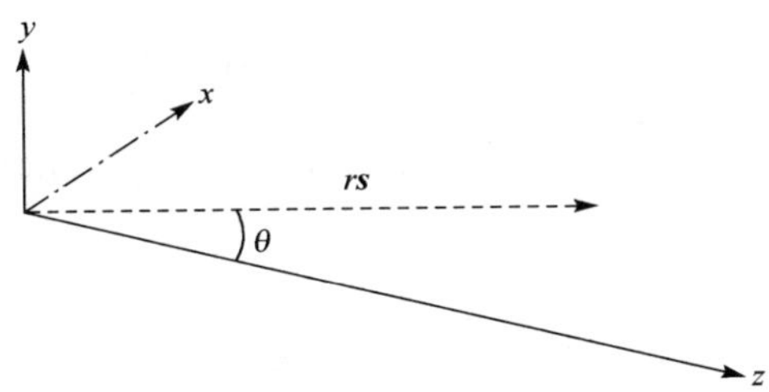

图 3.1.3 式（3.1.27）的坐标示意图

考虑到$p^2+q^2+m^2=1$，当$p^2+q^2 \ll 1$时，可以有

$$m \approx 1-\frac{1}{2}(p^2+q^2) \tag{3.1.28}$$

将式（3.1.28）代入式（3.1.18），可得

$$U(x,y,z) = \mathrm{e}^{\mathrm{i}kz}\iint a(p,q)\mathrm{e}^{\mathrm{i}k(px+qy)}\mathrm{e}^{-\mathrm{i}k(p^2+q^2)z/2}\mathrm{d}p\mathrm{d}q \tag{3.1.29}$$

式（3.1.29）的“本源”状态为

$$U(x,y,z)=\mathrm{e}^{\mathrm{i}kz}\iint \breve{U}^{(0)}(u,v)\mathrm{e}^{\mathrm{i}k(ux+vy)}\mathrm{e}^{-\mathrm{i}k(u^2+v^2)z/2}\mathrm{d}u\mathrm{d}v \tag{3.1.30}$$

注意此时有

$$u^2+v^2<<k^2 \tag{3.1.31}$$

3.1.5 在角谱表述下的光场相干性

前文关于“角谱”的议论，都是在单一频率上展开的，各种结论适用于完全相干的光场状态。读者在第 2 章中已经获悉，“完全相干”是一个很微妙的词汇，狭义的“完全相干”在现实的光场中是不存在的，即便是经过广义化修正以后，“完全相干”也是很难遇到的。特别是，研究“角谱”是为了研究“光束”做准备。在以后的章节中，**读者会发现“完全相干”的光束也只是一个理论上的概念，实际的光束总会偏离“完全相干”，而进入“部分相干”的状态。因此，有必要讨论怎样用“角谱”的概念来描述光场的相干性**。

像前面叙述的一样，讨论仍然限定在$z\geqslant 0$的半空间，先从互相干函数的基本定义出发。**仍然假定光场在时间上是平稳的，否则讨论就很难进行下去。另外，再假定光场是符合互谱纯条件，以致进一步的讨论可以限定在一个光频上，然后再推论到整个谱段**。对于我们打算描述激光束的目的，**因为激光所占有的频谱通常很窄，互谱纯的假设通常总是满足的**。于是，根据互相干的定义，可以写出光场的互相干谱函数为

$$\boldsymbol{W}(\boldsymbol{r}_1,\boldsymbol{r}_2;\nu)=\left\langle U^*(\boldsymbol{r}_1;\nu)U(\boldsymbol{r}_2;\nu)\right\rangle \tag{3.1.32}$$

式（3.1.18）表明，一个光场量可以表述为角谱的形式

$$U(\boldsymbol{r};\nu)=\iint a(p,q;\nu)\exp[\mathrm{i}k(px+qy+mz)]\mathrm{d}p\mathrm{d}q \tag{3.1.33}$$

式中，

$$m=\begin{cases}\sqrt{1-p^2-q^2}, & p^2+q^2\leqslant 1\\ \mathrm{i}\sqrt{p^2+q^2-1}, & p^2+q^2>1\end{cases} \tag{3.1.34}$$

需要注意的是，现在的$U(\boldsymbol{r};\nu)$是一个随机函数，因此，$a(p,q;\nu)$也是一个随机函数。

将式（3.1.33）代入式（3.1.32）中，并交换积分运算和平均运算的次序，就可得到

$$W(\boldsymbol{r}_1,\boldsymbol{r}_2;\nu)=\iint\iint A(p_1,q_1;p_2q_2;\nu)$$
$$\cdot\exp[\mathrm{i}k(p_2x_2+q_2y_2+m_2z_2-p_1x_1-q_1y_1-m_1z_1)]\mathrm{d}p_1\mathrm{d}q_1\mathrm{d}p_2\mathrm{d}q_2 \tag{3.1.35}$$

式中，

$$A(p_1,q_1;p_2q_2;\nu)=\left\langle a^*(p_1,q_1;\nu)a(p_2,q_2;\nu)\right\rangle \tag{3.1.36}$$

称为光场的角互相干谱函数。

式（3.1.35）表示，在 $z\geqslant 0$ 的半空间中，光场的互相干谱函数可以表述为一系列平面波的叠加，这些平面波可以是齐次的（$p^2+q^2\leqslant 1$），也可以是倏逝的（$p^2+q^2>1$）。这些平面波对通常是相关的，它们之间的关系由光场的角互相干谱函数（3.1.36）描述。

令 $z_1=z_2=0$，式（3.1.35）就描述了光源平面上的状况。此时，对它进行傅里叶逆变换，可以得到 A 的表述为

$$A(p_1,q_1;p_2q_2;\nu)=k^4\tilde{W}_Q(-kp_1,-kq_1;k_2p_2,k_2q_2;\nu) \tag{3.1.37}$$

式中，

$$\tilde{W}_Q(\ kp_1,\ kq_1;k_2p_2,k_2q_2;\nu)=\frac{1}{(2\pi)^4}\iint\iint W(x_1,y_1,0;x_2,y_2,0;\nu)$$

$$\cdot\exp[-\mathrm{i}(u_1x_1+v_1y_1+u_2x_2+v_2y_2)]\mathrm{d}x_1\mathrm{d}y_1\mathrm{d}x_2\mathrm{d}y_2 \tag{3.1.38}$$

式（3.1.36）从理论上来说当然很完整，但用起来的时候还是不直观。对于远距离运用的场合，技术界希望有一种概念上不复杂，也不需要太精确的描述方式，这就用到式（3.1.27）。对于远离光源的远场的光场量，可以用式（3.1.27）的后半段计算，即

$$U^{(\infty)}(r\boldsymbol{s},\nu)=-\frac{2\pi\mathrm{i}}{k}a(s_x,s_y;\nu)\cos\theta\frac{\mathrm{e}^{\mathrm{i}kr}}{r} \tag{3.1.39}$$

于是根据互相干谱函数的定义，就得到远场的互相干谱函数为

$$W^{(\infty)}(r_1\boldsymbol{s}_1,r_2\boldsymbol{s}_2;\nu)=\left(\frac{2\pi}{k}\right)^2A(\boldsymbol{s}_{1\perp},\boldsymbol{s}_{2\perp};\nu)\frac{\mathrm{e}^{\mathrm{i}k(r_2-r_1)}}{r_1r_2}\cos\theta_1\cos\theta_2 \tag{3.1.40}$$

回忆一下第2章式（2.8.5）的内容，它是说**平面光源的辐射互强度谱函数与它的远场互相干谱函数之间有确定的关系**。将它与式（3.1.40）比较，就可以得到辐射互强度谱函数与角互相干谱函数之间的关系：

$$L(\boldsymbol{s}_1,\boldsymbol{s}_2;\nu)=\left(\frac{2\pi}{k}\right)^2A(\boldsymbol{s}_{1\perp},\boldsymbol{s}_{2\perp};\nu)\cos\theta_1\cos\theta_2 \tag{3.1.41}$$

而辐射强度谱，它是 $\boldsymbol{s}_1=\boldsymbol{s}_2$ 时的 $L(\boldsymbol{s}_1,\boldsymbol{s}_2;\nu)$，则为

$$J(\boldsymbol{s};\nu)=\left(\frac{2\pi}{k}\right)^2A(\boldsymbol{s}_{\perp},\boldsymbol{s}_{\perp};\nu)\cos^2\theta \tag{3.1.42}$$

这些公式将角互相干谱函数与常见的光学参量联系起来，对于技术工作者，会不会感到容易接受一些呢？

我们还可以写出以角谱形式表述的远场相干度：

$$\mu^{(\infty)}(r_1\boldsymbol{s}_1,r_2\boldsymbol{s}_2;\nu)=\frac{A(\boldsymbol{s}_{1\perp},\boldsymbol{s}_{2\perp};\nu)}{\sqrt{A(\boldsymbol{s}_{1\perp},\boldsymbol{s}_{1\perp};\nu)A(\boldsymbol{s}_{2\perp},\boldsymbol{s}_{2\perp};\nu)}}\mathrm{e}^{\mathrm{i}k(r_2-r_1)} \tag{3.1.43}$$

以式（3.1.43）表述的相干度，有时也称为角相干度。

对本章标题“光束”的特殊场合，光场的有效成分集中在离中心很小的一个角度范围内，也就是$|\boldsymbol{s}_{1\perp}|<<1$和$|\boldsymbol{s}_{2\perp}|<<1$的范围内，对应于角谱表述中，则为$p^2+q^2<<1$和$u^2+v^2<<k^2$。于是可以采取近似式：

$$m\approx1-\frac{1}{2}(p^2+q^2) \tag{3.1.44}$$

得到互相干谱函数的表述：

$$W(\boldsymbol{r}_1,\boldsymbol{r}_2;\nu)=\mathrm{e}^{\mathrm{i}k(z_2-z_1)}\iint\iint A(p_1,q_1;p_2q_2;\nu)$$
$$\cdot\exp[\mathrm{i}k(p_2x_2+q_2y_2-p_1x_1-q_1y_1)]\exp\left\{\frac{\mathrm{i}}{2}[k(p_1^2+q_1^2)z_1-(p_2^2+q_2^2)z_2]\right\}\mathrm{d}p_1\mathrm{d}q_1\mathrm{d}p_2\mathrm{d}q_2 \tag{3.1.45}$$

以及

$$W(\boldsymbol{r}_1,\boldsymbol{r}_2;\nu)=\mathrm{e}^{\mathrm{i}k(z_2-z_1)}\iint\iint\tilde{W}^{(0)}(u_1,v_1;u_2,v_2;\nu)$$
$$\cdot\exp[\mathrm{i}(u_1x_1+v_1y_1+u_2x_2+v_2y_2)]\exp\left\{\frac{\mathrm{i}}{2k}[(u_1^2+v_1^2)z_1-(u_2^2+v_2^2)z_2]\right\}\mathrm{d}u_1\mathrm{d}v_1\mathrm{d}u_2\mathrm{d}v_2 \tag{3.1.46}$$

公式看起来还是很繁杂的，只是比式（3.1.35）少了一个变量。

3.2　高斯光束

建立起角谱的概念后，就有条件来讨论光束的数学表述了。本节来讨论现在广泛使用的高斯光束表述。

3.2.1　为什么是“高斯”

在 3.1 节的讨论中，如果取$U(x,y,0)$为

$$U(x,y,0)=A\mathrm{e}^{-(x^2+y^2)/w_0^2} \tag{3.2.1}$$

则所形成的空间光场为高斯光束，其名称来自式（3.2.1）中的高斯函数特征。从坐

标原点看出去，光场幅度分布呈现为各向同性的圆对称分布。它还可以简化为一个自变量的公式：

$$U(x,y,0) = A\mathrm{e}^{-\rho^2/w_0^2} \tag{3.2.2}$$

式中，$\rho^2 = x^2 + y^2$。

为什么高斯分布得到学者的青睐呢？在第 1 章中，我们获知了“大数定律”，不过那是关于随机过程的，与我们现在讨论的确定分布似乎没有关系。不过，早在 20 世纪 60 年代已经有学者证明，具有稳定腔的激光器输出的激光，在输出镜平面上的光场分布的最低阶模式，或者称为“基模”、“单模”，是高斯分布，**尽管证明过程做了不少假设和近似**。有不少学者还研究了高阶模式的数学表述，有兴趣的读者可以查阅激光物理类教科书。但激光器的腔内过程很是微妙，**一般都认为激光器至少是一个随机系统，更可能应该看作一个混沌系统**。要做出一支长时间工作在“基模”状态的激光器，是一件不简单的任务。再加上那时的检测手段有限，定量测试光场平面分布的分辨率很低，只能得到一个大概的轮廓。**对“基模”激光而言，大体上是中心光强最强，周边逐渐减弱，呈现为单一轴向模量函数的圆对称形式。能大体符合这种形式的函数很多，高斯分布并不见得是误差最小的选择，但学者还是选择了它。**

选择高斯分布不是依据实验测量结果，而是理论上的推论。但理论的推论，如果没有实验的支持，则只不过是推论而已。但高斯分布还是稳稳地站住了脚。现在，对激光器基模输出无一例外都用高斯分布来描述。就算是高阶模或是多模输出，也往往用高斯分布来近似。其中的原因在于高斯分布的特点。

高斯分布在运用上至少有两大优势。其一，它的傅里叶变换还是高斯函数；其二，对二维高斯分布在整个平面上做积分运算，运算值是一个有限的数值。第一点带来在数学推导中的方便是很明显的；而第二点，表明可以用有限的能量在全平面上构成分布，不像某些其他分布形式，如均匀分布，需要对分布范围做出限定。任何“限定”都会给推导运算带来不便，而且会带来衍射效应，使得理论结果与实验观察发生偏离。

高斯分布的优势还在于由它推出的光束，本书后续将会提到。

3.2.2　高斯光束的数学表述

将式（3.2.1）代入式（3.1.19）和式（3.1.16），可得

$$a(p,q) = A\left(\frac{k}{2\pi}\right)^2 \iint \mathrm{e}^{-(x^2+y^2)/w_0^2}\mathrm{e}^{-\mathrm{i}k(px+qy)}\mathrm{d}x\mathrm{d}y \tag{3.2.3}$$

这个积分容易得到解析结果：

$$a(p,q)=\frac{A(kw_0)^2}{4\pi}\mathrm{e}^{-(kw_0)^2(p^2+q^2)/4} \tag{3.2.4}$$

3.1 节已经提到，只有 $p^2+q^2<<1$ 才对 z 轴周边的光束有贡献。而对于式（3.2.4），如果以 a 下降到 1/e 为比较依据，则有 $p^2+q^2\approx\frac{4}{(kw_0)^2}$。对照前一条件，就可以得到

$$w_0>>\frac{\lambda}{\pi} \tag{3.2.5}$$

于是可以说，描述在 $z=0$ 平面上光场分布的式（3.2.1）中，只要 w_0 比光波长大很多，它就可以产生光束。这个光束是由光场的高斯分布所产生的，因此被称为高斯光束。

将式（3.2.4）代入式（3.1.29），有

$$\begin{aligned}U(x,y,z)&=\frac{A(kw_0)^2}{4\pi}\mathrm{e}^{\mathrm{i}kz}\iint\mathrm{e}^{\mathrm{i}k(px+qy)}\mathrm{e}^{-(kw_0)^2(p^2+q^2)/4}\mathrm{e}^{-\mathrm{i}k(p^2+q^2)z/2}\mathrm{d}p\mathrm{d}q\\&=\frac{A(kw_0)^2}{4\pi}\mathrm{e}^{\mathrm{i}kz}\iint\mathrm{e}^{\mathrm{i}k(px+qy)}\mathrm{e}^{-[(kw_0)^2/4+\mathrm{i}kz/2](p^2+q^2)}\mathrm{d}p\mathrm{d}q\end{aligned} \tag{3.2.6}$$

考虑到分布的圆对称性，用“横平面矢量” $\boldsymbol{\rho}$ 取代 (x,y) 更方便。由此将式（3.2.6）的积分求出，便可以得到

$$U(\boldsymbol{\rho},z)=\frac{A(kw_0)^2}{(kw_0)^2+2\mathrm{i}kz}\mathrm{e}^{-\{(k\boldsymbol{\rho})^2/[(kw_0)^2+2\mathrm{i}kz]\}}\mathrm{e}^{\mathrm{i}kz} \tag{3.2.7}$$

从式（3.2.7）中，可以看到 $U(\boldsymbol{\rho},z)$ 的圆对称特征，且当 z 等于常数的横平面上时，$U(\boldsymbol{\rho},z)$ 呈现为二维高斯分布。只是这个分布的 $1/\mathrm{e}$ 特征数 w 不太明显，不过它显然是 z 和 w_0 的函数。找出这个函数关系的过程比较繁复，但不算困难，也不需要新的近似假设，下面直接给出结果。

式（3.2.7）可以写为

$$U(\boldsymbol{\rho},z)=A\left[\frac{w_0}{w(z)}\right]\mathrm{e}^{-\boldsymbol{\rho}^2/[w(z)]^2}\mathrm{e}^{\mathrm{i}\{k[z+\boldsymbol{\rho}^2/2R(z)]+\psi(z)\}} \tag{3.2.8}$$

式中，

$$w(z)=w_0\left[1+\left(\frac{2z}{kw_0^2}\right)^2\right]^{1/2} \tag{3.2.9a}$$

$$R(z)=z\left[1+\left(\frac{kw_0^2}{2z}\right)^2\right] \tag{3.2.9b}$$

$$\psi(z) = -\arccos\frac{w_0}{w(z)} \tag{3.2.9c}$$

3.2.3 高斯光束的解读

式（3.2.8）是在式（3.2.2）的初始条件下解得的结果。式（3.2.2）表明，在 $z=0$ 的光源平面上，光场强度呈现为高斯分布，其相位则是处处相等，有着平面波的特征。随着 z 值的增加，光场强度在横平面上仍呈现为高斯分布，不过它的 $1/\mathrm{e}$ 特征数按式（3.2.9a）变化，相位不再保持平面波特征，而是呈现为球面分布。光场强度在横平面上始终保持为高斯分布这一特点，大大强化了高斯分布对其他分布形式的优势，得到科技工作者的广泛认同。

学者对式（3.2.8）所呈现的特点有更多的解读。

先是，设法从式（3.2.8）的表述中，把它的“光束”特征用图形描绘出来。由于公式的圆对称特点，可以在一个包括 z 轴在内的平面上来表现图形；其次，这个图形主要应该表现 $w(z)$ 和 $R(z)$；最后，观察图形上是否有可以简化的参数。于是，就得到了图 3.2.1。其实，如果将图形延伸到 $z<0$ 的另一边，还可以得到完全对称的图形。不过，既然假定了 $z=0$ 是光源平面，通常就不去理会 $z<0$ 的情况。$1/\mathrm{e}$ 特征数 w 通常被称为光斑半径，它是 z 坐标的函数，用式（3.2.9a）就可以计算。在 $z=0$ 的平面上，光束的 $1/\mathrm{e}$ 特征数 w_0 最小，称为光束的光腰。工程上通常认为光束的能量都限制在光斑半径之内。在满足式（3.2.5）的条件时，w 随 z 的增加很慢，于是光场看上去完全是束状的。

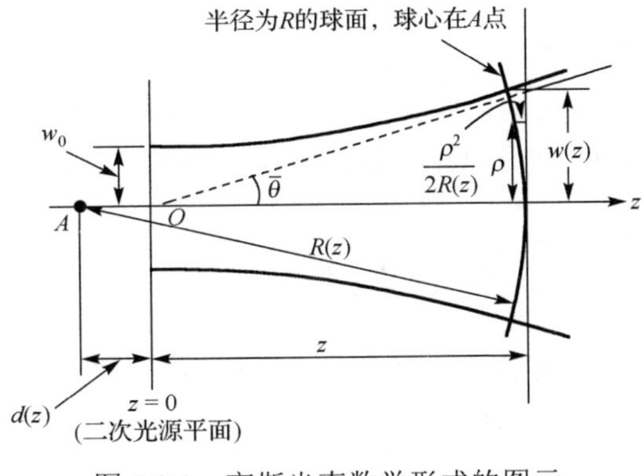

图 3.2.1 高斯光束数学形式的图示

值得注意的是，对于高斯光束，在靠近光腰的空间，光束内的“光线”不再是“直线”传播，而是呈现为曲线状态。只是到足够远的空间，“光线”才能近似地看作“直线”传播。

光束的波前呈现球面特征，球半径可以用式（3.2.9b）计算。不过球心不在原点，而是向左延伸了一个距离 $d(z)$，即

$$d(z)=\frac{k^2w_0^4}{2z} \tag{3.2.10}$$

有些读者可能已经发现，几个公式中，$\frac{kw_0^2}{2}$ 都扮演了重要角色。学者对它也很感兴趣，给予它一个特别名称：瑞利距离 z_R。其特征是，当 $z=z_R$ 时，光斑半径增大到 $\sqrt{2}$ 倍，也就是 $w=\sqrt{2}w_0$。有了 z_R，式（3.2.9）的前两个公式也可以写为

$$w(z)=w_0\left[1+\left(\frac{2z}{kw_0^2}\right)^2\right]^{1/2}=w_0\left[1+\left(\frac{z}{z_R}\right)^2\right]^{1/2} \tag{3.2.9a$'$}$$

$$R(z)=z\left[1+\left(\frac{kw_0^2}{2z}\right)^2\right]=z\left[1+\left(\frac{z_R}{z}\right)^2\right] \tag{3.2.9b$'$}$$

而式（3.2.10）也可以写为

$$d(z)=\frac{k^2w_0^4}{2z}=2\frac{z_R^2}{z} \tag{3.2.10$'$}$$

$\psi(z)$ 无法作出恰当的解释，于是得名为“相位异常”（phase anomaly）。在光学科技工作的实践中，它完全不起作用，也没有人想起是不是应该测量它。除了从光场角谱分析的观点从理论上推知了它的存在外，再也没有人去关心过它。

但人们关心的一些东西在基本公式（3.2.9）中不太明显，还需要对这些公式和图形仔细琢磨。先来讨论瑞利距离 z_R，通常的激光器，w_0 是毫米量级，波长是微米量级，于是，z_R 的量级在数米左右。对于承载信息的激光束应用，很大一部分是在比 z_R 更远的距离上，如激光通信和雷达。在军事上很热门的激光武器也是运作在远大于 z_R 的距离上。在这些应用中，可以合理地认为式（3.2.9）中的 $z\to\infty$。这样一来，出现一个有趣的结果：

$$\frac{w(z)}{z}\approx\frac{w_0}{z_R}=\frac{\lambda}{\pi w_0} \tag{3.2.11}$$

也就是 $w(z)/z$ 趋近于一个常数。注意到 w_0/z_R 是 10^{-3} 量级，在这个量级及更小的量级上，$w(z)/z$ 可以看作一个角度度量：

$$w(z)/z=\tan\bar{\theta}\approx\bar{\theta}\approx\frac{\lambda}{\pi w_0} \tag{3.2.12}$$

$\bar{\theta}$ 称为光束的角扩散（angular spread）。在图 3.2.1 中，用虚线表现了 $\bar{\theta}$ 的形态。

工程技术人员对 $\bar{\theta}$ 是最熟悉不过了，在他们中间，$\bar{\theta}$ 有一个通俗的名称：发散角。不过，有时候将 $2w(z)/z$ 称为发散角，而把 $w(z)/z$ 称为发散半角。这是因为在

机械测量中，总是测量和标注直径，只有在很特殊的情况下，才会标注半径。传统的力量，是 $2w(z)$ 占据优势的主要原因。另外，光斑的测量总会在全部光斑上进行，不会只测量一半的光斑。光斑的形状往往不像理论那样是完全圆形的，从光斑形状计算 $2w(z)$，要比计算 $w(z)$ 容易些。然而，读者从本书的叙述可以知晓，$w(z)/z$ 才是理论推导出来的正宗参数。为了不至于混淆，工程界又常称 $2w(z)/z$ 为发散全角。

引入 $\overline{\theta}$ 后，式（3.2.8）也可以加以改造，以适应工程设计的需要。当 z 足够大时，在 z 等于常数的平面上，圆矢径坐标的模量 ρ 和 z 的比值，可以代表该坐标值相对于原点的张角 θ：$\theta \approx \rho / z$，用 θ 和 $\overline{\theta}$ 作为参量，式（3.2.8）就可以改写为

$$U^{(\infty)}(\theta,z) = -\frac{\mathrm{i}}{2z}\mathrm{e}^{\mathrm{i}kz}Akw_0^2\exp\left(-\frac{\theta^2}{\overline{\theta}^2}\right)\exp\left(\frac{\mathrm{i}}{2}kz\theta^2\right) \tag{3.2.13}$$

对于大部分工程应用，相位是不重要的，人们更关心的是辐射的角度分布。在这样的语境下，科技工作者惯用的公式为

$$J(\boldsymbol{s},\nu) = \left(\frac{1}{2}Akw_0^2\right)^2\exp(-2\theta^2/\overline{\theta}^2) \tag{3.2.14}$$

需要注意的是，经过光学系统的变换，w_0 也会改变。从激光器发出的光束，与结果系统变换后从望远镜出瞳出射的光束，它们的 w_0 是不同的。有关光束通过光学系统后发生的变化，读者可以参考相关的书籍。

高斯光束是理论推导出来的理想光束，实际制作的激光器发出的光束，总和它有些偏离，我们将在后面继续讨论。在此之前，先来讨论从部分相干性理论所导出的另一种光束。

3.3 高斯-谢尔模型光束

在第 2 章中，读者已经接触了一个准均匀二次光源的例子，它的谱通量密度函数和谱相干度函数都是高斯型的，由式（2.8.24）和式（2.8.25）来描述。现在把这两个式子复述为

$$S_Q(\boldsymbol{\rho};\nu) = A^2(\nu)\exp\left[-\frac{\boldsymbol{\rho}^2}{2\sigma_s^2(\nu)}\right] \tag{3.3.1}$$

$$g_Q(\boldsymbol{\rho}';\nu) = \exp\left[-\frac{\boldsymbol{\rho}'^2}{2\sigma_g^2(\nu)}\right] \tag{3.3.2}$$

读者已经知道，谱相干度仅和所考察点对的坐标 $\boldsymbol{\rho}_1,\boldsymbol{\rho}_2$ 差值 $\boldsymbol{\rho}'$ 有关，而与点对的坐标无关的光源，称为谢尔光源。对于如同式（3.3.1）和式（3.3.2）所描述的光源，很自然地获得了高斯-谢尔光源的特定名称。考虑到式（3.2.1），高斯光束

在 z=0 的平面上的表述，可以说高斯-谢尔光源就是考虑了横向相干性因素的高斯光源。

高斯-谢尔光源能不能产生光束？这在例 2.8.1 中，已经有了肯定的结论，可以把它们产生的光束称为高斯-谢尔光束。现在的问题是，高斯-谢尔光束是否能兼容高斯光束？在回答这个问题之前，需要一些理论准备。

3.3.1 光束的等效原理

激光器的一个很有用的特性是它能够产生光束。从数学描述的角度，也可以说光束的特征是那种辐射强度 $J(\boldsymbol{s},\nu)$ 集中在一个非常窄的立体角内的光场，光辐射在某一方向 s_0 有非常锐利的峰值。作为一般的常识，激光器被认为是一个具有高度相干性的光源。于是我们得到这样一个印象：高度相干的光源可以产生非常锐利的，或者说是非常窄的光束。

那么，能不能反过来说，窄光束必定产生于高度相干的光源？答案是：至少在理论上不能这样说。例 2.8.1 说明，在准均匀的假设前提下，空间相干性不太好的光源也可以产生与空间高度相干的光源类似的辐射强度分布。于是人们开始探索在不同的谱相干性和谱密度分布条件下，平面光源是否能产生相同的辐射强度分布。或者说，尽管光源的谱相干性和谱密度不一样，但从产生“光束”的角度来看，这些光源是等效的。

在这些等效的“光束”之间，尽管“光束”的形状相同，但光源的相干性并不相同，因此光束的相干特性也有所不同。与高度相干光源产生的光束相比，等效光束的相干性总要差些。相干性差的光束也有潜在的应用前景，如减小散斑效应、减小湍流对光束传播的影响等。

不过，需要强调的是：“等效”是指光源远场角分布的等效。对于近距离处的光场，又当别论。由此，研究应该从远场谱辐射强度的描述出发。基本公式在第 2 章中已经推导出来，在此再重述一下推导的结论。

谱辐射相干度公式由式（2.8.7）描述，即

$$L(\boldsymbol{s}_1,\boldsymbol{s}_2;\nu)=(2\pi k)^2\tilde{W}_Q(-k\boldsymbol{s}_{1\perp},k\boldsymbol{s}_{2\perp};\nu)\cos\theta_1\cos\theta_2 \tag{3.3.3}$$

令其中的 $\boldsymbol{s}_1=\boldsymbol{s}_2$，就可以得到谱辐射强度：

$$J(\boldsymbol{s},\nu)=(2\pi k)^2\tilde{\boldsymbol{W}}_Q(-k\boldsymbol{s}_{\perp},k\boldsymbol{s}_{\perp};\nu)\cos^2\theta \tag{3.3.4}$$

式中，

$$\tilde{W}_Q(-\boldsymbol{f}_1,\boldsymbol{f}_2;\nu)=\frac{1}{(2\pi)^4}\iint W_Q(\boldsymbol{\rho}_1,\boldsymbol{\rho}_2;\nu)\exp[-\mathrm{i}(\boldsymbol{f}_2\cdot\boldsymbol{\rho}_2+\boldsymbol{f}_1\cdot\boldsymbol{\rho}_1)]\mathrm{d}^2\boldsymbol{\rho}_1\mathrm{d}^2\boldsymbol{\rho}_2 \tag{3.3.5}$$

显然，在用于式（3.3.4）时，式（3.3.5）中的 $\boldsymbol{f}_1$=$\boldsymbol{f}_2$。也就是说，在描述远场辐

射角分布的式（3.3.4）中，傅里叶分量是成对出现的。它们的正负符号相反，但它们的模量相同，数学上称这样的分量为反对角线分量。

由于$|\boldsymbol{s}_{1\perp}|\leqslant 1$，$|\boldsymbol{s}_{2\perp}|\leqslant 1$，式（3.3.4）的另外一个明显的特征是仅有$|\boldsymbol{f}|\leqslant k$的分量才对辐射有贡献。由此，Collett 和 Wolf 在 1978 年提出下列等效原理：**两个平面次级光源，如果它们的互相干谱函数$W_Q(\boldsymbol{\rho}_1,\boldsymbol{\rho}_2;\nu)$有相同的空间低频反对角线傅里叶分量，则它们产生相同的辐射强度分布**。

需要特别注意的是：等效原理强调的是光源之间的反对角分量相同，但在$\boldsymbol{f}_2\neq\boldsymbol{f}_1$时，它们之间的状况可以是不同的，因此它们的相干性质也可以是不同的。它们产生的远场光波仅在辐射强度分布上是一致的，但在相干性质上仍然可以是不同的。

等效原理另有一些与上面黑体字所叙述等效，但形式上不同的叙述方式。

在第 2 章的式（2.2.24）中，复相干度可以表示为

$$W_{12}(\boldsymbol{r}_1,\boldsymbol{r}_2;\nu)=\sqrt{S(\boldsymbol{r}_1;\nu)S(\boldsymbol{r}_2;\nu)}\,\mu_{12}(\boldsymbol{r}_1,\boldsymbol{r}_2;\nu) \tag{3.3.6}$$

把式（3.3.6）中的$\boldsymbol{r}$换成平面坐标$\boldsymbol{\rho}$，就可以把式（3.3.5）写成相干度谱函数的形式：

$$\tilde{W}_Q(-k\boldsymbol{s}_\perp,k\boldsymbol{s}_\perp;\nu)=\frac{1}{(2\pi)^4}\iint\sqrt{S_Q(\boldsymbol{\rho}_1;\nu)S_Q(\boldsymbol{\rho}_2;\nu)}\,\mu_Q(\boldsymbol{\rho}_1,\boldsymbol{\rho}_2;\nu)\exp[-\mathrm{i}k\boldsymbol{s}_\perp\cdot(\boldsymbol{\rho}_2-\boldsymbol{\rho}_1)]\mathrm{d}^2\boldsymbol{\rho}_1\mathrm{d}^2\boldsymbol{\rho}_2 \tag{3.3.7}$$

式中，S_Q和μ_Q都是$\boldsymbol{\rho}_1,\boldsymbol{\rho}_2$的函数。这样一来，等效原理也可以采取另一种叙述方法：**光源的不同的S_Q和μ_Q组合，可以产生相同的互相干谱函数的空间低频反对角线傅里叶分量，从而产生相同的远场辐射强度角分布。**

不过，要判断$W_Q(\boldsymbol{\rho}_1,\boldsymbol{\rho}_2;\nu)$是否有相同的空间低频反对角线傅里叶分量，并不是一件很容易的事。解决这个问题要借助于互相干积分谱函数$C_Q(\boldsymbol{\rho}';\nu)$。在第 2 章的式（2.6.19）中，曾经提到过互相干积分谱函数：

$$C_Q(\boldsymbol{r}',\nu)=\int W_Q\left(\boldsymbol{r}-\frac{1}{2}\boldsymbol{r}',\boldsymbol{r}+\frac{1}{2}\boldsymbol{r}';\nu\right)\mathrm{d}^3\boldsymbol{r} \tag{3.3.8}$$

用$C_Q(\boldsymbol{r}';\nu)$来表述谱辐射强度有很简洁的形式：

$$J(\boldsymbol{s},\nu)=(2\pi)^3\tilde{C}_Q(k\boldsymbol{s};\nu) \tag{3.3.9}$$

式中，

$$\tilde{C}_Q(k\boldsymbol{s},\nu)=\frac{1}{(2\pi)^3}\int C_Q(\boldsymbol{r}',\nu)\exp(-\mathrm{i}\boldsymbol{k}\cdot\boldsymbol{r}')\mathrm{d}^3\boldsymbol{r}' \tag{3.3.10}$$

只要将式（3.3.10）中的$\boldsymbol{r}'$替换为$\boldsymbol{\rho}'$，就可以得到平面辐射源的相应表述。于是式（3.3.10）写为

$$\tilde{C}_Q(k\boldsymbol{s},\nu)=\frac{1}{(2\pi)^2}\int C_Q(\boldsymbol{\rho}',\nu)\exp(-\mathrm{i}\boldsymbol{k}\cdot\boldsymbol{\rho}')\mathrm{d}^2\boldsymbol{\rho}' \tag{3.3.11}$$

式（3.3.8）则替换为

$$C_Q(\boldsymbol{\rho}',\nu)=\int W_Q\left(\boldsymbol{\rho}-\frac{1}{2}\boldsymbol{\rho}',\boldsymbol{\rho}+\frac{1}{2}\boldsymbol{\rho}';\nu\right)\mathrm{d}^2\boldsymbol{\rho} \tag{3.3.12}$$

而式（3.3.9）也有系数上的变化。再经过简单的演化，就有

$$J(\boldsymbol{s},\nu)=k^2\tilde{C}_Q(k\boldsymbol{s}_\perp,\nu)\cos^2\theta \tag{3.3.13}$$

在式（3.3.13）的表述中，“反对角”的要求消失了，等效原理也就叙述为：**两个平面光源，如果它们的源的互相干积分谱函数 $C_Q(\boldsymbol{\rho}';\nu)$ 有相同的低频傅里叶分量，将产生相同的辐射强度分布。**

用 $C_Q(\boldsymbol{\rho}';\nu)$ 的表述，有时在推导方面会简化一些。

3.3.2　高斯-谢尔模型

前面已经提到，准均匀平面光源的互相干谱函数是

$$W_Q(\boldsymbol{\rho}_1,\boldsymbol{\rho}_2;\nu)=\sqrt{S_Q(\boldsymbol{\rho}_1;\nu)S_Q(\boldsymbol{\rho}_2;\nu)}\,g_Q(\boldsymbol{\rho}_2-\boldsymbol{\rho}_1;\nu) \tag{3.3.14}$$

再考虑缓变条件，使式（3.3.8）中的谱密度函数写为

$$\sqrt{S_Q(\boldsymbol{\rho}_1;\nu)S_Q(\boldsymbol{\rho}_2;\nu)}=S_Q\left(\frac{\boldsymbol{\rho}_1+\boldsymbol{\rho}_2}{2},\nu\right) \tag{3.3.15}$$

使用中心坐标系：

$$\boldsymbol{\rho}=\frac{\boldsymbol{\rho}_1+\boldsymbol{\rho}_2}{2};\quad \boldsymbol{\rho}'=\boldsymbol{\rho}_2-\boldsymbol{\rho}_1 \tag{3.3.16}$$

则

$$W_Q(\boldsymbol{\rho}_1,\boldsymbol{\rho}_2;\nu)=S_Q(\boldsymbol{\rho},\nu)g_Q(\boldsymbol{\rho}',\nu) \tag{3.3.17}$$

如果式（3.3.10）中的 S_Q 和 g_Q 都是高斯分布：

$$S_Q(\boldsymbol{\rho};\nu)=A^2(\nu)\exp\left[-\frac{\boldsymbol{\rho}^2}{2\sigma_s^2(\nu)}\right] \tag{3.3.18}$$

$$g_Q(\boldsymbol{\rho}';\nu)=\exp\left[-\frac{\boldsymbol{\rho}'^2}{2\sigma_g^2(\nu)}\right] \tag{3.3.19}$$

则这个平面光源就是高斯-谢尔模型光源，在很多文献中将它简写为 GSM 光源。

按 3.3.1 节的思路，先求取 GSM 光源的互相干积分谱函数 $C_Q(\boldsymbol{\rho}';\nu)$，过程不再

赘述，直接写出结果：

$$C_Q(\boldsymbol{\rho}';\nu)=2\pi A^2(\nu)\sigma_s^2(\nu)\exp\left[-\frac{\boldsymbol{\rho}'^2}{2\delta^2(\nu)}\right] \tag{3.3.20}$$

式中，

$$\frac{1}{\delta^2(\nu)}=\frac{1}{4\sigma_s^2(\nu)}+\frac{1}{\sigma_g^2(\nu)} \tag{3.3.21}$$

式（3.3.20）的傅里叶变换为

$$\tilde{C}_Q(k\boldsymbol{s};\nu)=(A\sigma_s\delta)^2\exp\left[-\frac{(k\boldsymbol{s}_\perp)^2\delta^2}{2}\right] \tag{3.3.22}$$

为了书写的简便，式（3.3.22）中省略了代表谱分量的符号ν。其实这个ν早就可以省略，它存在的作用是提醒读者，光场总是具有一定的频谱宽度，在估算光场分布时，必须考虑不同ν值所带来的不同影响，除非是在互谱纯的假设前提下。而本章所叙述的正是本着这一假设条件的。另外，出现在各种文献中的类似公式，这个ν也都是省略的。

根据等效原理来分析式（3.3.22），可以得出有关 GSM 光源辐射的“等效”结论：**如果两个 GSM 光源具备了以下两个条件：①$\frac{1}{4\sigma_s^2}+\frac{1}{\sigma_g^2}$相同；②$A\sigma_s$相同，将在足够远的距离上产生相同的辐射强度分布。**

将式（3.3.22）代入式（3.3.13）就可以得到该辐射强度的数学表述：

$$J(\boldsymbol{s})=J^{(0)}\cos^2\theta\exp\left[-\frac{(k\delta)^2\sin^2\theta}{2}\right] \tag{3.3.23}$$

式中，

$$J^{(0)}=(kA\sigma_s\delta)^2 \tag{3.3.24}$$

3.3.3 GSM 光源的极限状况

在式（3.3.23）中，δ是一个参变量，它取决于光源的两个参数σ_s和σ_g。在本节一开始就指出，学者最关心的是高斯-谢尔模型能否兼容高斯光束。显然，高斯光束作为理想的激光器输出光束，它一定是“完全相干”的，完全相干就意味着它的相干长度很大，用数学语言来说，它的相干长度趋于无穷大，无论纵向还是横向，都是这样。

纵向相干长度无穷，说明这是一个单色波。至少从测量精度受限的状态下，它可以看作一个单色波。由此，它也一定符合互谱纯的条件。

横向相干长度无穷，说明在光源面上任意点之间的相干度都是 1。对于 GSM 光

源，当 $\sigma_g=\infty$ 时就能满足这种情况。此时，光源平面上的通量密度函数可以表述为

$$S_Q(\boldsymbol{\rho})=A^2\exp\left(-\frac{\boldsymbol{\rho}^2}{2\sigma_s^2}\right) \tag{3.3.25}$$

式（3.3.25）与高斯光源的式（3.2.2）的表述是完全等价的，只是 w_0 和 $\sqrt{2}\sigma_s$ 之间有一个系数上的差异。但当 $\sigma_g=\infty$ 时，高斯-谢尔光源就是高斯光源，这是无疑的。既然如此，此时的高斯-谢尔光束就是高斯光束也是无疑的。

$\sigma_g=\infty$ 显然是一种理想的极限情况，此时的 σ_s 有特殊意义，可以将其标注为 σ_{sL}，下标 L 代表激光的意思。注意到式（3.3.21）的 δ 的表达式，很容易得出下面的不等式：

$$\sigma_s \geqslant \sigma_{sL} \tag{3.3.26}$$

以及

$$\sigma_g \geqslant 2\sigma_{sL} \tag{3.3.27}$$

另一种局限情况 $\sigma_g=0$ 是不可能出现的。这和本书前面所述的：一个向外辐射的光源，σ_g 至少在一个波长的量级上的结论也是相一致的。不过，可以假定 $\sigma_s>>\sigma_g$ 来考虑相当不相干的状况。此时，辐射强度用式（3.3.23）描述，只需代入 $\delta\approx\sigma_g$。

式（3.3.26）和式（3.3.27）这两个不等式符合另一个实验事实。就是所有实际制作的激光器输出的光束，为达到应用设计所需要的角扩散 $\bar{\theta}_0$，它的光腰尺度参数 w 一定大于理想激光器的尺度参数 w_0。或者说**实际制作的激光器的角扩散 $\bar{\theta}$ 一定大于理想激光器的角扩散 $\bar{\theta}_0$**。有些作者甚至认为一个 GSM 光源，如果要等效一个激光器的输出，则光腰尺度参数 w 比起理想激光器的对应尺度，应该需要在两倍以上。

能否用高斯-谢尔光源来描述实际制作的激光器，至少是一个辐射基模激光束的激光器呢？这正是当前学界讨论的热门话题。请读者再次注意式（3.3.23），对于描述激光器的光束，θ 角是一个很小的量，总是可以用近似式 $\cos\theta\approx1$，$\sin\theta\approx\theta$，于是式（3.3.23）可以写为

$$J(\boldsymbol{s})=J^{(0)}\exp\left[-\frac{(k\delta)^2\theta^2}{2}\right]=J^{(0)}\exp\left(\frac{\theta^2}{\bar{\theta}^2}\right) \tag{3.3.28}$$

式中，

$$\bar{\theta}=\frac{\sqrt{2}}{k\delta} \tag{3.3.29}$$

与式（3.2.12）比较，有

$$w(z)/z = \tan\bar{\theta}_0 \approx \bar{\theta}_0 \approx \frac{\lambda}{\pi w_0} = \frac{2}{kw_0} \qquad (3.3.30)$$

可以看到式（3.3.29）中的δ和式（3.3.30）中的w_0所处的状态是等同的。如此看来，用高斯-谢尔光源来描述实际制作的激光器发出的光束，在理论上是可行的。

学者对“等效原理”的建立，还是充满期待的。早在20世纪80年代，就有不少人做过很具体的计算，来说明产生相同辐射强度分布的GSM光源的状况。本书选用了其中的一个，转引自文献[6]。

计算的图形示于图3.3.1。图中显示了四种不同的，但可以产生相同远场角分布的高斯-谢尔光源，它们的σ_s和σ_g参数都在图中标注了。因为是原图复制过来的，图中的$g^{(0)}$和$S^{(0)}$应理解为g_Q和S_Q。请读者特别注意右边一列关于S_Q的图形，可以看到它们的形状相当不同，也就是说光源的通量密度分布是相当不同的。这说明对于近距离场，它们的辐射分布也会是相当不同。所谓的“等效”，只是对远距离场才有效。

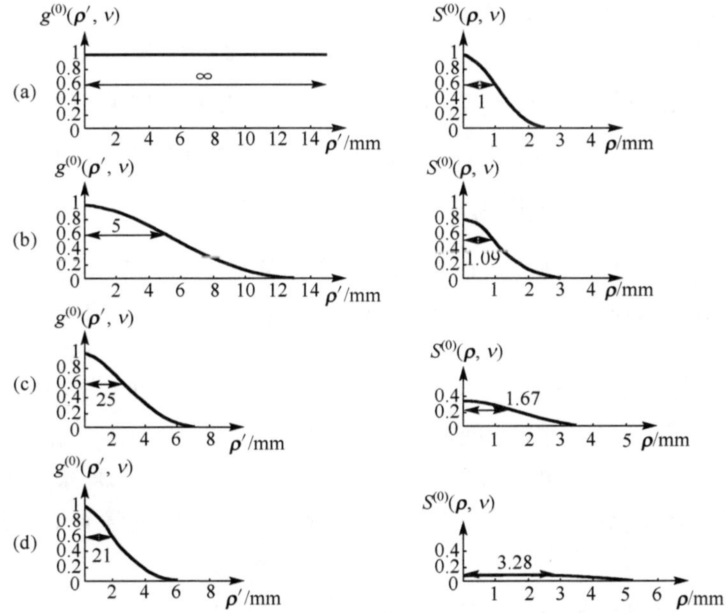

图3.3.1　产生相同辐射强度分布的四种不同的GSM光源

(a) 完全相干光源（基模激光器）；$\sigma_g=\infty, \sigma_s=1\text{mm}, A=1$；(b) $\sigma_g=5\text{mm}, \sigma_s=1.09\text{mm}, A=0.84$；(c) $\sigma_g=2.5\text{mm}, \sigma_s=1.67\text{mm}, A=0.36$；(d) $\sigma_g=2.1\text{mm}, \sigma_s=3.28\text{mm}, A=0.09$

3.3.4　参数σ_s和σ_g的物理意义

σ_s的物理意义是比较明确的。如果将式(3.3.17)和式(3.3.18)都代入式(3.3.14)，并采用中心坐标系，就可以得到

$$W_Q(\boldsymbol{\rho}_1,\boldsymbol{\rho}_2)=W_Q(\boldsymbol{\rho},\boldsymbol{\rho}')=A^2\exp\left(-\frac{\boldsymbol{\rho}^2}{2\sigma_s^2}\right)\exp\left(-\frac{\boldsymbol{\rho}'^2}{2\sigma_g^2}\right) \tag{3.3.31}$$

当 $\boldsymbol{\rho}_1=\boldsymbol{\rho}_2$ 时，式（3.3.31）左边就是光源的通量密度分布，此时 $\boldsymbol{\rho}'=0$，于是它可以写为

$$W_Q(\boldsymbol{\rho}_1,\boldsymbol{\rho}_1)=S(\boldsymbol{\rho})=A^2\exp\left(-\frac{\boldsymbol{\rho}^2}{2\sigma_s^2}\right) \tag{3.3.32}$$

可以看出，不管 σ_g 取什么值，σ_s 总是决定光源通量密度随 $\boldsymbol{\rho}$ 值变化情况的关键参数，$\sqrt{2}\sigma_s$ 就相当于光源的光斑半径。

但 σ_g 的物理意义并不是很明显。直观来说，σ_g 是光源相干度随 $\boldsymbol{\rho}'$ 变化的关键参数。当 $\boldsymbol{\rho}'=\sigma_g$ 时，相干度下降到 $\mathrm{e}^{-\frac{1}{2}}$。但从式（3.3.31）推导的相干度公式而言，$\sigma_s$ 也是会对相干度产生影响的。

有作者，其中包括我自己，试图对 σ_g 的物理意义做深入的探讨。他们从互相干谱密度函数的原始定义来考察 σ_g。请回忆第 1 章中关于互相关函数的定义，在对各向同性均匀缓变光源的具体情况中，“互相关”变成“互相干”，而公式就写为

$$W_Q(\boldsymbol{\rho}_1,\boldsymbol{\rho}_2)=\left\langle U_1\mathrm{e}^{\mathrm{i}\phi_1}U_2^*\mathrm{e}^{-\mathrm{i}\phi_2}\right\rangle \tag{3.3.33}$$

如果不做进一步的假设，则很难从式（3.3.33）得到新的结论。好在可以借鉴前人的成功做法，如同在随机信号理论中，假设振幅和相位的随机性总是相互独立的。

物理学中其实有很多“假设”，至于这些“假设”及其推论是否符合客观事实，则需要实验来证实。大量客观事实验证的“假设”，就成为“理论”。随机信号理论中的这一假设，在无线电频段得到了实验证实。同为电磁波家族的光波是否可以作同样的假设呢？不管如何，这是进一步研究的一条可能途径。于是式（3.3.33）就可以写为

$$\begin{aligned}W_Q(\boldsymbol{\rho}_1,\boldsymbol{\rho}_2)&=\left\langle U_1U_2^*\right\rangle\left\langle \mathrm{e}^{\mathrm{i}(\phi_1-\phi_2)}\right\rangle\\&=\left\langle U_1U_2^*\right\rangle\left\langle\cos(\phi_1-\phi_2)+\mathrm{i}\sin(\phi_1-\phi_2)\right\rangle\end{aligned} \tag{3.3.34}$$

GSM 光源假设了光源面上的光场分布是各向同性和局部均匀的，这两个前提意味着 ϕ_1 和 ϕ_2 有相同的方差和相同的高阶中心矩。至于它们的均值，可以回忆本章 3.2 节中关于高斯光束的描述：在高斯光束的光腰处，光场的波前相位处处相同。由此，可以认为 GSM 光源中 ϕ_1 和 ϕ_2 的均值也是处处相同的。这样一来，式（3.3.34）中的 $\left\langle\sin(\phi_1-\phi_2)\right\rangle=0$，它就转化为

$$W_Q(\boldsymbol{\rho}_1,\boldsymbol{\rho}_2)=\left\langle U_1U_2^*\right\rangle\left\langle\cos(\phi_1-\phi_2)\right\rangle \tag{3.3.35}$$

GSM 光源的另一个设定，是光通量密度函数是均匀缓变函数，即

$$\left\langle U_1U_2^*\right\rangle\approx S_Q(\boldsymbol{\rho})=A^2\exp\left[-\frac{\boldsymbol{\rho}^2}{2\sigma_s^2}\right] \tag{3.3.36}$$

将式（3.3.36）与式（3.3.35）和式（3.3.32）比较，我们可以得到

$$\left\langle\cos(\phi_1-\phi_2)\right\rangle=\exp\left(-\frac{\boldsymbol{\rho}'^2}{2\sigma_g^2}\right) \tag{3.3.37}$$

将式（3.3.37）的左边展开为幂级数：

$$\left\langle\cos\Delta\phi\right\rangle=1-\frac{\left\langle\Delta\phi^2\right\rangle}{2!}+\frac{\left\langle\Delta\phi^4\right\rangle}{4!}-\frac{\left\langle\Delta\phi^6\right\rangle}{6!}+\cdots \tag{3.3.38}$$

式中，$\Delta\phi=\phi_1-\phi_2$。

原则上，从式（3.3.38）就可以解出σ_g，不过对于这样一个随机量的方程，解析表述是很难的，还需要再做假设。熟悉随机信号理论的读者都知道，就ϕ_1和ϕ_2各自的分布形式而言，通常所用的是均匀分布，但它们的差值却不再如此。按通常的用法来说，假设$\Delta\phi$是高斯变量总是可行的。在第 1 章中就已经知道，高斯变量所有的偶阶高阶矩都可以用它的二阶矩来表示。将高阶矩的表达式代入式（3.3.38），就可以得到等式：

$$\left\langle\cos\Delta\phi\right\rangle=1+\sum\frac{(-1)^{2n}\left\langle\Delta\phi^2\right\rangle}{2^n n!}=\exp\left(-\frac{\boldsymbol{\rho}'^2}{2\sigma_g^2}\right) \tag{3.3.39}$$

从式（3.3.39），要得到通用的解析解，仍然不容易。但对于$\boldsymbol{\rho}'=\sigma_g$的具体情况，却凑巧有一个非常简单的答案。此时，式（3.3.39）的右边为$\mathrm{e}^{-\frac{1}{2}}$，它的唯一实数解为

$$\left\langle\Delta\phi^2\right\rangle=1 \tag{3.3.40}$$

这就是说，横向相干长度意味着这样两点之间的距离，在该两点上，光场的相位起伏均方差值达到 1。

注意，得到这一结论是有很多前提条件的，有一些条件是建立 GSM 光源的假设基础，如均匀缓变、各向同性等；但也有一些条件是另外加进去的。这些加进去的条件如下。

（1）光场振幅和相位的随机性是相互独立的。

（2）光源面上相位 ϕ 的均值处处相同。

（3）$\Delta\phi = \phi_1 - \phi_2$ 是一个高斯变量。

在这些前提条件下，可以认为 σ_g 是描述了 GSM 光源的光场各点相位紊乱程度的关键参数。

在文献[9]中，紧接着有这样一句话："在湍流大气中的光传播理论中，更是直接使用了 $\langle\Delta\phi^2\rangle = 1$ 时的两点距离作为横向相干长度的定义。"在这里需要指出，湍流大气中的光传播理论中出现的 $\langle\Delta\phi^2\rangle$，在形式上看起来和 GSM 光束中的 $\langle\Delta\phi^2\rangle$ 是一样的，但它们的时间量度有很大的差异。前者是 10^{-4}～10^{-3} 量级，而后者是 10^{-14}～10^{-12} 量级。在现有的技术手段下，前者是一个可以用仪器测量的量，而后者尚没有办法测量。对前者研究已上升为理论，并广泛运用在自适应光学中。GSM 光束中的 $\langle\Delta\phi^2\rangle$ 则尚停留在假设层面，有待今后技术工作者和理论工作者继续努力。

3.3.5 高斯-谢尔模型光束原理

现在，本书有条件来深入阐述由 GSM 光源产生的辐射了。先回顾一下 GSM 光源。在 z=0 的源平面上，GSM 光源的互相干谱函数为

$$W_Q(\boldsymbol{\rho}_1, \boldsymbol{\rho}_2; \nu) = \sqrt{S_Q(\boldsymbol{\rho}_1; \nu) S_Q(\boldsymbol{\rho}_2; \nu)}\, g_Q(\boldsymbol{\rho}_2 - \boldsymbol{\rho}_1; \nu) \tag{3.3.41}$$

式中，

$$S_Q(\boldsymbol{\rho}; \nu) = A^2(\nu) \exp\left(-\frac{\boldsymbol{\rho}^2}{2\sigma_s^2(\nu)}\right) \tag{3.3.42}$$

$$g_Q(\boldsymbol{\rho}', \nu) = \exp\left(-\frac{\boldsymbol{\rho}'^2}{2\sigma_g^2(\nu)}\right) \tag{3.3.43}$$

为后面叙述的需要，把光源的互相干谱函数改写一下，即

$$W_Q(\boldsymbol{\rho}_1, \boldsymbol{\rho}_2; \nu) = A^2 \exp[-(a\boldsymbol{\rho}_1^2 + a\boldsymbol{\rho}_2^2 - 2b\boldsymbol{\rho}_1 \cdot \boldsymbol{\rho}_2)] \tag{3.3.44}$$

式中，

$$a = \frac{1}{4\sigma_s^2} + \frac{1}{2\sigma_g^2}, \quad b = \frac{1}{2\sigma_g^2}$$

在前面已经谈过，适当地选择 σ_s 和 σ_g，GSM 光源可以产生一个光束，也就是有效光场集中在很窄的立体角内的辐射，这样一个光束被称为 GSM 模型光束。注意到 W_Q 在源平面对原点的旋转不变性质，GSM 模型光束的远场互相干函数显然也

应该对 z 轴显现出旋转不变的特性。于是对于光场的描述，可以只关心圆柱坐标中的（$\boldsymbol{\rho}, z$），而互相干函数则标注成$W(\boldsymbol{\rho}_1,z_1;\boldsymbol{\rho}_2,z_2)$。

下面关于 GSM 光束的叙述，将略过数学过程，直接叙述结论以及相关的特点。在我看来，数学过程有时候会使脉络不清，干扰对物理特性的表述。一般说来，去除了数学过程，并不会影响对内容的理解。如果有读者特别追求完美，一定要对过程认真追寻，则可以去阅读 Wolf 的原著或参阅文献[9]。

1. 光源参数的限制

将式（3.3.41）代入相关的公式，原则上就能得到 GSM 光束的数学表述。如同在前面讨论角谱问题时一样，为形成 GSM 光束，光源的参数是有所限制的。在角谱问题中，对光源参数的限制表现为对光源光场傅里叶变换的空间频率的限制，而在 GSM 光束问题中，对应的限制就表现为对相干长度σ_g的限制，而且还与光源尺度参数σ_s有关联。本书略去冗长的数学过程，直接给出这个限制的数学表述：

$$\frac{1}{(2\sigma_s)^2}+\frac{1}{\sigma_g^2}<<\frac{2\pi^2}{\lambda^2} \tag{3.3.45}$$

对比一下式(3.1.31)，考虑到 GSM 光源在源平面上的各向同性性质，式(3.3.45)是不是似曾相识？只是它比式（3.1.31）多了一个描述光源尺度的参数。

让我们来考察两种极限情况。

（1）$\sigma_g >> \sigma_s$。此时光源平面上是空间相干的，而式（3.3.45）的条件简化为

$$\sigma_s >> \frac{\lambda}{\pi\sqrt{2}} \tag{3.3.46}$$

也就是说，光源的尺度应该远比波长大。这一点很容易想象，当光源是相干光源时，可以认为式（3.3.41）中的 $g_Q(\boldsymbol{\rho}_2-\boldsymbol{\rho}_1;\nu)\approx 1$，光场的傅里叶变换完全取决于光场的幅度分布。光源的尺度越小，它的空间傅里叶分量就更集中在高频部分，满足式（3.1.31）就越困难。

实际存在的辐射光束的光源，满足式（3.3.46）是不成问题的。或者说，实际存在的光源，当它向外辐射光束以表现自己的存在时，一定已经满足式（3.1.31）。对于相干的 GSM 光束的情况，它一定已经满足式（3.3.46）。

（2）$\sigma_g << \sigma_s$。此时光源大体上是空间非相干的，而式（3.3.45）的条件简化为

$$\sigma_g >> \frac{\lambda}{\pi\sqrt{2}} \tag{3.3.47}$$

也就是说，光源的相干长度应该比波长大许多。或者说，为了产生光束，GSM 光源从小局部来看，仍然应该是相干的。这一点和前面有过的结论也是一致的，本书曾指出，为了向外辐射，光源至少在一个波长范围内是相干的。展开到现在的向外辐

射光束的情况，要求自然会有所提高，变成了“光源至少在相当多个波长范围内是相干的”。

与对第一种情况的理解相似，本书更倾向于这样的说法：“对于实际存在的非相干光源，当它辐射出 GSM 光时，它一定已经满足式（3.3.47）。”

2. 远场相干函数的特点

再来考察 GSM 光束的远场相干性。经过一系列冗长的过程，远场互相干函数可以推得

$$W(\boldsymbol{\rho}_1,z_1;\boldsymbol{\rho}_2,z_2;\nu)=\frac{A^2}{16(a^2-b^2)(\gamma_1\gamma_2-\beta^2)}\mathrm{e}^{\mathrm{i}k(z_2-z_1)}\exp\left[-\frac{\gamma_2\boldsymbol{\rho}_1^2+\gamma_1\boldsymbol{\rho}_2^2-2\beta\boldsymbol{\rho}_1\cdot\boldsymbol{\rho}_2}{4(\gamma_1\gamma_2-\beta^2)}\right] \tag{3.3.48}$$

式中，

$$\gamma_1=\alpha-\frac{\mathrm{i}z_1}{2k},\quad \gamma_2=\alpha+\frac{\mathrm{i}z_2}{2k} \tag{3.3.49}$$

如果考虑一个垂直于 z 轴的横平面上的情况，则可以令 $z_1=z_2=z$，于是式(3.3.48)变为

$$W(\boldsymbol{\rho}_1,\boldsymbol{\rho}_2,z;\nu)=\frac{A^2}{16(a^2-b^2)(\gamma\gamma^*-\beta^2)}\exp\left[-\frac{\gamma\boldsymbol{\rho}_1^2+\gamma^*\boldsymbol{\rho}_2^2-2\beta\boldsymbol{\rho}_1\cdot\boldsymbol{\rho}_2}{4(\gamma\gamma^*-\beta^2)}\right] \tag{3.3.50}$$

式中，

$$\gamma=\alpha+\frac{\mathrm{i}z}{2k} \tag{3.3.51}$$

无论式（3.3.48）还是式（3.3.50），要在其中看出一些感兴趣的事情，那是太困难了。通过引入一些新的参数，并经过一系列的演化，把式（3.3.50）变为

$$W(\boldsymbol{\rho}_1,\boldsymbol{\rho}_2,z;\nu)=\frac{A^2}{[\Delta(z)]^2}\exp\left[-\frac{(\boldsymbol{\rho}_2+\boldsymbol{\rho}_1)^2}{8\sigma_s^2[\Delta(z)]^2}\right]\exp\left[\frac{(\boldsymbol{\rho}_2-\boldsymbol{\rho}_1)^2}{2\delta^2[\Delta(z)]^2}\right]\exp\left[\frac{\mathrm{i}k(\boldsymbol{\rho}_2^2-\boldsymbol{\rho}_1^2)}{2R(z)}\right] \tag{3.3.52}$$

式中，

$$\frac{1}{\delta^2}=\frac{1}{(2\sigma_s)^2}+\frac{1}{\sigma_g^2} \tag{3.3.53}$$

$$\Delta(z)=\sqrt{1+\left(\frac{z}{k\sigma_s\delta}\right)^2} \tag{3.3.54}$$

$$R(z)=z\sqrt{1+\left(\frac{k\sigma_s\delta}{z}\right)^2} \tag{3.3.55}$$

在式（3.3.52）中，令 $z=0$，就得到在光源平面上的相干函数为

$$W(\boldsymbol{\rho}_1,\boldsymbol{\rho}_2,0;\nu)=A^2\exp\left[-\frac{(\boldsymbol{\rho}_2+\boldsymbol{\rho}_1)^2}{8\sigma_s^2}\right]\exp\left[\frac{(\boldsymbol{\rho}_2-\boldsymbol{\rho}_1)^2}{2\delta^2}\right] \tag{3.3.56}$$

比较式（3.3.52）和式（3.3.56），可以看出，对于任何一个 z=常数的平面，谱互相干函数都有类同的高斯-谢尔的数学形式，另外还有一个对幅值没有影响的相位因子。但随着 z 的不同，高斯-谢尔函数在形态上有所不同，其规律为

$$\begin{aligned}&A^2\to A^2/[\Delta(z)]^2\\&\sigma_s\to\sigma_s\Delta(z)\\&\delta\to\delta\Delta(z)\end{aligned} \tag{3.3.57}$$

决定形态的基本参数 $\Delta(z)$ 和 $R(z)$ 可以由式（3.3.54）和式（3.3.55）计算。

$\Delta(z)$ 称为光束的扩展系数。

引入 $q=\sigma_g/\sigma_s$ 作为描述全局相干度特征的量度，计算出 $\Delta(z)$ 和 $R(z)$ 的数值随 z 值的变化，并绘成图形如图 3.3.2 所示。

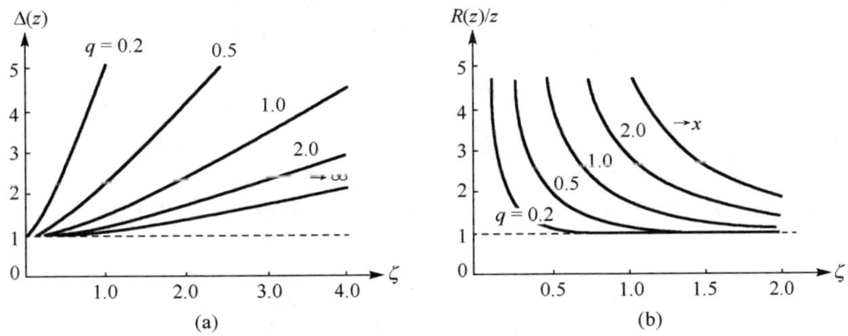

图 3.3.2　GSM 光束的参数 $\Delta(z)$ 和 $R(z)/z$ 的变化趋势

横坐标 $\zeta=z/k\sigma_s^2$ 是传输距离的归一化坐标值。参变量 $q=\sigma_g/\sigma_s$ 是全局相干度特征量。$q\to\infty$ 意味着光源是全相干的

图 3.3.2(a)中，$q=\infty$ 时的图形，读者是否有似曾相识的感觉？

$q=\infty$ 意味着 $\sigma_g\to\infty$，于是显然有 $g_Q(\boldsymbol{\rho}')\equiv 1$，标志着 GSM 光源处于空间完全相干的极限情况。可以用下标 c 来代表完全相干的情况，并结合式（3.3.53）～式（3.3.55），计算出决定形态的基本参数 $\Delta_c(z)$ 和 $R_c(z)$：

$$\delta_c=2\sigma_s \tag{3.3.58}$$

以及

$$\Delta_c(z)=\sqrt{1+\left(\frac{z}{2k\sigma_s^2}\right)^2} \tag{3.3.59}$$

$$R_c(z) = z\left[1+\left(\frac{2k\sigma_s^2}{z}\right)^2\right] \quad (3.3.60)$$

将式（3.3.59）和式（3.3.60）与描述高斯光束参数 $w(z)$、$R(z)$ 的式（3.2.9a）和式（3.2.9b）比较一下，是不是很类似？

完全相干 GSM 光束的互相干谱函数则为

$$W_c(\boldsymbol{\rho}_1,\boldsymbol{\rho}_2,z;\nu) = \frac{A^2}{[\Delta_c(z)]^2}\exp\left[-\frac{\boldsymbol{\rho}_1^2+\boldsymbol{\rho}_2^2}{4\sigma_s^2[\Delta_c(z)]^2}\right]\exp\left[\frac{\mathrm{i}k(\boldsymbol{\rho}_2^2-\boldsymbol{\rho}_1^2)}{2R_c(z)}\right] \quad (3.3.61)$$

式（3.3.61）描述了 GSM 光束的相干极限。

如果将式（3.3.61）的光场原始形式表述出来，即将公式的右边写为

$$W_c(\boldsymbol{\rho}_1,\boldsymbol{\rho}_2,z;\nu) = U_c^*(\boldsymbol{\rho}_1,z;\nu)U_c(\boldsymbol{\rho}_2,z;\nu) \quad (3.3.62)$$

则可以看出 U_c 应有的形式为

$$U_c(\boldsymbol{\rho},z;\nu) = \frac{A}{\Delta_c(z)}\exp\left[-\frac{\boldsymbol{\rho}^2}{4\sigma_s^2[\Delta_c(z)]^2}\right]\exp\left[\frac{\mathrm{i}k\boldsymbol{\rho}^2}{2R_c(z)}\right]\exp[\mathrm{i}\phi_c(z)] \quad (3.3.63)$$

式（3.3.63）所描述的光场与单色高斯光束的光场表述是完全一致的。

3. 远场的光通量密度分布及光束参数

在式（3.3.52）中，令 $\boldsymbol{\rho}_1=\boldsymbol{\rho}_2$，就得到光场的通量密度谱函数为

$$S(\boldsymbol{\rho},z;\nu) = \frac{A^2}{[\Delta(z)]^2}\exp\left[-\frac{\boldsymbol{\rho}^2}{2\sigma_s^2[\Delta(z)]^2}\right] \quad (3.3.64)$$

显然，在 GSM 光束传播方向上的任一横平面的光束截面上，光通量密度分布都是圆对称高斯形态，其中心光通量密度是光源平面中心密度的 $1/[\Delta(z)]^2$。与前述的对高斯光束的分析一样，**可以定义任一横平面上的光斑半径 $\bar{\rho}_s(z)$，在光斑半径处，通量密度下降到该平面中心密度的** 1/e，很容易得到

$$\bar{\rho}_s(z) = \sigma_s\Delta(z)\sqrt{2} \quad (3.3.65)$$

以及在光源平面上：

$$\bar{\rho}_s(0) = \sigma_s\sqrt{2} \quad (3.3.66)$$

从式（3.3.65）的表述看出，$\bar{\rho}_s(z)$ 与 $\Delta(z)$ 是线性关系，但从图 3.3.2 可以看到，尽管 $\Delta(z)$ 随着 z 的增加而单调增加，但却不是线性增加。只是当 z 达到很大的距离时，可以认为 $\Delta(z)$ 近似地成正比增加，这和高斯光束的趋势也是一致的。

为了将 $\overline{\rho}_s(z)$ 与传播状况更形象地联系起来，再引入一个参数 $\overline{\theta}_s$ ，它与 $\overline{\rho}_s(z)$ 的关系为

$$\overline{\rho}_s(z)=\sqrt{\overline{\rho}_s^2(0)+\overline{\theta}_s^2 z^2} \tag{3.3.67}$$

显然，当 $z\to\infty$ 时，$\overline{\theta}_s=\overline{\rho}_s(z)/z$ 。$\overline{\theta}_s$ 就是光束的半发散角，在数学上很容易推得

$$\overline{\theta}_s^2=\frac{2}{k^2\delta^2}=\frac{2}{k^2}\left[\frac{1}{(2\sigma_s)^2}+\frac{1}{\sigma_g^2}\right] \tag{3.3.68}$$

为了研究不同 σ_g 和不同 σ_s 对 $\overline{\rho}_s(z)$ 的影响，有学者做了实例计算，如图 3.3.3 所示。

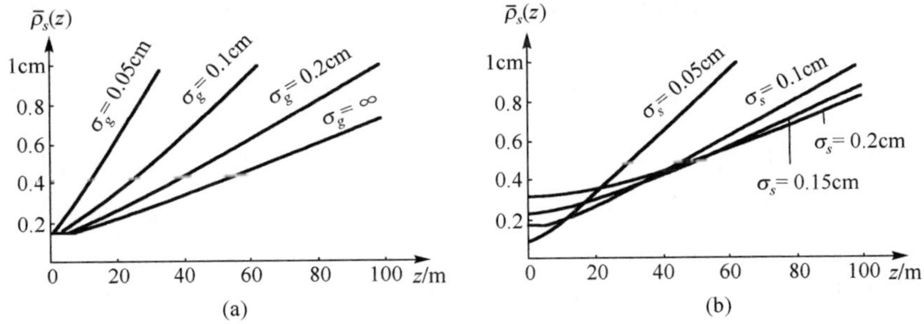

图 3.3.3　$\overline{\rho}_s(z)$ 的计算值

(a)中，$\sigma_s=0.1\text{cm}$ ，而在(b)中，$\sigma_g=0.2\text{cm}$ ，两个图的计算波长均为 0.6328μm

在图 3.3.3(a)中可以明显看出，光源横向相干长度对光束的发散角有很大影响。当光源的光斑半径相同时，则横向相干长度越长，光束的发散角越小，反之亦然。在图 3.3.3(b)中，计算者设定了光源的横向相干长度相等而光斑半径不同。不过这个图看起来有点乱，当然从图中可以看出光源尺度越小，光辐射越是发散，但这是早已熟知的事实。

于是，另有学者认为，如果将“相等”设定为“发散角相等”，则也许会比设定“光源的横向相干长度相等”发现更多的有趣结果。于是他们将图 3.3.1 中的四种等效发散角情况做了计算，如图 3.3.4 所示。

有了图形，这类“等效光源”的特点就明显了。尽管它们的发散角都是相同的，但形成的光斑仍有差别。特别在靠近光源时，受到光源尺度不同的影响，光斑的差异比较大，在传输过一段距离后，离开光源比较远，光斑半径才逐步趋于一致。

在一些应用实例中，技术人员很关心光源的辐射强度 $J(\boldsymbol{s},\nu)$ 的表述，其中 $\boldsymbol{s}$ 是单位方向矢量。对于近距离的情况，$J(\boldsymbol{s},\nu)$ 随距离的变化，函数形式也在变化，并没有什么实用意义。仅在远场情况，$J(\boldsymbol{s},\nu)$ 函数形式趋于稳定，人们才会关心它。此时，它通常可以表述为

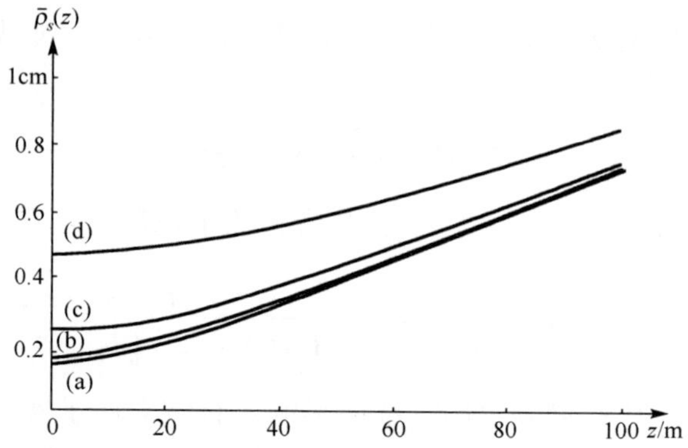

图 3.3.4　四种等效光源的 $\overline{\rho}_s(z)$ 值

(a)$\sigma_s=0.1\text{cm},\sigma_g=\infty$；(b)$\sigma_s=0.109\text{cm},\sigma_g=0.5\text{cm}$；(c)$\sigma_s=0.167\text{cm},\sigma_g=0.25\text{cm}$；(d)$\sigma_s=0.328\text{cm},\sigma_g=0.21\text{cm}$

$$J(\boldsymbol{s},\nu)=\lim_{kz\to\infty}z^2S^2(\rho,z;\nu) \tag{3.3.69}$$

读者可能会有疑问，等式的右边怎么没有关于方向的自变量 $\boldsymbol{s}$？如果考虑到这是一个远场表述，而且光场的分布是对 z 轴呈现为圆对称分布这一特点，疑问就可以解释了。此时，表述 $\boldsymbol{s}$ 的量是 $\theta=\rho/z$。

于是，从式（3.3.59）和式（3.3.64）出发，可以获得

$$J(\boldsymbol{s},\nu)\sim(kA\sigma_s\delta)^2\exp[-(k\delta)^2\theta^2/2] \tag{3.3.70}$$

与式（3.3.68）比较，立刻可以得到

$$J(\boldsymbol{s},\nu)\sim(kA\sigma_s\delta)^2\exp[-\theta^2/\overline{\theta}_s^2] \tag{3.3.71}$$

式（3.3.71）的表述和前面所述的 $\overline{\theta}_s$ 是光束的半发散角的结论是一致的。

4. 远场的相干度

目前在技术领域，“相干性”的直接应用不多见。读者应该记住的是：在光学系统口径内完全相干的波前，能形成达到衍射极限的光点。由此，来讨论 GSM 光束的波前相干状况还是有意义的。

在 z=常数的平面上，谱相干度的数学表述很容易从式（3.3.61）推得

$$\mu(\boldsymbol{\rho}_1,\boldsymbol{\rho}_2,z;\nu)=\exp\left[-\frac{(\boldsymbol{\rho}_2-\boldsymbol{\rho}_1)^2}{2\sigma_g^2[\Delta(z)]^2}\right]\exp\left[\frac{\mathrm{i}k(\boldsymbol{\rho}_2^2-\boldsymbol{\rho}_1^2)}{2R(z)}\right] \tag{3.3.72}$$

从前面的叙述已经获知，$\Delta(z)$随着 z 的增加而随之增大。由此，如果横坐标的数值保持不变，则两点之间的谱相干度也随着 z 的增加而增大。这意味着横平面上的，也可以说是传播波前的，相干面积也随之增大。

从式（3.3.72）的形式来看，相对于$|\boldsymbol{\rho}_2-\boldsymbol{\rho}_1|$，可以在横平面上定义一个称为相

干长度的参量 $\bar{\rho}_\mu(z)$，当 $\left|\boldsymbol{\rho}_2-\boldsymbol{\rho}_1\right|=\bar{\rho}_\mu(z)$ 时，$|\mu|$ 下降到 1/e（$|\mu|$ 的最大值为 1）。容易得到

$$\bar{\rho}_\mu(z)=\sigma_g\Delta(z)\sqrt{2} \tag{3.3.73}$$

将 $\bar{\rho}_\mu(z)$ 和 $\bar{\rho}_s(z)$ 进行比较，有

$$\frac{\bar{\rho}_\mu(z)}{\bar{\rho}_s(z)}=\frac{\sigma_g}{\sigma_s} \tag{3.3.74}$$

式（3.3.74）意味着，GSM 光束在传播过程中，关于相干性的全局性结构没有变化。

与式（3.3.67）类似，可以定义：

$$\bar{\rho}_\mu(z)=\sqrt{\bar{\rho}_\mu^2(0)+\bar{\theta}_\mu^2 z^2} \tag{3.3.75}$$

式中，

$$\bar{\rho}_\mu(0)=\sigma_g\sqrt{2} \tag{3.3.76}$$

$$\bar{\theta}_\mu^2=\frac{2}{k^2}\left(\frac{\sigma_g}{\sigma_s}\right)^2\frac{1}{\delta^2}=\frac{2}{k^2}\left(\frac{\sigma_g}{\sigma_s}\right)^2\left[\frac{1}{(2\sigma_s)^2}+\frac{1}{\sigma_g^2}\right] \tag{3.3.77}$$

当 $z\to\infty$ 时，则

$$\frac{\bar{\rho}_\mu(z)}{z}\approx\bar{\theta}_\mu \tag{3.3.78}$$

$\bar{\theta}_\mu$ 可以称为远场相干角。

一些文献中还分析了远场相干角 $\bar{\theta}_\mu$、远场发散角 $\bar{\theta}_s$、横平面相干长度 $\bar{\rho}_\mu$ 和光斑半径 $\bar{\rho}_s$ 之间的倒易关系以及它们和光源参数之间的关系：

$$\bar{\rho}_\mu(0)\bar{\theta}_s=\bar{\rho}_s(0)\bar{\theta}_\mu=\frac{1}{k}\sqrt{4+\left(\frac{\sigma_g}{\sigma_s}\right)^2} \tag{3.3.79}$$

注意，在式（3.3.79）中，$\bar{\rho}_\mu(0)=\sigma_g\sqrt{2}$（见式（3.3.76）），$\bar{\rho}_s(0)=\sigma_s\sqrt{2}$（见式（3.3.66）），于是很容易推得

$$\begin{cases}\bar{\theta}_s=\left(\dfrac{\lambda}{2\pi\sqrt{2}}\right)\dfrac{1}{\sigma_g}\sqrt{4+\left(\dfrac{\sigma_g}{\sigma_s}\right)^2}\\[2ex]\bar{\theta}_\mu=\left(\dfrac{\lambda}{2\pi\sqrt{2}}\right)\dfrac{1}{\sigma_s}\sqrt{4+\left(\dfrac{\sigma_g}{\sigma_s}\right)^2}\end{cases} \tag{3.3.80}$$

远场发散角与光源的相干长度成反比，而远场相干角则与光源的有效线尺度成反比，它们的比例系数是一样的。

还可以推出远场相干角 $\overline{\theta}_\mu$ 和远场发散角 $\overline{\theta}_s$ 在 $\sigma_g >> \sigma_s$ 和 $\sigma_g << \sigma_s$ 情况下的极限形式。

当 $\sigma_g >> \sigma_s$ 时，有

$$\overline{\theta}_s \approx \left(\frac{\lambda}{2\pi\sqrt{2}}\right)\frac{1}{\sigma_s},\quad \overline{\theta}_\mu \approx \left(\frac{\lambda}{2\pi\sqrt{2}}\right)\frac{\sigma_g}{\sigma_s^2} \tag{3.3.81}$$

当 $\sigma_g << \sigma_s$ 时，有

$$\overline{\theta}_s \approx \left(\frac{\lambda}{2\pi\sqrt{2}}\right)\frac{1}{\sigma_g},\quad \overline{\theta}_\mu \approx \left(\frac{\lambda}{2\pi\sqrt{2}}\right)\frac{1}{\sigma_s} \tag{3.3.82}$$

3.4　光束品质或光束“质量”

光束“质量”，这是现在学术界的一个常用名词，但我给“质量”加上了引号。这个词用于描述光束是不太合适的。

“质量”一词，在中文中有两个相差甚远的含义。在《辞海》中对此有两条解释。

（1）产品或工作的优劣程度。

（2）量度物体惯性大小的物理量。

第二个含义是在学术界常用的，相当于英文中的“mass”。在日常生活中以前是很少用的，人们习惯于用“重量”一词来替代，如 3 公斤重的猪肉或 3 吨重的卡车等。现在，在某些场合渐渐地有向“质量”转化的趋势，如卡车车门上常标注：“总质量 3456 千克”等。但总的来说，绝大多数人还是习惯用“重量”这种通俗化的词汇。

第一个含义相当于英文中的“quality”，却是在日常生活中经常见到的。特别是当前，人们对产品质量给予高度重视。举个例子，如果药品或食品过了“保质期”，其中的“质”显然是“质量”之意，那么读者肯定不会买回去。

但在学术界，“质量”的第一种含义却十分罕见，这个含义并不是一个可以定量的“物理量”。一件产品，没有达到出厂指标，可以称为质量不合格。但达到了出厂指标，是不是就算是“质量合格”呢？相信大多数读者都有这样的经历，买来一件商品，如一件上衣，不到一个月，扣子掉了，领子开线了，颜色变浅了，以及诸如此类的毛病，你一定非常生气，冒出一句话：“质量这么差！”“质量检验”这个工作确实不好当。

在笔者的学习生涯中，在学术著作中第一次遇到“quality”一词，是在学习“无线电基础”课程的谐振电路时，描述谐振回路的一个参量。最早的译作，直接将它

称为“Q 值”。后来将它译成了“品质因子”。当时的学者都避免使用容易造成误解的“质量”一词。

“光束质量”一词，源自美国 Stanford 大学的教授 Siegman。1990 年的 SPIE 会议上，他有一篇特邀报告，当时他是美国国家科学院和美国国家工程院成员（相当于我国的“双院士”，在 1999 年他当选为美国光学学会主席）。报告的题目是“New Developments in Laser Resonators”，在文章中已出现了“the quality of the laser beams and resonators”的概念。那么，这个“the quality”如何翻译呢？在《美国传统词典》中，对“the quality”的解释有 10 条之多，其中第一条是“An inherent or distinguishing characteristic; a property”。也就是说，它的主要含义是“property”，与中文的“质量”没有什么联系。引申的含义中有“Degree or grade of excellence”，与“质量”有点关系。看来“the quality”在英文中也是一个“多义词”，综合来看，将它翻译成“品质”，是能兼顾大部分含义的。特别是在“光束质量”的语境下，学界对“光”有没有“质量”还在争论不休，这里的“质量”是指“mass”而不是“quality”。那么，“光束质量”会不会被理解成“Optical beam mass”呢？

正因为“质量”这个含义广泛又无从定量的特点，“光束质量”不是一个确定的物理概念。使用者的不同，往往对“质量”有不同的理解。本书将从目前流行的一些“光束质量”概念来展开讨论。

3.4.1　M^2 因子

激光器出现以后，人们把它看作一个全相干的光源，并用高斯光束来描述它所发出的光的特性。

在 3.2 节中，读者已经体验到，高斯光束所能描述的是相对传播轴呈现为圆对称的光束。实际的激光束有时并非呈现圆对称形态，或会产生有分裂的情况，在观察平面可以看到两个以上的光斑。学者使用了“高阶模”的概念来描述这些情况，而把高斯光束称为“基模”光束。

随着激光器技术的发展，激光器的输出功率水平越来越高，高斯光束与实际光束的偏离也随之增大。即便将光束限定在圆对称的基模形态，实际光束也与高斯光束有偏差。偏差主要表现在激光器输出的光束发散角通常比高斯光束所描述的要大。

读者在 3.3 节中已经知道，如果 GSM 光束的横向相干尺度 σ_g 不是无穷大，而是一个有限的数值，在 σ_s 相同的情况下，它输出的光束发散角就会比 $\sigma_g=\infty$ 的全相干状况时的大。而大家已经知道，$\sigma_g=\infty$ 就对应着光束尺度为 σ_s 的高斯光束。于是，可以说实际光束对于高斯光束的偏差，主要源自对光源相干性的认识。实际光源并不是像高斯光束所期望的完全相干光源，而是呈现为 GSM 光源那样的部分相干光源，用后者来描述光源辐射应该是更可取的。

但如果使用 GSM 模型，则需要知道横向相干尺度 σ_g 的数值。σ_g 的测量却是一个难题，目前并没有一个快速而廉价的测量方法。而测量光束的发散角却相对比较容易。于是，一种旨在技术描述的方法发展并流行开来，而它背后的物理实质却被很多技术工作者所忽视。

为了描述光束发散角的扩展状况，早期使用了“衍射极限倍数”的概念。这一概念将源平面光斑直径等同于通光孔径，把该孔径所产生的衍射角作为理想光束的发散角（以衍射光斑的第一个零点为准）。实际光束发散角与衍射角的比值，就被称为“衍射极限倍数”。

读者已经知道，光斑直径就是高斯光束中的 w_0，或是 GSM 模型中的 σ_s，把它等同于“通光孔径”，总觉得有些奇怪。在理论上，高斯光束延续到无穷远，w_0 和 σ_s 仅是描述它的参数，并不能起到限制光场的作用。最重要的是，在“衍射极限倍数”的概念下，全相干的高斯光源也不能辐射一个“衍射极限倍数”达到 1 的“理想”光束，这对于理论工作者，无疑是一个很沮丧的结果。

鉴于此，1988 年，Siegman 提出了 M^2 因子理论。

从 GSM 光束的理论可以知道，光源相干性的变差导致光束发散角的增大，或者说导致光束占有空间的增大。当光源是理想的全相干高斯光源时，辐射光束占有的空间最小。于是，可以定义这样一个参数 M^2 因子，它表现了实际光束和理想光束的“空间束宽积”（space-beam width product）之比，即

$$M^2=\frac{\text{实际光束的空间束宽积}}{\text{理想光束的空间束宽积}}=\frac{w_s\overline{\theta}_s}{w_c\overline{\theta}_c} \tag{3.4.1}$$

从式（3.4.1）可以获知，“空间束宽积”指光束在空域中的宽度（光腰宽度）和光束在空间频率域中的角谱宽度（远场发散角）的乘积[10]。

Siegman 认为，M^2 因子同时包含了光束的近场和远场特性，M^2 因子的大小表示实际光束偏离理想光束的程度。

为什么是 M^2，而不是 M？从式（3.4.1）看出，它是评价一个“乘积”的参数，这个“乘积”占有二维空间，用 M^2 更符合数学的描述。

其实，稍微留心一下，就可以发现 M^2 因子和 GSM 光束中 σ_g 之间有必然的关系。

对理想的高斯光束而言，$w_c\times\overline{\theta}_c=\dfrac{\lambda}{\pi}$ 是一个不变量。我们不妨把光源尺度 σ_s 假定为相等的，这样就有 $M^2=\dfrac{\overline{\theta}_s}{\overline{\theta}_c}$。根据式（3.3.68），很容易得到

$$M^2=\frac{\overline{\theta}_s}{\overline{\theta}_c}=\sqrt{W_0^2\left[\frac{1}{(2\sigma_s)^2}+\frac{1}{\sigma_g^2}\right]}=\left(1+\frac{2\sigma_s^2}{\sigma_g^2}\right)^{\frac{1}{2}} \tag{3.4.2}$$

引入$q=\sigma_g/\sigma_s$，便得

$$M^2=\sqrt{1+\frac{2}{q^2}}=\frac{\sqrt{q^2+2}}{q} \tag{3.4.3}$$

于是，可以说M^2因子和$q=\sigma_g/\sigma_s$是等价的。

但M^2因子有一个优势，它的测量比较容易。在光束的两个不同截面上进行光强分布测量，就可以计算出光束的M^2值，只要求**光束相对于传播轴是圆对称的**。

但对从事技术工作的人员来说，实现这点却很困难。要把激光器输出的光束做成圆对称的，不是那么容易的事。Siegman 在最早的论文中，把光束分为x和y两个正交方向，在两个正交方向上分别测量M^2因子，并分别记为M_x^2和M_y^2。

随着计算技术的迅速发展，在获得某一平面的光强分布数据后，如何确定光斑中心的位置，如何确定光斑半径，都有了明确的计算方法。光斑中心位置是光强分布的一次加权平均，即

$$\overline{x}=\frac{\int_{-\infty}^{\infty}\int_{-\infty}^{\infty}xI(x,y)\mathrm{d}x\mathrm{d}y}{\int_{-\infty}^{\infty}\int_{-\infty}^{\infty}I(x,y)\mathrm{d}x\mathrm{d}y},\quad \overline{y}=\frac{\int_{-\infty}^{\infty}\int_{-\infty}^{\infty}yI(x,y)\mathrm{d}x\mathrm{d}y}{\int_{-\infty}^{\infty}\int_{-\infty}^{\infty}I(x,y)\mathrm{d}x\mathrm{d}y} \tag{3.4.4}$$

而光斑半径则是坐标中心差的二次加权平均，即

$$W_x^2=\frac{\int_{-\infty}^{\infty}\int_{-\infty}^{\infty}(x-\overline{x})^2I(x,y)\mathrm{d}x\mathrm{d}y}{\int_{-\infty}^{\infty}\int_{-\infty}^{\infty}I(x,y)\mathrm{d}x\mathrm{d}y},\quad W_y^2=\frac{\int_{-\infty}^{\infty}\int_{-\infty}^{\infty}(y-\overline{y})^2I(x,y)\mathrm{d}x\mathrm{d}y}{\int_{-\infty}^{\infty}\int_{-\infty}^{\infty}I(x,y)\mathrm{d}x\mathrm{d}y} \tag{3.4.5}$$

这些计算都能在计算机中迅速完成。

当光强分布可以看成圆对称的情况时，光强分布可以表示为$I(\rho)$的形式，坐标原点就是光斑中心。此时，光斑半径的计算为

$$w^2=\frac{\int_0^{2\pi}\int_0^{\infty}\rho^2I(\rho)\rho\mathrm{d}\rho\mathrm{d}\theta}{\int_0^{2\pi}\int_0^{\infty}I(\rho)\rho\mathrm{d}\rho\mathrm{d}\theta} \tag{3.4.6}$$

这些公式和随机场中的“二阶矩”公式在形式上是很相似的，不过它们和随机场并没有什么关系，它们是从物体的重心算法公式类比过来的，本书在后面还会遇到类似的公式。

有了式（3.4.4）～式（3.4.6），很多技术工作者将M^2因子的测量扩展到多模激光光束上，不论它测量结果是不是基模形式，或是它有多少个光斑，反正按照这些公式，都可以计算M^2因子。

M^2因子在技术上的广泛应用，就引出了测试标准化的问题。

在文献[11]中介绍了国际标准化组织关于 M^2 因子的定义：

$$D_0\bar{\theta} = \frac{4\lambda}{\pi}M^2 \tag{3.4.7}$$

式中，D_0 是所测试光束的光腰直径尺度，就是本书前面所用的 σ_s 再乘以 2；$\bar{\theta}$ 就是光束的发散角 $\bar{\theta}_s$。当 M^2=1 时，$\bar{\theta} = \frac{4\lambda}{\pi D_0} \approx 1.27\frac{\lambda}{D_0}$，相当接近口径为 D_0 的通光孔径的衍射极限 $\bar{\theta}_r \approx 1.22\frac{\lambda}{D_0}$（Airy 斑的第一个零点）。

2006 年，国际标准化组织对 M^2 因子的测试方法作了详细的规定（ISO11146-2）。原则上，用三个不同位置的光束尺度就可以计算 M^2 因子，更多位置的测量则用于校核。ISO 规定，为保证精度，至少应在 10 个位置上测量光束尺度，其中必须有 5 个在光束的瑞利长度之内，然后将光束尺度的测量值按式（3.4.8）拟合：

$$w_z = Az^2 + Bz + C \tag{3.4.8}$$

得到 A、B、C 三个参数后，M^2 因子用式（3.4.9）计算：

$$M^2 = \frac{\sqrt{AC - B^2/4}}{4\lambda/\pi} \tag{3.4.9}$$

M^2 因子也有出现尴尬的时刻。1996 年，Pan 和 Wang 发表文章，称他们研制出输出光束 M^2<1 的激光器[12]。这显然与 Siegman 的设想背道而驰。Pan 和 Wang 的工作是受“无衍射光束”（diffraction-free beams）概念的启发，在激光器的输出镜片内侧中心镀了一个圆形的高反膜，使得激光器在输出面上呈现为一个环形光斑。这种“环形”光源辐射光束的传播特性，与高斯光束的传播特性有很大的不同，以致对这样的光束，标准化测试得到的 M^2 因子失去了作为评价光束的意义。类似的情况还包括如激光受控核聚变中常用的“平顶”光束，通过光学变换系统后常出现的“平切”光束等。于是又出现了一些其他的评价方法。

3.4.2 斯特列尔比

读过《光学原理》的读者，对斯特列尔比并不陌生。一般的光学专业的大学课本中，也对斯特列尔比有所描述。斯特列尔比的概念是由德国学者 Strehl 在 19 世纪末 20 世纪初提出来的，最早用于评价光学系统的设计、加工的优劣。20 世纪中后期，很多学者用它来描述相干光通过湍流介质后成像性能的退化。在光束品质问题提到日程之后，又有学者用它来评价光束的品质。

提出斯特列尔比的概念，其实和 M^2 因子有类似的思想。先假设一个理想状态下的某数值量，再将实际状态的该数值量和理想状态下进行比较，就可以评价实际状态和理想状态偏离的程度。

斯特列尔比所用的“理想状态”指由完美加工的镜片构成的光学系统，所用的“数值量”是该系统对某一点光源成像时形成的焦点光强，记为$I(P)$，而“实际状态”则指用实际加工的镜片构成的该光学系统对同一点光源所形成的焦点光强，记为$I^*(P)$。而斯特列尔比为

$$i(P)=\frac{I^*(P)}{I(P)} \tag{3.4.10}$$

与M^2因子一样，理想状态的焦点光强不是测量出来的，是计算出来的。当然，计算中包括该光学系统可能有的像差等因素。测量的仅是实际系统所获得的焦点光强，所评价的不是光束（在前面已经多次提及，“点光源”的辐射一定是空间相干光），而是构成系统的光学元件的加工疵瑕，还可能包括装调不够精细而带来的影响。

假设装调的影响可以忽略。镜片加工的不完美，主要来源于哪几方面呢？一般认为，主要来自两个方面，镜片材料的不均匀和加工表面的不均匀。在现代光学加工技术的条件下，这些不均匀性都不很大，不至于影响光线的走向，仅影响光线的光程。也就是说，这些不均匀性总是以波阵面相位起伏的形式表现出来。读过《光学原理》的读者，都知道在波阵面相位起伏不太大时，它和斯特列尔比之间有一个简单的关系：

$$i(P)\sim 1-\left\langle \Delta \Phi_P^2 \right\rangle \tag{3.4.11}$$

式中，$\left\langle \Delta \Phi_P^2 \right\rangle$指光学系统口径内波阵面相位起伏的空间均方值，即

$$\left\langle \Delta \Phi_P^2 \right\rangle=\sum_{i=1}^{n}\frac{(\Phi_i-\bar{\Phi}_i)^2}{n} \tag{3.4.12}$$

式中，Φ_i是第i个点的相位测量值；n个测量点应该在口径内均匀分布；$\bar{\Phi}_i$是口径内相位应有的值，例如，在望远系统出口，波阵面是一个平面，$\bar{\Phi}_i$值处处相等，可以用式（3.4.13）从实测数据获得：

$$\bar{\Phi}_i=\sum_{i=1}^{n}\Phi_i \tag{3.4.13}$$

如果是照相镜头出口，波阵面是一个负球面，则$\bar{\Phi}_i$有相应的理论数值。

于是，在测量方法上，$i(P)$的测量有两种途径。一种是直接测量焦点光强，这要求探测器有极高的空间分辨率，或者说，探测器的探测面面积应该很小，小到可以看作一个点，避免在探测器内形成空间平均效应而导致测量不准甚至失败。另一种途径，可以选定系统中传输的光波呈现平面波的那些平面，测定该平面上波阵面的相位起伏。

不管哪一种测量途径，都不是一件容易的事。本书不打算在测量方法上加以展开，如果读者有兴趣，则可以阅读其他相关的著作。

对于本书的目标，上面的叙述与对“光束”的评价无关。测量所用的光源被假定为全相干的，光束品质的变坏是由于加工瑕疵和材料缺陷，它们导致测量的结果是“静态”的（加工瑕疵和材料缺陷不会随时间而有明显改变），与光束的相干性没有任何关系。

有读者可能不同意，“在式（3.3.40）中就出现 $\left\langle \Delta\phi^2 \right\rangle = 1$ 的字样了，怎么能说没有任何关系呢？”

借用《红楼梦》中的一句话：“这鸭头不是那丫头，头上哪讨桂花油”，放在此处，就是“此 $\left\langle \Delta\Phi_P^2 \right\rangle$ 不是那 $\left\langle \Delta\phi^2 \right\rangle$，它们没有关系”。

$\left\langle \Delta\Phi_P^2 \right\rangle$ 和 $\left\langle \Delta\phi^2 \right\rangle$ 的数学含义是不同的。前者是口径内各点相位差的均方值，均方运算是在平面空间上进行的，是一个平面空间随机量的均方值；后者是两点之间相位差的均方值，均方运算是在相位差集合上进行的，当满足遍历性条件时，它也就是时间随机量的均方值：$\left\langle \Delta\phi^2 \right\rangle = \Delta\overline{\phi}^2$。

$\left\langle \Delta\Phi_P^2 \right\rangle$ 和 $\left\langle \Delta\phi^2 \right\rangle$ 的测量方法也是不同的。前者的测量，可以由一个稳定的干涉图的条纹形态来计算，或者用哈特曼传感器来测定；后者，必须把两点发出的光，形成一个干涉图，由干涉图的调制度来测定计算。

$\left\langle \Delta\Phi_P^2 \right\rangle$ 和 $\left\langle \Delta\phi^2 \right\rangle$ 的服务对象更是不同。前者用于评价光学系统，后者用于评价光束品质。

不过，在一些特定的场合，斯特列尔比，等价地就是 $\left\langle \Delta\Phi_P^2 \right\rangle$ 也被用来评价光束品质。特定的场合主要是指经过湍流介质传播后的光束，如果原始光束是相干光束，那么在经过湍流介质后，其相干性质会有微妙的变化，将在第 5 章中详细讨论。通常，通过湍流介质传播后的光束还会经过接收方的光学系统的变换，使其尺度能适合测量仪器的尺度。此时，可以假定光学系统处于理想的状态，或者采取某种技术措施，将接收光学系统的“静态”误差在计算中加以抵消。

研究表明，湍流影响光束是一个广谱过程，其变化速率从几赫兹到几千赫兹都有。影响最大的是 5～10Hz，随着频率的增高，影响力逐渐减小。这对测量仪器的时间常数要求显然会有影响。仪器的时间常数不同，会得出不同的结果，在第 5 章中将会讨论。

另外，就基模激光束而言，斯特列尔比的定义式（3.4.10）也可以是有意义的，不过要改换一种理解方式。选择一个适当的测量平面，将 $I(P)$理解为理想高斯光束的中心光强，而 $I^*(P)$则为与该理想高斯光束有相等光腰尺度的实际光束的中心光强。当然，前提条件是光场的随机性是统计均匀各向同性的，在时间尺度上，其变化速率是探测器所不能感知的。请读者注意，通过湍流后的光束并不符合这样的前提条件，也就是说，新的理解方式的运用场合是很不一样的。

如果用这样一个理解方式，那么它和 M^2 因子也是等价的。在测量平面上，由于光束发散角的不同，光斑面积也有所不同，光斑的扩散，意味着能量将分布在更大面积上，中心光强当然就下降。简单的推理，就可以得知 $i(P) \sim \dfrac{1}{(M^2)^2}$。不过，中心光强的测定比起光强分布的测定要难得多，后者不需要绝对定标，对每个测点的尺度也没有严格要求。而前者呢？当然需要绝对定标和尽可能小的测点面积，还需要严格的中心对准。即使有了这些条件，仍然有一个数据无从获得，那就是理想光束的中心光强值 $I(P)$。解决这些问题的难度，恐怕会比测量σ_g更难。

3.4.3　桶中功率

读者可以看出，要测定一个光束的品质，是一件很困难的事。就算现在最流行的 M^2 因子的测量，也需要一套包括阵列探测器和精密导轨的设施，在仔细校正光束传播方向后，在“至少 10 个位置上测量光束尺度，其中必须有 5 个在光束的瑞利长度之内。”这样测量之后，还有一系列计算程序，才能得到 M^2 因子。至于σ_g 和原始光束意义上的 $i(P)$，连一个公认的测试方法都还没有。

第一线的技术工作者对此很恼火。其实，在激光束某些应用中，激光束的传播和波前细节并不重要，重要的是在使用平面上，激光光斑有多少能量落在了指定的面积中。另外，对于高阶模激光器，非稳腔激光器等并非输出高斯光束的激光器，M^2 因子有多大的实际应用价值，也是一个问题。于是，他们用了一个最容易测试的装置：激光功率计（激光功率计的口径必须足够大，能在使用平面上测定光斑的全部能量）。用一个半径为 b 的孔径，套在功率计的入口处，测量在孔径内的光斑功率。功率够了，万事大吉；不够，就再想办法加以改进。不过仔细想想，这样的一个功率数值，实在构不成一个描述“品质”的指标。于是，再把 b 孔径撤掉，测量一次光斑的全部功率，并做出一个指标定义 PIB，即

$$\mathrm{PIB} = \frac{\int_0^b \int_0^{2\pi} \left|E(x,y)\right|^2 r\mathrm{d}r\mathrm{d}\theta}{\int_0^\infty \int_0^{2\pi} \left|E(x,y)\right|^2 r\mathrm{d}r\mathrm{d}\theta} \tag{3.4.14}$$

PIB 是一个词头缩略语，全文是“the power in the bucket”，称为“桶中功率”。

这个“桶中功率”，怎么看、怎么听也不像一个学术名词。于是有些人给它起了“雅”一点的名字，称为“环围功率”或“环围能量”。但它的不严格性并没有因为名称的“雅”而有所改变。

首先，PIB 并不是功率，而是一个小于 1 的比值。式（3.4.14）的分子才是实实在在的“桶中功率”。那么把它称为“桶中功率比”行不行？读者很快就会看到这个名词被用来干什么。

其次，PIB 的值显然和 b 的选取有关。同样的光束，同样的测试条件，随着 b 的不同，PIB 的值也不同。

最后，PIB 还和测试平面的位置有关。同样的光束，在传播一定距离上获得的 PIB，换一个距离来测，数据就会不一样。

看来它不能作为描述“光束”品质的指征，充其量也只是描述光斑品质的一种参量。鉴于测量的方便，姑妄用之吧。

但还是有人想把这个参数“正规化”。他们考虑在式（3.4.14）中，桶中的功率仅和光束的全部功率来比，并没有考虑光束本身的品质。如果引入理想光束，“桶中”的概念也应该能够描述光束品质。于是可以定义一个 BQ（beam quality）参数：

$$BQ = \sqrt{P_{b\text{-ideal}} / P_{b\text{-real}}} \tag{3.4.15}$$

式中，$P_{b\text{-ideal}}$ 是规定桶尺寸 b 内理想光斑的桶中功率；$P_{b\text{-real}}$ 是相同桶尺寸内实际光斑的桶中功率。BQ 的中文名称被赋予“桶中（环围）功率比”。

BQ 当然比 PIB 合理，随光斑截面选择的不同，它的数值变化不会太离奇。而随着 b 的选取的不同，BQ 的变化也会更小一点。

另外，如何选择“桶”尺寸，也是一个有趣的问题。在某些应用中，用理想光斑总能量的 50%、63%、80%、90%和 95%作为“规范桶”。

事实上，如果以圆孔衍射为基准，则“规范桶”的数值应该是 83.8%（一级衍射范围）、91.1%（二级衍射范围）和 93.6%（三级衍射范围）。而 50%则对应于 0.43 衍射极限角所形成的光斑。

但随之而来的问题是：什么是理想光斑呢？答曰：理想光束形成的光斑就是理想光斑。如果以高斯光束作为形成理想光斑的理想光束，那么 BQ 和 M^2 因子并没有本质的区别。但有些学者认为，将高斯光束当作“理想光束”有失“公允”，因为在那些使用“桶中功率”的场合，激光器输出的光束从理论上来说就不是高斯形态的。那么，就应该是一个什么其他理论形态，如环状光束，或“超几何光束”，甚至被称为“无衍射”的贝塞尔光束等。

不管是什么“理想光束”，其特点就是单一波长，符合或至少近似符合麦克斯韦方程的确定时间函数的束状电磁场。读者已经知道，它们一定是完全相干的，无论在时间域或是空间域，都是相干的。也就是说，凡是引入“理想光束”的参数，都已经隐含了以相干光束作为品质标准的事实。至于像“桶中功率”这样纯粹的工程性指标，当然又当别论。

关于光束“质量”，学界还在继续讨论和争辩。笔者在此有几点建议，供讨论和争辩者参考。

（1）摈弃“光束质量”，改用“光束品质”。

（2）明确区分光斑参数和光束参数。

（3）为避免与“近场光学”的术语混淆，建议用“近距离光束”和“远距离光束”替代当前很多技术人员使用的“近场光束”和“远场光束”；另外区分“近距离”和“远距离”，应当有一个学界和技术界公认的数学定义。

3.5　题外话：关于“无衍射光束”

1986 年，在美国光学学会的年会上，罗切斯特大学光学研究所的 Durnin 等报道了关于“无衍射光束”的实验结果。随后，在相关的学术刊物上发表了数篇文章，阐述无衍射光束的概念和基本原理。

这是受了标量波动方程的一种特殊解的启发。在读者已经熟悉的波动方程的解中，最简单的是平面波，其次是球面波。至于高斯光束，它不是波动方程的精确解，而是近轴的近似解。不过数学家很早就证明了下面这个函数是波动方程的一个精确解：

$$E(\boldsymbol{r},t)=2\pi A\mathrm{J}_0(\alpha\boldsymbol{\rho})\exp[\mathrm{i}(\beta z-\omega t)] \tag{3.5.1}$$

式中，A 是一个常数；$\mathrm{J}_0()$ 是 0 阶贝塞尔函数，$(\beta^2+\alpha^2)^{1/2}=\dfrac{2\pi}{\lambda}$[13]。

在式（3.5.1）中，表述光场的振幅分布的函数是 $\mathrm{J}_0(\alpha\boldsymbol{\rho})$，它和 z 坐标没有关系。于是，随着传播距离的增加，光场在横平面上的分布却保持不变，始终是 $\mathrm{J}_0(\alpha\boldsymbol{\rho})$ 的形式，整个光场表现为一个以 z 轴为轴心的对称圆柱体。这样一个圆柱体当然可以称为“光束”，因为它在横平面上的分布是 $\mathrm{J}_0(\alpha\boldsymbol{\rho})$，故而可以称为贝塞尔光束。它的一个显著特点，如果借用高斯光束的术语，是“光束的发散角”等于 0。

式（3.5.1）还有一个性质。当 $\alpha=0$ 时，函数就变成平面波。

读者都知道平面波是波动方程的一个最简单的解，但它也是自然界中不可能存在的形式。只是在特殊场合的局部空间内，可以将光场作为平面波来处理。它的数学表述最简单，易于做数理逻辑的推论。

为什么自然界中不可能存在平面波？那是因为平面波需要扩展到无穷空间，而平面波的振幅处处相同，要构成数学意义上的平面波，需要无穷大的光能量。高斯光束的数学表述也要扩展到无穷空间，但它的振幅会随着离开中心点而迅速减小。形成高斯光束所需的能量，可以将光源平面的光场振幅的平方分布在整个平面上积分来估算。这个积分是一个有限值，也就是说，有限的能量就能生成一个数学意义上的高斯光束。于是，高斯光束用来描述实际光束不会出现悖论。

那么在 $\alpha\neq 0$ 的场合，光场的贝塞尔函数表述，是不是也需要无穷大的能量呢？很不幸，是的。也就是说，所谓贝塞尔光束就是一个悖论，与平面波一样，它只存在于学者的头脑里，在自然界中（包括自然光和人工制造的光）并不存在。

用贝塞尔函数来描述光束，还有另一个麻烦。贝塞尔函数是一个有过 0 点的函数，它的幅度值在越过 0 点后变了一个符号。幅度值的符号改变，意味着波的相位有 180°的突变。这在实际制造光源时，几乎是一个不可能完成的任务。

最后，贝塞尔光束的传播波数 β 不是 $2\pi/\lambda$，而是与参变量 α 有关的，它们之间的关系是 $(\beta^2+\alpha^2)^{1/2}=2\pi/\lambda$。这样一个光束真的是非常奇怪。有学者认为，贝塞尔光束可以看作一系列平面波的叠加，这些平面波的波矢量分布在以 z 轴为中心的锥体表面上。锥体底面半径和锥体的高的比值就是 β/α，横平面上振幅之所以保持不变，就是这些平面波叠加的结果[14]。

看来，贝塞尔光束实在不是一个实际光场的“好”的描述手段，把它冠以“无衍射”的头衔，多少有点哗众取宠的不良动机。

不过，与平面波的情形类似，是不是在某些场合的有限空间内，可以用贝塞尔函数去描述光束呢？

Durnin 等的工作其实是从这一思想展开的。从前面的叙述，读者已经知道，如同平面波一样，完整的贝塞尔光束是不存在的。不过可以将贝塞尔光束的源的表述限制在一个光阑内，形成一个近似的贝塞尔光束。比起高斯光束，这个近似的贝塞尔光束能在更长的距离上保持光斑直径不变。Durnin 等用数学推理得出，近似的贝塞尔光束保持光斑直径的距离为

$$z_{\max}=\frac{D}{2}\left[\left(\frac{2\pi}{\alpha\lambda}\right)^2-1\right]^{1/2} \tag{3.5.2}$$

式中，D 是限制光阑的直径。公式的中括号内只要 α 不是太大，总可以有 $\frac{2\pi}{\alpha\lambda}\gg 1$，于是它可以近似地表示为

$$z_{\max}=\frac{\pi DR}{\lambda} \tag{3.5.3}$$

式中，$R=1/\alpha$，是一个和光斑半径相当的量。

在 3.2.3 节中，本书提到过一个参数：光束的瑞利距离 $z_R=\frac{kw_0^2}{2}$，当传播距离达到 $z=z_R$ 时，光斑半径扩展到 $\sqrt{2}$ 倍光腰半径，也就是可以把 z_R 看作高斯光束保持光斑直径的距离。将 z_R 和 $z_{\max}$ 相比，很容易发现，只要 $D>R$，就有 $z_{\max}>z_R$。

$z>z_R$ 或 $z>z_{\max}$ 后光束的行为，前者，高斯光束的特征可以用发散角来描述；至于后者，请见下面讨论。

Durnin 等在 1986 年报道的关于生成贝塞尔光束的实验装置的示意如图 3.5.1 所示。

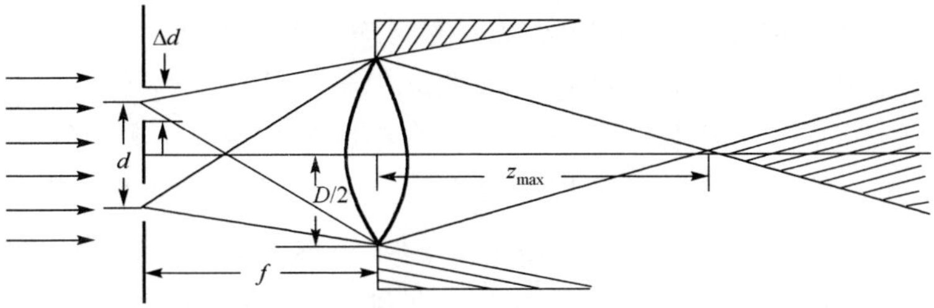

图 3.5.1　Durnin 用于产生贝塞尔光束的实验示意图

他们用一个光屏挡住从左边射来的平行光，光屏与光的传播方向垂直；光屏上开有一个中心直径为 d 的环形光缝，缝的宽度为Δd；在屏的右边，安放一个直径为 D 的透镜，透镜中心和环形光缝中心的连线与光线传播方向平行，光屏处于透镜的焦平面上。

对于这样生成的一个近似贝塞尔光束，报道者做了数学上的推演。推演的结果以光束的归一化中心光强与传播距离之间的关系来表述，与实验装置各参数对应的数值计算结果如图 3.5.2(a)所示。从图中可以看出，当传播距离小于 0.7m 时，中心光强有所振荡，但总体来说，变化不大。但当传播距离大于 0.7m 后，光束的中心光强会迅速减小，说明光束发生了急剧的变化，乃至已经不能称为光束了。

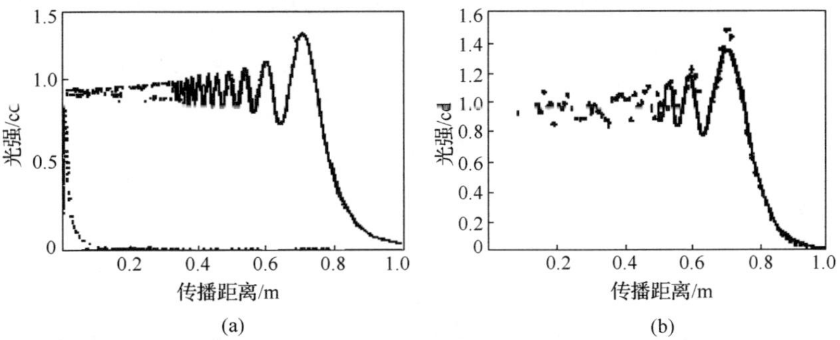

图 3.5.2　Durnin 实验中心光强的数值计算结果和测量结果

对实验所产生的光束的中心光强的测量如图 3.5.2(b)所示，与数值计算结果符合得相当好。

实验测量表明，在小于 0.7m 的传播距离内，该光束基本上保持光束直径不变，光束直径的数值大约为 25μm。很容易验证，对于同样直径的高斯光束，瑞利距离只有 3mm 左右。

不过，仔细观察图 3.5.2，可以发现无论数值计算结果还是实验结果，都与式（3.5.1）的区别很大。即使在 0.7m 的传播距离内，光束直径也不是“保持不变”，而是在某一范围内迅速振荡，表现为平均直径基本不变。用式（3.5.1）来描述该光束，显然是不合适的。

但“无衍射”的头衔，引起了学界很大的兴趣。很多研究者着力于如何增大“无衍射”距离以及如何增大光束的能量，以期能得到实用化的程度。在 20 世纪 90 年代，一个典型的例证是由潘承志等研制的一根 CO_2 激光器。研究者在常规 CO_2 激光器的输出镜面中心位置上，贴了一层高反射膜，其直径小于激光束的光腰直径，使得激光器输出镜面的光场呈现为一个环状结构。这很类似于图 3.5.1 的状况。其结果是输出光束在实验室范围内几乎不发散，而且激光束的模式超级稳定。这个结果当然很鼓舞研究者，他们用当时已经标准化的 M^2 因子测量规范对光束进行测试，结果是 $M^2<1$[12]。

从今天的认识水平来看，研究者用 M^2 因子去评价这样的光束，是很可笑的事。M^2 因子所对应的“理想光束”是高斯光束，用它去评价其他光束一般来说是没有意义的，特别是如同疑似贝塞尔光束这样的非常规光束。但限于当时的认识，$M^2<1$ 的结果还真引起了热烈的讨论。在对这项技术评价的鉴定会上，与会者展开了激烈的辩论。

对于贝塞尔光束的研究，近年来也有一些进展。如用圆对称的锥棱镜替代圆环形的光屏，以有效利用光能量；也有人提出消除传播途径上光束直径振荡的方法。名称也归于理性，很少再冠以“无衍射”的头衔。不过在当时提出的所期待的广阔“应用前景”，发展得不太美妙，研究热度已明显减弱。

第 4 章　矢量场相干性的应用——偏振的描述

关于“偏振”的历史，是人类对“光”的本性的认识过程中相当关键的一步，而对“光”的本性的认识过程可以说是人类认识自然界过程的一个典型标本。

这要从双折射现象说起。1669 年，丹麦学者巴多林发现当一束光通过冰洲石（Iceland spar①）时，会被折射为两道光束。一道光束遵守普通的折射定律，巴多林称为“寻常光”（现代英语称为 ordinary light），简称为“o 光”；另外一道光束不遵守普通的折射定律，其折射率会随光束的入射方向不同而变化，称为“非常光”（extra-ordinary light），也翻译成“非寻常光”，简称为“e 光”。巴多林虽然发现了这一现象，但没能解释这种现象的物理机制，把它留给了后人。

20 年后，荷兰学者惠更斯注意到这种奇特现象。惠更斯是当时著名的科学家，有人对他有这样的评价：“在从维埃特和笛卡儿到牛顿和莱布尼茨之间的历史时期内，他是最伟大的数学家；在伽利略之后和牛顿之前，他在力学领域多年占据着独一无二的至高地位”。他在对光的本性方面的认识和牛顿的认识差异是人所共知的，他认为光在本质上是一种波，而牛顿则认为光是一种微粒。1690 年，惠更斯出版了他的经典名著《论光》，其中对双折射现象有详细的描述。在该著作中，惠更斯还试图对该现象做出理论解释。他认为，晶石中可能存在两种不同物质，所以才会出现两道光束，它们分别对应两个不同的波前以不同的速度传播于空间。这并不是很不平常的现象。惠更斯还发现，经过双折射后的光束与原本光束的性质有所不同，将其中任何一束光束照射于第二块冰洲石，则折射出来的两道光束，其辐照度会因为绕着光束轴旋转冰洲石而改变。

惠更斯认为光是一种波，而且是纵波，但他无法用他的波动理论对这种现象给出满意的解释。牛顿对此现象也没有过深入的论述，但他猜测，双折射现象意味着组成光束的粒子（corpuscles）具有侧面（垂直于移动方向）性质。

此后，一百多年过去了，人们对双折射现象的认识没有任何进步。

1808 年，法国科学院觉得有必要对双折射现象做出理论上的解释。科学院提议，将 1810 年物理学奖的题目定为“对于光的双折射现象给出数学理论，并加以实验验

---

① spar 一词的语义甚多，作为“晶石”解的含义源自古德语，在美国传统词典中这样解释：“晶石：一种随时可分裂的淡色非金属矿石，呈透明或半透明状，有闪亮的光泽，如长石”。而 Iceland 就是冰岛。所以在惠更斯的著作中，称为“有一种取自冰岛——北海中纬度 66° 的一个岛屿的水晶或透明石头”。国内也有人把它翻译成“冰岛水晶”。

证”。当年 33 岁的马吕斯欣然响应。在他 1809 年出版的著作中，第一次出现了“偏振”（polarization）这个词汇。

马吕斯从日常生活的经验转换到实验观察。他注意到当日光照射于玻璃窗时，玻璃总会反射出一部分光，如果日光的入射角度达到某特定数值，则反射光的性质与惠更斯所描述的双折射光具有类似的性质。他把这种性质命名为“偏振”性质。

在物理原因方面，他猜想组成光束的每一道光线都具有某种特别的不对称性。当这些光线具有相同的不对称性时，则光束具有偏振性，成为偏振光；当这些不对称性完全无序时，则光束不具有偏振性，或称为非偏振光；在两者之间时，则光束称为部分偏振光。

不单是玻璃，任何透明的固体或液体都会产生这种现象。他又从实验结果推论出马吕斯定律，定量给出偏振光通过检偏器后的辐照度。1810 年，马吕斯出版了《光在晶体里双折射现象的理论》，并荣获 1810 年的法国科学院物理奖，同年被选为法国科学院院士。伦敦皇家学会也在同年授予他拉姆福德奖章（Rumford medal）。

名词“polarization”出现了，但对于它究竟是个什么“特别的不对称性”，却仍然是一个问题。

polarization 源自 polar，原意是地理学或天文学中的南北两极，引申的含义则是“对立的，相反极端的”，把它翻译成“偏振”，要“归功”于托马斯·杨和菲涅耳的工作。

在马吕斯着力于双折射现象之前的 1801 年，英国学者托马斯·杨就做成了现在以他名字命名的著名的杨氏双缝干涉实验，证明了光的波动特性，从而说明光是一种“波”而不是“粒子”。然而，这个结论在当时并没有受到应有的重视，还被权威人士讥为“荒唐”和“不合逻辑”。托马斯·杨并没有向权威低头，而是为此撰写了一篇论文。但论文无处发表，只好自己出资印成书沿街叫卖，但该书的销量令人沮丧。托马斯·杨逐渐淡出物理学界，去做他的本行——医学和考古了。

十几年之后的 1815 年，法国学者菲涅耳向法国科学院提交了题为“光的衍射”的论文，论文中描述了衍射实验及相关的波动说的解释。这篇论文开宗明义地批评了微粒说，认为它引进的种种假设如“微粒因色而异、突变”等并不合理，而波动说完全不需要任何假设。当时，法国科学院的 5 人评审委员会由拉普拉斯、毕奥、泊松、盖-吕萨克和阿拉戈组成，前三位都是光的微粒说的支持者，盖-吕萨克保持中立，唯有阿拉戈一人赞同波动说。但衍射实验结果是不容回避的事实，1817 年 3 月，法国科学院决定将衍射理论作为 1819 年数理科学奖的题目。

鉴于学术权威对波动说的反对，又看到十几年前托马斯·杨的遭遇，菲涅耳本来对奖项不感兴趣。但阿拉戈极力支持他开展研究，坚持与拉普拉斯等权威抗争。菲涅耳于 1818 年 4 月提交了论文。论文用严格的数学推理来说明波动学说的基石惠更斯原理（为纪念菲涅耳的贡献，现在称为“惠更斯-菲涅耳原理”），圆满地解释了光的反射、折射、干涉、衍射等现象，并用波动说对光的“直线传播”做出了令人信服的解释。支持微粒说的泊松在阅读了论文之后，指出按照菲涅耳的理论，在某种条件下，不透明圆板衍射的实验，在阴影的中心会有一个亮点。支持波动说的阿拉戈随即进行了实验，确证在泊松指出的条件下观察到阴影的中心的亮点。这一出色的证明，使得科学院的权威一反初衷，将数理科学奖授予了菲涅耳。而这个“亮点”，现在也被称为“阿拉戈斑”（the spot of Arago）。

需要提醒读者的是，波动说和微粒说的争论并没有就此结束。要等到傅科和斐索在比较了光在空气、水和玻璃中的传播速度之后，经典的微粒说才最终退出历史舞台。但 1819 年的事件，确实是波动说的一次重大胜利。

在菲涅耳的工作中，波动说的困难就是如何来解释双折射问题。在此之前，菲涅耳的文章中，都认为光波是纵波。但从这个观点出发，怎么也推导不出“特别的不对称性”。菲涅耳的支持者和合作者阿拉戈是托马斯·杨的密友，他把这个疑惑告诉了托马斯·杨。托马斯·杨当时已经淡出物理学界，但他仍然给出了一个创造性的建议：为什么不用“横波”来试试呢？这样，“特别的不对称性”可以用振动的不同方向来表述。菲涅耳采用了这个建议，在数学描述上取得了成功，使得菲涅耳的光的波动理论在当时无懈可击。1823 年他成为法国科学院院士，1825 年成为了英国伦敦皇家学会会员。1827 年伦敦皇家学会授予他一枚“拉姆福德奖章”。

在西方科学开始向中国传播的那些年，光的波动说已经占据统治地位。“polarization”这个表示“极性”和“对立”的名词，也就被翻译成“偏振”，取其振动方向偏在一边的意思。但当电磁理论建立之后，“polarization”在电子学界又回到它的原意，被翻译成“极化”。尽管在学界，光波已被证明也是一种电磁波，但传统和习惯的力量，使得“偏振”从未被“极化”所替代。国内的光学工作者也以说“偏振”为荣，以区别只懂“极化”而不知有“偏振”的电学人士。

但恐怕还有另一层原因。光的波动说在 1905 年被爱因斯坦狠狠地打击了一下。现在谈到光，就不单单说“光是一种波”，而是说“光具有波粒二重性”。尽管现代物理理论说，所有的电磁波都有“波粒二重性”，但在传统的电磁波段（波长大于毫米量级的电磁波），波的粒子特性表现得微乎其微，完全可以忽略不计。不过在光波段，却不是这样。现在处理问题的原则是：需要用粒子性来解释的时候，就用“光子”来描述光；需要用波动性来解释的时候（这也是本书所处的境况），就用“光波”来描述光。

物理学也是在发展的，也许有一天人们对光又有了新的认识，“偏振”这个词汇又有新的含义也说不定。

现在要进入正题。正题建立在什么基础上呢？

（1）光是一种电磁波。

（2）所谓“偏振”，或者说“极化”，就是电磁波电场振动的取向特性。

（3）如果这种取向是单一的，或是有规律可循的，则该电磁波所代表的光是偏振光；如果这种取向是完全无序的，没有任何方向具有特殊意义，也没有任何规律可循，则该电磁波所代表的光是非偏振光。

既然如此，描述“偏振”，就应该用随机场这样的数学工具。

4.1　琼斯矢量和相干矩阵

在第 2 章和第 3 章中，本书采用了“标量场”的处理方法。这并不是说光场就是标量，而是认为在整个处理过程中，光矢量的指向没有任何变化。在处理“偏振”问题时，“标量场”显然是不够用的，必须采用“矢量场”的描述方法。

但仍然有简化的途径。从提出著名的菲涅耳公式以来，学界普遍认为：足够大的均匀空间中传播的光波都是横波，其电场的振动方向仅限于在与传播方向垂直的方向上。也就是说，如果将传播方向定为直角坐标系的 z 轴方向，那么光波的振动方向仅限于 x-y 平面，要描述它，只需要一个二维矢量就够用了。

另外，还需要引入一个重要的简化数学过程的假设：在处理偏振问题时，总是认为光束准直得很好，在均匀介质中传播时，它们在 x-y 平面上的行为是均匀的。如果不关心光束的扩散、光束的品质等在第 2 章和第 3 章中讨论的问题，仅关心光束的偏振问题，这条假设也是合理的。

最后，讨论仍然在准单色光的范围内进行。这和第 3 章中讨论问题的方式一致。在准单色的范围内，媒质的介电常数（也就是折射率）保持不变，在某一频率点讨论问题的结论，可以推广到整个准单色范围。

基于上述三点假设，在描述光场时，可以把它描述成为 E_x 和 E_y 两个分量的形式：

$$
\begin{aligned}
E_x(t) &= a_x(t)\mathrm{e}^{\mathrm{i}[\alpha_x(t)-2\pi\bar{\nu}t]} \\
E_y(t) &= a_y(t)\mathrm{e}^{\mathrm{i}[\alpha_y(t)-2\pi\bar{\nu}t]}
\end{aligned}
\tag{4.1.1}
$$

由于假设了光场在 x-y 平面上是均匀的，所以坐标原点是无关紧要的，z 坐标的影响仅限于对相位的改变。

1941 年，琼斯建议把式（4.1.1）写成二维矢量形式：

$$
\boldsymbol{E} = \begin{pmatrix} E_x(t) \\ E_y(t) \end{pmatrix} \tag{4.1.2}
$$

式（4.1.2）也称为琼斯矢量。从式（4.1.2）构造光场的相干函数，可以得到一个二维矩阵：

$$\boldsymbol{J}=\left\langle \boldsymbol{E}^{*}\boldsymbol{E}\right\rangle =\begin{bmatrix}\left\langle E_x^*(t)E_x(t)\right\rangle & \left\langle E_x^*(t)E_y(t)\right\rangle \\ \left\langle E_y^*(t)E_x(t)\right\rangle & \left\langle E_y^*(t)E_y(t)\right\rangle\end{bmatrix} \tag{4.1.3}$$

$\boldsymbol{J}$ 被称为该光束的相干矩阵（coherence matrix），也有人称它为偏振矩阵（polarization matrix）。相干矩阵中的 4 个元素通常简述为

$$\boldsymbol{J}=\begin{pmatrix} J_{xx} & J_{xy} \\ J_{yx} & J_{yy}\end{pmatrix} \tag{4.1.4}$$

很显然，相干矩阵的迹就描述了光束的光强度：

$$\mathrm{tr}[\boldsymbol{J}]=J_{xx}+J_{yy}=\left\langle E_x^*(t)E_x(t)\right\rangle+\left\langle E_y^*(t)E_y(t)\right\rangle=I \tag{4.1.5}$$

从数学的角度来看，相干矩阵也有一些显著的特点。这些特点在本章展开叙述时很有用处。其中最重要的有两个。

（1）相干矩阵是厄米矩阵（Hermitian matrix），即

$$J_{xy}=J_{yx}^{*} \tag{4.1.6}$$

这一特性从相干矩阵的定义就可以直接看出来。

（2）相干矩阵是非负定（non-negative definite）矩阵，即

$$c_1^*c_1J_{xx}+c_2^*c_2J_{yy}+c_1^*c_2J_{xy}+c_2^*c_1J_{yx}\geqslant 0 \tag{4.1.7}$$

并由此推得相干矩阵的行列式是非负的，即

$$\det[\boldsymbol{J}]=J_{xx}J_{yy}-\left|J_{xy}\right|^2\geqslant 0 \tag{4.1.8}$$

式（4.1.7）的论断是需要证明的。可参考文献[6]。有了式（4.1.7），则根据施瓦茨不等式和矩阵的厄米关系，很容易得到式（4.1.8）。

（3）相干矩阵的迹和行列式与 x 和 y 轴的取向无关。这一特性直接对应着式（4.1.5），光束的强度当然不能随着 x 和 y 轴取向的变化而变化。如图 4.1.1 所示，设在原有的 x 和 y 轴取向上，将坐标旋转一个角度 Θ，形成新的坐标取向 x' 和 y' 轴。新旧坐标之间显然符合下列关系：

$$\begin{aligned} E_x' &= E_x\cos\Theta+E_y\sin\Theta=E_xc+E_ys \\ E_y' &= -E_x\sin\Theta+E_y\cos\Theta=-E_xs+E_yc \end{aligned} \tag{4.1.9}$$

于是，新的相干矩阵为

$$\boldsymbol{J}'=\begin{bmatrix} J_{xx}c^2+J_{yy}s^2+(J_{xy}+J_{yx})cs & (J_{yy}-J_{xx})cs+J_{xy}c^2-J_{yx}s^2 \\ (J_{yy}-J_{xx})cs+J_{yx}c^2-J_{xy}s^2 & J_{xx}s^2+J_{yy}c^2-(J_{xy}+J_{yx})cs \end{bmatrix} \tag{4.1.10}$$

进行简单的运算，很快就得到

$$\mathrm{tr}\,\boldsymbol{J}' = \mathrm{tr}\,\boldsymbol{J} \tag{4.1.11}$$

和

$$\det \boldsymbol{J}' = \det \boldsymbol{J} \tag{4.1.12}$$

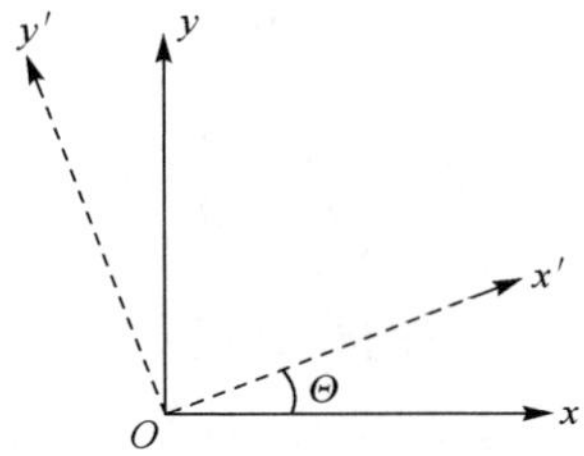

图 4.1.1　说明相干矩阵特性（3）的参考图

另外，对于 J_{xy} 和 J_{yx}，常用它们的归一化形式：

$$j_{xy} = \frac{J_{xy}}{\sqrt{J_{xx}J_{yy}}},\quad j_{yx} = \frac{J_{yx}}{\sqrt{J_{xx}J_{yy}}} \tag{4.1.13}$$

很显然，

$$0 \leqslant |j_{xy}| \leqslant 1,\quad 0 \leqslant |j_{yx}| \leqslant 1 \tag{4.1.14}$$

4.2　理想偏振实验的描述

4.2.1　相干矩阵的测量

相干矩阵中的每个元素都是可以从测量数据中来计算的。为此，来看一个特别策划的偏振实验。这个实验的示意图如图 4.2.1 所示。

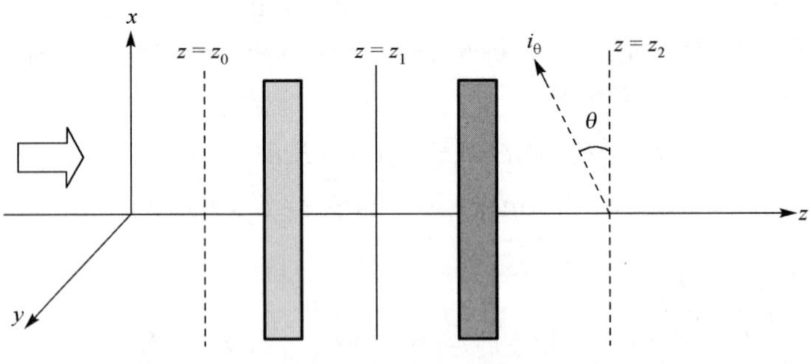

图 4.2.1　一个为说明偏振特性而策划的实验装置

光从左边沿 z 轴射入，在光的传播途径中，垂直于传播方向插入一块补偿片和一块偏振片。补偿片的相位延迟用 $\varepsilon_x(t_0 : E_x), \varepsilon_y(t_0 : E_y)$ 表示，偏振片的出射偏振指向和 x 轴的角度为 θ，用 i_θ 表示

光束 $\boldsymbol{E}$ 从左边入射，传播方向设定为 z 轴。光束的传播路径中，先后插入一块补偿片和偏振片。对于补偿片，它的相位延迟 E_x 方向是ε_x，E_y 方向是ε_y；对于偏振片，它的出射偏振指向和 x 轴之间的角度为θ，用 i_θ 来表示。补偿片和偏振片都安置得和传播方向垂直，且口径足够大，光束通过时不至于产生显著的边缘效应。

现在，在经过两个光学元件后的平面 z_2 处来观察光场 $\boldsymbol{E}'$。它显然应该是 $\varepsilon_x,\varepsilon_y$ 和 θ 的函数，即

$$\boldsymbol{E}'(t;\varepsilon_x,\varepsilon_y,\theta)=[E_x(t)\mathrm{e}^{\mathrm{i}\varepsilon_x}\cos\theta+E_y(t)\mathrm{e}^{\mathrm{i}\varepsilon_y}\sin\theta]i_\theta \tag{4.2.1}$$

$\boldsymbol{E}'$ 不是一个可以测量的量，可以测量的是它的光强：

$$I'(\varepsilon_1,\varepsilon_2,\theta)=\left\langle \boldsymbol{E}'^*(t;\varepsilon_x,\varepsilon_y,\theta)\cdot\boldsymbol{E}'(t;\varepsilon_x,\varepsilon_y,\theta)\right\rangle \tag{4.2.2}$$

将式（4.2.1）代入式（4.2.2）后，运算式（4.2.2），可以发现，对于 $\varepsilon_x,\varepsilon_y$，有意义的值是两者之差。令 $\delta=\varepsilon_x-\varepsilon_y$，式（4.2.2）便表述为

$$I'(\delta,\theta)=J_{xx}\cos^2\theta+J_{yy}\sin^2\theta+J_{xy}\mathrm{e}^{\mathrm{i}\delta}\sin\theta\cos\theta+J_{yx}\mathrm{e}^{-\mathrm{i}\delta}\cos\theta\sin\theta \tag{4.2.3}$$

注意，式（4.2.3）中，$J_{xx},J_{yy},J_{xy},J_{yx}$ 是描述入射光场的参数，也就是图 4.1.1 中 z=0 处的光场的相干矩阵的元素。$I'(\delta,\theta)$ 是可以测量的，如果选定不同的 δ 和 θ，则可以获得不同的 $I'(\delta,\theta)$。

原则上，只要有足够多的不同的 $I'(\delta,\theta)$，就可以通过式（4.2.3）计算出入射光场相干矩阵的各个元素。不过，δ 和 θ 的选择其实并不复杂。请读者仔细察看式（4.2.3），它的每一项中都有关于θ的三角函数和关于 δ 的复指数函数，如果选择 δ=任意值（不妨选为 0），且θ=0，后面三项就都等于 0 了，而第一项就等于 J_{xx}。同样的选择原则，可以选出 6 个不同的 (δ,θ)：

$$(0,0^\circ)，(0,90^\circ)，(0,45^\circ)，\left(\frac{\pi}{2},45^\circ\right)，(0,135^\circ)，\left(\frac{\pi}{2},135^\circ\right) \tag{4.2.4}$$

而 $\boldsymbol{J}$ 矩阵的各元素为

$$J_{xx}=I'(0,0^\circ) \tag{4.2.5}$$

$$J_{yy}=I'(0,90^\circ) \tag{4.2.6}$$

$$J_{xy}=J_{yx}^*=\frac{1}{2}[I'(0,45^\circ)-I'(0,135^\circ)]+\mathrm{i}\left[I'\left(\frac{\pi}{2},45^\circ\right)-I'\left(\frac{\pi}{2},135^\circ\right)\right] \tag{4.2.7}$$

4.2.2　$I'(\delta,\theta)$ 的变化规律

为了表述方便，在本节中，将 J_{xy} 写成 $|J_{xy}|\mathrm{e}^{\mathrm{i}\beta_{xy}}$。对于一个复数，虚指数表述总

是可行的。这样，在经过一些三角函数的演化后，平面 z_2 处观察到的光强 $I'(\delta,\theta)$ 就成为

$$I'(\delta,\theta)=\frac{1}{2}[\mathrm{tr}\boldsymbol{J}+(J_{xx}-J_{yy})\cos 2\theta+2|J_{xy}|\sin 2\theta\cos(\beta_{xy}+\delta)] \tag{4.2.8}$$

继续演化式（4.2.8）：

$$I'(\delta,\theta)=\frac{1}{2}\{\mathrm{tr}\boldsymbol{J}+R(\delta)\cos[2\theta-\phi(\delta)]\} \tag{4.2.9}$$

式中，$R(\delta)$ 有一个显式表述：

$$R(\delta)=[(J_{xx}-J_{yy})^2+4|J_{xy}|^2(\beta_{xy}+\delta)]^{1/2} \tag{4.2.10}$$

而 $\phi(\delta)$ 就没有那么简便，它隐含在下面两个式子中：

$$\cos\phi(\delta)=\frac{J_{xx}-J_{yy}}{R(\delta)},\quad \sin\phi(\delta)=\frac{2|J_{xy}|}{R(\delta)}\cos(\beta_{xy}+\delta) \tag{4.2.11}$$

至于就 $I'(\delta,\theta)$ 随 δ,θ 的变化规律而言，式（4.2.9）并不比式（4.2.8）来得明显，不过在表述上，式（4.2.9）中的一些符号还是有优势的。

既然图 4.2.1 的实验装置是特别策划的偏振实验，它的作用当然不只是用来测量相干矩阵。学者要 δ,θ 能随意变化，以寻找更多规律性的现象。改变 θ，相对来说比较容易，把偏振片安装在一个能沿着偏振片表面旋转的支架上就可以实现。但改变 δ 却不容易，要准备一大堆不同 δ 的补偿片，或者使用价格高昂的 Soleit 补偿器，在实际工作中一般是做不到的。本节只能从式（4.2.8）出发，来想象一下可能的实验结果。

先固定 θ，改变 δ。按式（4.2.8）来看，$I'(\delta,\theta)$ 随 δ 的变化呈现为简谐形式，只要 $\sin 2\theta \geqslant 0$，那么变化的范围为

$$I'(\delta,\theta)_{\max:\delta}=\frac{1}{2}[\mathrm{tr}\boldsymbol{J}+(J_{xx}-J_{yy})\cos 2\theta+2|J_{xy}|\sin 2\theta] \tag{4.2.12}$$

$$I'(\delta,\theta)_{\min:\delta}=\frac{1}{2}[\mathrm{tr}\boldsymbol{J}+(J_{xx}-J_{yy})\cos 2\theta-2|J_{xy}|\sin 2\theta] \tag{4.2.13}$$

最大值出现在 $\delta=-\beta_{xy}\pm 2m\pi$ 处，而最小值则出现在 $\delta=-\beta_{xy}\pm(2m+1)\pi$ 处。当然这是通过计算得到的，实际的实验中，要得到一块合适的补偿片是不容易的，更何况 β_{xy} 是多少，也需要通过 4.2.1 节的方法才能获得。它的“介入”，使补偿显得更麻烦。

固定 δ，改变 θ 的情况。$I'(\delta,\theta)$ 的变化规律也还是简谐形式，其变化范围却不容易从公式简单地看出来，不过推导也不是很难。演算的结果，最大值和最小值分别为

$$I'_{\max:\theta}=\frac{1}{2}[\mathrm{tr}\boldsymbol{J}+R(\delta)] \tag{4.2.14}$$

$$I'_{\min:\theta}=\frac{1}{2}[\mathrm{tr}\boldsymbol{J}-R(\delta)] \tag{4.2.15}$$

它们分别出现在 $\theta=\frac{1}{2}\phi(\delta)\pm m\pi$ （最大值）和 $\theta=\frac{1}{2}\phi(\delta)\pm\left(m+\frac{1}{2}\right)\pi$ （最小值）处。

读者一定会问，如果 δ 和 θ 一起变化呢？ $I'(\delta,\theta)$ 的表述方式，本来就表现为它是一个二维函数，δ 和 θ 当然可以一起变化。不过学者对函数的变化图像没有兴趣，只是关心 $I'(\delta,\theta)$ 变化中的极值状况。从理论上得到 $I'(\delta,\theta)$ 的极值并不困难，过程就略去，其结果为

$$I'_{\max:\delta,\theta}=\frac{1}{2}\{\mathrm{tr}\boldsymbol{J}+[(\mathrm{tr}\boldsymbol{J})^2-4\det\boldsymbol{J}]^{1/2}\} \tag{4.2.16}$$

$$I'_{\min:\delta,\theta}=\frac{1}{2}\{\mathrm{tr}\boldsymbol{J}-[(\mathrm{tr}\boldsymbol{J})^2-4\det\boldsymbol{J}]^{1/2}\} \tag{4.2.17}$$

在学界，在很多场合都会出现类似的变化关系，某个变量在跟随自变量的变化过程中，出现了极大值和极小值。学者发现，下面的一种比值关系往往很能说明一些问题，即

$$\frac{I'(\delta,\theta)_{\max:\delta,\theta}-I'(\delta,\theta)_{\min:\delta,\theta}}{I'(\delta,\theta)_{\max:\delta,\theta}+I'(\delta,\theta)_{\min:\delta,\theta}}=\left[1-\frac{4\det\boldsymbol{J}}{(\mathrm{tr}\boldsymbol{J})^2}\right]^{\frac{1}{2}} \tag{4.2.18}$$

式（4.2.18）的左边，是“一种比值关系”的构造形式，右边则是本节的具体事例中的计算结果。

本书将从式（4.2.18）出发，探讨光的偏振问题。

4.3　偏振的相干矩阵表述

4.3.1　完全的非偏振光、自然光

术语“完全的非偏振光”或“自然光”，很多教科书，甚至是专门论述“偏振光”的教材，都没有做充分的说明，而是直接引出它的数学形式，这不能不说是相当遗憾的。这一点，赵凯华的大学教科书《光学》中的叙述是不错的，书中描述“自然光”的文字是：“普通光源中各原子或分子发出的光波不仅初位相彼此无关，而且它们的振动方向也是杂乱无章的。因此宏观看起来……**哪个横方向也不比其他横方向更为优越**，具有这种特点的光叫做自然光”。“宏观”一词，会引起一些误解。现代

物理学中，“宏观”用于区别必须使用量子观念解释的“微观”现象。而在上面的句子中，“宏观”显然不是这个意思。句子中的“宏观”有两个层面的含义，一个是指大量分子或原子的群体行为，另一个则指在观察时间内的光场行为。前者局限于发光体，而后者则扩展至光源的传播空间。后一个含义当然更为广泛，读者在试图完全理解这个含义时，请一定回顾一下第 1 章中关于集合平均和时间平均的议论。

在《光学原理》中，对“自然光”有更为专业的描述：“自然界中最为常见的光具有一种奇异特性，即在与其传播方向垂直的任何方向上，其振动分量的强度均相同，而且在其振动所分解的两个正交分量中预先加上任何相对位相延迟时，该强度都不受影响……这种光称为完全的非偏振光，也常叫做自然光。”[15]

专业的叙述往往有点拗口，不过它更接近于数学描述。从这段叙述来看，可以得到，不管坐标方向指向什么方向，一定有以下两个等式：

$$J_{xx} = J_{yy} \tag{4.3.1}$$

$$J_{xy} = J_{yx}^{*} = 0 \tag{4.3.2}$$

那么，这两个等式中，哪一个是更为本质的描述呢？

先考察式（4.3.2）。设在某一坐标方向下，式（4.3.2）成立。现在，将坐标轴旋转一个角度Θ，新坐标下的相干矩阵元素J'_{xy}为（见式（4.1.10））

$$J'_{xy} = (J_{yy} - J_{xx})\cos\Theta\sin\Theta + J_{xy}\cos^2\Theta - J_{yx}\sin^2\Theta \tag{4.3.3}$$

按照“完全的非偏振光”的要求，J'_{xy}也应该为 0，即

$$J'_{xy} = (J_{yy} - J_{xx})\cos\Theta\sin\Theta + J_{xy}\cos^2\Theta - J_{yx}\sin^2\Theta = 0 \tag{4.3.4}$$

为满足式（4.3.4），必须有$J_{xx} = J_{yy}$。于是，从式（4.3.2），可以断定式（4.3.1）成立。

那么从式（4.3.1）能否断定式（4.3.2）成立呢？同样的过程，设在某一坐标方向下，式（4.3.1）成立。现在，将坐标轴旋转一个角度Θ，新坐标下的相干矩阵元素J'_{xx}和J'_{yy}分别为

$$J'_{xx} = J_{xx}\cos^2\Theta + J_{yy}\sin^2\Theta + (J_{xy} + J_{yx})\cos\Theta\sin\Theta \tag{4.3.5}$$

$$J'_{yy} = J_{yy}\cos^2\Theta + J_{xx}\sin^2\Theta + (J_{xy} + J_{yx})\cos\Theta\sin\Theta \tag{4.3.6}$$

按照“完全的非偏振光”的要求，$J'_{xx} = J'_{yy}$，比较式（4.3.5）和式（4.3.6），只要$J_{xy} = -J_{yx}$，就能满足$J'_{xx} = J'_{yy}$。结论是，**从式（4.3.1）不能断定式（4.3.2）成立。**

于是，可以这样来从数学上定义完全的非偏振光：**完全的非偏振光就是光场正交分量之间互相干函数等于 0 的光。**它的另一个特点是，光场的两个正交分量总是相等的。

互相干函数等于 0，就是两者之间没有任何关联。定义没有规定坐标系的方向，意味着它在任意坐标系上都等于 0。简单的逻辑就可以推理光场在任意方向的分量总是相等的。于是，赵凯华在《光学》中的“光波不仅初位相彼此无关，而且它们的振动方向也是杂乱无章的。因此宏观看起来……**哪个横方向也不比其他横方向更为优越**”论述与定义的推论完全一致。

用归一化的方式来记述完全的非偏振光，就是 $j_{xy}=0$，它的相干矩阵可以表述为

$$\boldsymbol{J}=J_{xx}\begin{bmatrix}1 & 0\\ 0 & 1\end{bmatrix} \tag{4.3.7}$$

最后，来看一下完全的非偏振光通过特别策划实验后的式（4.2.18）的特点。实验中首先通过补偿片，使光束的两个正交分量增加一个相位差 δ 。按照完全的非偏振光的定义，这对正交分量的强度没有影响。既然如此，光场量在任意方向上都相等。于是，光束通过偏振片后的强度 $I'(\delta,\theta)$ 不随 θ 的变化而变化，结果就有 $I'_{\max}(\delta,\theta)=I'_{\min}(\delta,\theta)$，而式（4.2.18）转化为

$$\frac{I'_{\max}(\delta,\theta)-I'_{\min}(\delta,\theta)}{I'_{\max}(\delta,\theta)+I'_{\min}(\delta,\theta)}=0 \tag{4.3.8}$$

4.3.2　完全的偏振光

原则上，完全的偏振光可以定义为完全的非偏振光的对极状况，即 $|j_{xy}|=1$。但这样定义有一个问题，当一束线偏振光的偏振方向和坐标轴一致时，它的正交分量为 0，于是 $|j_{xy}|=1$ 是不可能成立的，需要另寻更好的定义表述。

根据 j_{xy} 的性质，$|j_{xy}|=1$ 意味着 $j_{xy}j_{yx}=1$，而从 j_{xy} 的定义表述式（4.1.13）可以进一步得到

$$\frac{J_{xy}J_{yx}}{J_{xx}J_{yy}}=1 \tag{4.3.9}$$

于是，相干矩阵的行列式为

$$\det\boldsymbol{J}=J_{xx}J_{yy}-J_{xy}J_{yx}=0 \tag{4.3.10}$$

式（4.3.10）是 $|j_{xy}|=1$ 的必然结果，反过来，除了偏振方向和坐标轴一致，也是如此。行列式为 0 的表述不受坐标取向的限制，由此，从数学定义的视角，**完全的偏振光是相干矩阵行列式等于 0 的光。**

不过，从物理意义的视角，将完全偏振理解为光束的正交分量之间有确定的关系是更为确切的，也更容易理解。可以把某一分量等于 0 视为该分量是一个确定的函数，它的正交分量当然应该有一个确定的函数形式。两个确定函数之间的关系，

当然是确定的，尽管它们之间的相关函数是 0。从这个意义上而言，读者就可以心安理得地从物理意义的视角来理解完全的偏振光。

按照式（4.3.10），完全的偏振光的相干矩阵一定为

$$\boldsymbol{J}=\begin{bmatrix} J_{xx} & J_{xx}^{1/2}J_{yy}^{1/2}\mathrm{e}^{\mathrm{i}\alpha} \\ J_{xx}^{1/2}J_{yy}^{1/2}\mathrm{e}^{-\mathrm{i}\alpha} & J_{yy} \end{bmatrix} \tag{4.3.11}$$

从式（4.2.18）容易得到

$$\frac{I'_{\max}(\delta,\theta)-I'_{\min}(\delta,\theta)}{I'_{\max}(\delta,\theta)+I'_{\min}(\delta,\theta)}=1 \tag{4.3.12}$$

也就意味着：

$$I'_{\min}(\delta,\theta)=0 \tag{4.3.13}$$

几种典型的完全的偏振光的相干矩阵列于表 4.3.1。

表 4.3.1　典型的完全的偏振光的相干矩阵

x 方向线偏振光	$\boldsymbol{J}=J_{xx}\begin{bmatrix}1 & 0\\ 0 & 0\end{bmatrix}$
y 方向线偏振光	$\boldsymbol{J}=J_{yy}\begin{bmatrix}0 & 0\\ 0 & 1\end{bmatrix}$
45°方向线偏振光	$\boldsymbol{J}=J_{xx}\begin{bmatrix}1 & 1\\ 1 & 1\end{bmatrix}$
135°方向线偏振光	$\boldsymbol{J}=J_{xx}\begin{bmatrix}1 & -1\\ -1 & 1\end{bmatrix}$
右旋圆偏振光	$\boldsymbol{J}=J_{xx}\begin{bmatrix}1 & \mathrm{j}\\ -\mathrm{j} & 1\end{bmatrix}$
左旋圆偏振光	$\boldsymbol{J}=J_{xx}\begin{bmatrix}1 & -\mathrm{j}\\ \mathrm{j} & 1\end{bmatrix}$

4.3.3　偏振度

4.3.1 节和 4.3.2 节讨论了完全的非偏振光和完全的偏振光，它们有一个显著特点由式（4.3.8）和式（4.3.12）表述出来。不过，实际存在的光，如从介质界面折射后的光、从实际激光器出射的光等，常处于这两者状态之间。对这些光做特别策划的偏振实验，它们的“一种比值关系”式（4.2.18）的数值，既不是完全的偏振光的 1，也不是完全的非偏振光的 0，而是 0～1 的某个数。这是一种不完全的偏振光，或者如同现在文献中常用的术语：部分偏振光。那么，部分偏振光“部分”到什么程度，这个问题自然而然地显现出来。

“一种比值关系”的式（4.2.18）提供了一个绝好的评价范式：完全的偏振光，

它等于 1，完全的非偏振光，它等于 0。于是，0～1 的数值就可以说明部分偏振光的“部分”程度。

不过，这只是直观的感觉，要把它正式归入理论体系，还需要归纳论证。

还是从光的相干矩阵着手。一个相干矩阵，总可以写成如下形式：

$$\boldsymbol{J}=\boldsymbol{J}^{\text{unpol}}+\boldsymbol{J}^{\text{pol}}=A\begin{bmatrix}1 & 0\\0 & 1\end{bmatrix}+\begin{bmatrix}B & D\\D^{*} & C\end{bmatrix} \tag{4.3.14}$$

式中，$\boldsymbol{J}^{\text{unpol}}$ 是光的完全非偏振的那一部分；而 $\boldsymbol{J}^{\text{pol}}$ 则是完全偏振的部分。在式（4.3.14）的表述中，显然 A、B、C 都是实数，且有 $A\geqslant 0$、$B\geqslant 0$、$C\geqslant 0$。再考虑完全偏振光的条件，有 $BC-DD^{*}=0$。它们与光束相干矩阵的元素 J_{xx}、J_{yy}、J_{xy} 和 J_{yx} 的关系为

$$J_{xx}=A+B \tag{4.3.15a}$$

$$J_{yy}=A+C \tag{4.3.15b}$$

$$J_{xy}=D \tag{4.3.15c}$$

$$J_{yx}=D^{*} \tag{4.3.15d}$$

综合式（4.3.15）的四个等式，可以得到

$$(J_{xx}-A)(J_{yy}-A)-J_{xy}J_{yx}=0 \tag{4.3.16}$$

式（4.3.16）表明，A 是相干矩阵的本征值，其解为

$$A=\frac{1}{2}\{\text{tr}\,\boldsymbol{J}\pm[(\text{tr}\,\boldsymbol{J})^{2}-4\det\boldsymbol{J}]^{1/2}\} \tag{4.3.17}$$

式（4.3.17）说明，A 可以有两个值，分别对应公式中大括号内的 ± 符号。先来看取负号的情况，从式（4.3.15a）和式（4.3.15b）可以得到

$$B=\frac{1}{2}\{(J_{xx}-J_{yy})+[(\text{tr}\,\boldsymbol{J})^{2}-4\det\boldsymbol{J}]^{1/2}\} \tag{4.3.18}$$

$$C=\frac{1}{2}\{(J_{yy}-J_{xx})+[(\text{tr}\,\boldsymbol{J})^{2}-4\det\boldsymbol{J}]^{1/2}\} \tag{4.3.19}$$

另外，由于相干矩阵是一个厄米矩阵，所以通过简单的运算，两个式子中，有

$$[(\text{tr}\,\boldsymbol{J})^{2}-4\det\boldsymbol{J}]^{1/2}=[(J_{xx}-J_{yy})^{2}+4J_{xy}J_{yx}]^{1/2}\geqslant|J_{xx}-J_{yy}| \tag{4.3.20}$$

这样，B 和 C 都是大于 0 的实数。

再来看取正号会是什么样的结果。此时，式（4.3.18）和式（4.3.19）中的 $[(\text{tr}\,\boldsymbol{J})^{2}-4\det\boldsymbol{J}]^{1/2}$ 前面的正号变成负号，于是 B 和 C 都会小于 0，这和式（4.3.14）的要求是相违背的。式（4.3.17）中的 ± 号只能取为负号，于是得到

$$A=\frac{1}{2}\{(J_{xx}+J_{yy})-[(\mathrm{tr}\,\boldsymbol{J})^2-4\det\boldsymbol{J}]^{1/2}\}\tag{4.3.21}$$

那么，所谓部分偏振光的“部分”程度应该是什么含义呢？从测量方便的角度，光束中偏振部分的强度与光束整体的强度之比是一个合理的指征。可以定义偏振度 P 为

$$P=\frac{\mathrm{tr}\,\boldsymbol{J}^{\mathrm{pol}}}{\mathrm{tr}\,\boldsymbol{J}}\tag{4.3.22}$$

$\mathrm{tr}\,\boldsymbol{J}$ 就是光束原本的相干矩阵的迹，而 $\mathrm{tr}\,\boldsymbol{J}^{\mathrm{pol}}$ 则从式（4.3.18）～式（4.3.21）来计算，即

$$\mathrm{tr}\,\boldsymbol{J}^{\mathrm{pol}}=[(\mathrm{tr}\,\boldsymbol{J})^2-4\det\boldsymbol{J}]^{1/2}\tag{4.3.23}$$

于是可以说，如果已知光束的相干矩阵，那么它的偏振度为

$$P=\frac{\mathrm{tr}\,\boldsymbol{J}^{\mathrm{pol}}}{\mathrm{tr}\,\boldsymbol{J}}=\left[1-\frac{4\det\boldsymbol{J}}{(\mathrm{tr}\,\boldsymbol{J})^2}\right]^{1/2}\tag{4.3.24}$$

式（4.3.24）的右边的形式和式（4.2.18）的右边的形式完全一致，后者是特别策划的偏振实验的实验结果。于是，光束的偏振度是可以用实验测定的一个量。

一个明显的特点为

$$0\leqslant P\leqslant 1\tag{4.3.25}$$

下面讨论三种情况下的 P 意味着什么。

（1）当 P=1 时，$\mathrm{tr}\,\boldsymbol{J}^{\mathrm{pol}}=\mathrm{tr}\,\boldsymbol{J}$，光束的强度全都是由偏振光组成的，从式（4.2.24）也可以推断 $\det\boldsymbol{J}=0$，于是它是偏振光束。

（2）当 P=0 时，$\mathrm{tr}\,\boldsymbol{J}^{\mathrm{pol}}=0$，光束中没有偏振强度。从式（4.2.24）也可以推断此时 $(\mathrm{tr}\,\boldsymbol{J})^2-4\det\boldsymbol{J}=0$，也就是 $(J_{xx}-J_{yy})^2+4J_{xy}J_{yx}=0$，考虑到 $J_{xy}=J_{yx}^*$，由此必须有

$$J_{xy}=J_{yx}^*=0,\quad J_{xx}-J_{yy}=0\tag{4.3.26}$$

这符合完全的非偏振光的定义。

（3）当 $0<P<1$ 时，当然这不像上面两种情况是单一数值，而是一群数值。不管是什么数值，光束都可以被称为“部分偏振光”。其实在现实的实验中，P=1 的完全的偏振光是很少见的，$P>0.95$ 的光束，偏振度就算是高的了。

在一些文献中，也可以见到用相干矩阵的本征值来表述偏振度。从式（4.3.17）可以解出相干矩阵的两个本征值 A_1 和 A_2，而且很容易得到

$$\mathrm{tr}\,\boldsymbol{J}=A_1+A_2\tag{4.3.27}$$

另一个关系也不难得到

$$\det \boldsymbol{J} = A_1 A_2 \tag{4.3.28}$$

于是，偏振度为

$$P = \left| \frac{A_1 - A_2}{A_1 + A_2} \right| \tag{4.3.29}$$

4.4　准单色光束经过偏振器件

4.4.1　传输矩阵或琼斯矩阵

偏振度的问题已经很清楚了，它可以用光束的相干矩阵计算出来。现在，来讨论光束经由偏振器件后，相干矩阵会发生什么变化。

定义相干矩阵的式（4.1.3）可以写为

$$\boldsymbol{J} = \left\langle \tilde{\boldsymbol{E}}(t) \boldsymbol{E}(t) \right\rangle \tag{4.4.1}$$

式中，$\boldsymbol{E}(t)$ 是将琼斯矢量写成行矩阵的形式：

$$\boldsymbol{E}(t) = [E_x(t) \quad E_y(t)] \tag{4.4.2}$$

而 $\tilde{\boldsymbol{E}}(t)$ 则是 $\boldsymbol{E}(t)$ 的厄米共轭矩阵，即

$$\tilde{\boldsymbol{E}}(t) = \begin{bmatrix} E_x^*(t) \\ E_y^*(t) \end{bmatrix} \tag{4.4.3}$$

当光束经过一个偏振器件后，新的琼斯矢量总可以表示为 $\boldsymbol{E}(t)$ 和一个 2×2 矩阵 $\boldsymbol{T}$ 的乘积，即

$$\boldsymbol{E}'(t) = \boldsymbol{E}(t)\boldsymbol{T} \tag{4.4.4}$$

新的厄米共轭矩阵为

$$\tilde{\boldsymbol{E}}'(t) = \tilde{\boldsymbol{T}}\tilde{\boldsymbol{E}}(t) \tag{4.4.5}$$

于是，新的相干矩阵为

$$\boldsymbol{J}' = \left\langle \tilde{\boldsymbol{E}}'(t)\boldsymbol{E}'(t) \right\rangle = \left\langle \tilde{\boldsymbol{T}}\tilde{\boldsymbol{E}}(t)\boldsymbol{E}(t)\boldsymbol{T} \right\rangle = \tilde{\boldsymbol{T}} \left\langle \tilde{\boldsymbol{E}}(t)\boldsymbol{E}(t) \right\rangle \boldsymbol{T} \tag{4.4.6}$$

写成简洁的形式为

$$\boldsymbol{J}' = \tilde{\boldsymbol{T}}\boldsymbol{J}\boldsymbol{T} \tag{4.4.7}$$

$\boldsymbol{T}$ 描述了偏振器件改变光束相干矩阵的能力，通常称为传输矩阵，也称为器件的琼斯矩阵。

4.4.2 完全的偏振光通过偏振器件

从式（4.4.7）可以看到一个不同于原有相干矩阵的新矩阵 $\boldsymbol{J}'$ 的出现，那么，还能推断出什么结论呢？

先来看新矩阵的行列式：

$$\det \boldsymbol{J}' = \det \boldsymbol{T}' \times \det \boldsymbol{J} \times \det \boldsymbol{T} = \det \boldsymbol{J} \,|\det \boldsymbol{T}\,|^2 \tag{4.4.8}$$

公式的推导很简单。相信读者一定记得 4.3.2 节中关于完全的偏振光的论述：**完全的偏振光是相干矩阵行列式等于 0 的光**。如果一束相干矩阵是 $\boldsymbol{J}$ 的完全的偏振光入射到偏振器件上，它的行列式当然有 $\det \boldsymbol{J} = 0$。代入到式（4.4.8）中，出射光的新矩阵 $\boldsymbol{J}'$ 也就有 $\det \boldsymbol{J}' = 0$。

于是可以说，**任何一个偏振器件，都不会改变完全偏振光的 P=1 的完全偏振性质。**

这一结论可以从另一个角度加以审视。4.3 节中，读者已建立了这样的概念：偏振度是光的振动方向有序的量度。完全的偏振光的振动方向是完全有序的，而在式（4.4.7）的传输矩阵 $\boldsymbol{T}$ 中，并没有任何无序的参数，变换的结果当然不会是无序的。要想从“有序”变成“无序”，哪怕是有部分“无序”，传输矩阵中就必须包括无序的参数。“无序”其实是很难的，考虑到光波的频率高达 10^{13}Hz，人为地把如此快速的无序变化调制到光波上，哪怕仅是调制振幅或频率而不是振动方向，现有的技术也还做不到。放宽一点条件，例如，在某些场合，观察时间比亚微秒更长，随机调制振幅或频率是可行的，但调制振动方向的技术，目前还没有听说过。

此外，新的光束的光强也很容易得到

$$I' = \mathrm{tr}(\tilde{\boldsymbol{T}}\boldsymbol{J}\boldsymbol{T}) \tag{4.4.9}$$

这个参数没有什么特别的讨论可说。

4.4.3 典型偏振器件的传输矩阵

1. 补偿片（compensator）

compensator，直译就是补偿器，译成补偿片也无可非议。它的特点是在特定的两个正交方向上，对光波振动的相位延迟不同，因此有人也称为相位片。当它垂直于传播方向插入光束时，它并不影响光波两个正交分量的传播方向，从补偿片出射的光束传播方向与入射光束的完全一致。

补偿片是最常用的偏振器件之一。当补偿片的两个偏振方向相位延迟的差值为 π 或 $\pi/2$ 时，它还有一个专门名词，前者称为二分之一波片（$\lambda/2$ wave plate），后者称为四分之一波片（$\lambda/4$ wave plate）。

可以将两个相位延迟的数值分别记为 ε_x 和 ε_y，于是，光束通过补偿片之后的新琼斯矢量为

$$\boldsymbol{E}' = [E_x \mathrm{e}^{\mathrm{i}\varepsilon_x} \quad E_y \mathrm{e}^{\mathrm{i}\varepsilon_y}] \tag{4.4.10}$$

它可以看作下面一个算式的结果：

$$\boldsymbol{E}' = \boldsymbol{E}\begin{bmatrix} \mathrm{e}^{\mathrm{i}\varepsilon_x} & \\ & \mathrm{e}^{\mathrm{i}\varepsilon_y} \end{bmatrix} \tag{4.4.11}$$

注意，在补偿片中，ε_x 和 ε_y 的绝对值并不重要，起作用的是它们的差值 $\delta = \varepsilon_y - \varepsilon_x$，于是，将式（4.4.11）改写为

$$\boldsymbol{E}' = \boldsymbol{E}\begin{bmatrix} \mathrm{e}^{-\mathrm{i}\frac{\delta}{2}} & 0 \\ 0 & \mathrm{e}^{\mathrm{i}\frac{\delta}{2}} \end{bmatrix} = \boldsymbol{E}\boldsymbol{T}_c \tag{4.4.12}$$

很容易看出，式(4.4.12)中的 $\boldsymbol{T}_c$，就是补偿片的传输矩阵，而且有 $\tilde{\boldsymbol{T}}_c\boldsymbol{T}_c = \boldsymbol{T}_c\tilde{\boldsymbol{T}}_c = 1$，也就是说，$\boldsymbol{T}_c$ 是一个酉矩阵（unitary matrix）。

光束通过补偿片后的光强为

$$I' = \mathrm{tr}(\tilde{\boldsymbol{T}}\boldsymbol{J}\boldsymbol{T}) = \mathrm{tr}\,\boldsymbol{J} = I \tag{4.4.13}$$

也就是说，补偿片不影响光束的强度，不管原有的光束是偏振光还是自然光，都是一样的。

2. 吸收片（absorber）

光束通过吸收片后，强度有所衰减，因此也有人称它为衰减片。严格来说，衰减（attenuation）和吸收是有区别的，后者指媒质本身吸取能量，而前者应该包括由于散射（scattering）在内的其他因素而损失的能量。在光学领域，除了散射之外的其他因素的作用很小，可以忽略不计。因此有了一个专门名词叫做消光（extinction），它代表散射损耗加吸收损耗的总和。光学元件表面的反射，可以看作散射的一种特定形态，如果不加处理，则它对“消光”的贡献是很大的，好在可以通过镀膜技术将其减到尽可能小。所以在理论上讨论吸收片时，可以不考虑由于散射带来的损耗。

由此，吸收可以用场吸收系数 α 来表述，当光束通过吸收片后，光场减小到原光场的 $\mathrm{e}^{-\alpha}$。考虑到两个正交方向的不同吸收，新光场为

$$\boldsymbol{E}' = [E_x \mathrm{e}^{-\alpha_x} \quad E_y \mathrm{e}^{-\alpha_y}] = \boldsymbol{E}\begin{bmatrix} \mathrm{e}^{-\alpha_x} & 0 \\ 0 & \mathrm{e}^{-\alpha_y} \end{bmatrix} \tag{4.4.14}$$

而吸收片的传输矩阵为

$$\boldsymbol{T}_A = \begin{bmatrix} \mathrm{e}^{-\alpha_x} & 0 \\ 0 & \mathrm{e}^{-\alpha_y} \end{bmatrix} \tag{4.4.15}$$

吸收片只对光强产生影响，结果很容易推导：

$$\mathrm{tr}(\tilde{\boldsymbol{T}}_A\boldsymbol{J}\boldsymbol{T}_A)=\mathrm{tr}(\boldsymbol{J}\boldsymbol{T}_A^2)=J_{xx}\mathrm{e}^{-2\alpha_x}+J_{yy}\mathrm{e}^{-2\alpha_y} \tag{4.4.16}$$

3. 坐标旋转

在 4.1 节中，读者已经见识了坐标旋转的用处。根据式（4.1.9），坐标旋转的传输矩阵 $\boldsymbol{T}_R$ 为

$$\boldsymbol{T}_R=\begin{bmatrix}\cos\chi & \sin\chi\\ -\sin\chi & \cos\chi\end{bmatrix} \tag{4.4.17}$$

这是一个实数矩阵，它的转置矩阵、共轭矩阵和逆矩阵都是相等的，即

$$\boldsymbol{T}_R^{\mathrm{T}}=\tilde{\boldsymbol{T}}_R=\boldsymbol{T}_R^{-1} \tag{4.4.18}$$

这样性质的矩阵称为正交矩阵。

显然，坐标旋转不应该影响所传输的光强数值，而 $\boldsymbol{T}_R$ 正具备这样的性质。简单的运算就可以得到

$$I'=\mathrm{tr}(\tilde{\boldsymbol{T}}_R\boldsymbol{J}\boldsymbol{T}_R)=\mathrm{tr}\,\boldsymbol{J}=I \tag{4.4.19}$$

4. 偏振片

本章中偏振片是个“主角”，前面已经多次出现，读者也已经熟悉它的性质。偏振片只容许特定偏振方向的光波通过，偏振方向为其正交方向的光波则完全不能通过。从另一方面来看，它也是吸收片的一个特例。如果把偏振片的通过方向置放得和 x 轴重合，那么它的 $\alpha_x=0$，而 $\alpha_y=\infty$。参照式（4.4.15），可以把它的传输矩阵写为

$$\boldsymbol{T}_P=\begin{bmatrix}1 & 0\\ 0 & 0\end{bmatrix} \tag{4.4.20}$$

但这是一个很特殊的场合，就是偏振片的通过方向与 x 轴重合。普遍的情况是偏振片的通过方向与 x 轴构成一个角度 θ。而入射光波的振动方向，可以是任意方向。于是，入射光 $\boldsymbol{E}$ 在偏振片通过方向的投影 $E(\theta)$由两部分组成，一部分由它的 x 分量 E_x 所形成，另一部分则由它的 y 分量 E_y 形成，有

$$E(\theta)=E_x\cos\theta+E_y\sin\theta \tag{4.4.21}$$

$E(\theta)$就是通过偏振片后光矢量的模值，其振动方向沿着 θ 方向。把它分解为坐标分量，即

$$E_x'=E(\theta)\cos\theta \tag{4.4.22a}$$

$$E_y'=E(\theta)\sin\theta \tag{4.4.22b}$$

写成矩阵形式为

$$\boldsymbol{E}' = [E(\theta)\cos\theta \quad E(\theta)\sin\theta] \tag{4.4.23}$$

将式（4.4.21）代入，就有

$$\boldsymbol{E}' = \boldsymbol{E}\begin{bmatrix} \cos^2\theta & \cos\theta\sin\theta \\ \sin\theta\cos\theta & \sin^2\theta \end{bmatrix} \tag{4.4.24}$$

而偏振片传输矩阵的普遍形式为

$$\boldsymbol{T}_P = \begin{bmatrix} \cos^2\theta & \cos\theta\sin\theta \\ \sin\theta\cos\theta & \sin^2\theta \end{bmatrix} \tag{4.4.25}$$

式中，θ 是偏振片的通过方向与 x 轴构成的角度。如果 $\theta=0$，则它退化为式(4.4.20)。

$\boldsymbol{T}_P$ 有一个奇特的特点，即

$$\boldsymbol{T}_P\boldsymbol{T}_P = \boldsymbol{T}_P \tag{4.4.26}$$

称为“等幂条件”（idempotency condition）。多个偏振片叠加在一起，其作用和一个偏振片的作用是一样的。这当然是一个理想状态。实际的偏振片，其正交方向的吸收不能达到无穷，也就是通过轴与 x 轴重合时，$\alpha_y \neq \infty$。这时，多片叠合在很多情况下就有必要。

光束通过偏振片后，光功率会发生变化。简单的推导就可以获得数学表述：

$$I = \mathrm{tr}(\tilde{\boldsymbol{T}}_P\boldsymbol{J}\boldsymbol{T}_P) = \mathrm{tr}(\boldsymbol{J}\boldsymbol{T}_P\tilde{\boldsymbol{T}}_P) = \mathrm{tr}(\boldsymbol{J}\boldsymbol{T}_P\boldsymbol{T}_P) = \mathrm{tr}(\boldsymbol{J}\boldsymbol{T}_P) \tag{4.4.27}$$

5. 介质的边界

作为本节的最后一个例子，来讨论介质边界的传输矩阵。

光束在介质边界上会发生反射、透射和折射，它们的数学描述是菲涅耳在 1823 年提出的，现在以菲涅耳公式闻名于学术界。菲涅耳公式给出了在两种不同折射率介质的交界面处，反射光和折射光的性状。详细的分析可以参看 Born 和 Wolf 的名著《光学原理》的 1.5 节；一般性的叙述在很多光学教科书上都可以找到，本书就不再重复了。

从菲涅耳公式可以得到四个参数：光振动电场方向平行界面的分量的反射系数 r_p 和透射系数 t_p，以及光振动电场方向垂直于平行界面的分量的那个分量的反射系数 r_s 和透射系数 t_s。设平行界面的方向为 x 轴方向，传播方向为 z 轴方向，则透射光的电场强度的两个分量就可以写为

$$E'_x = t_p E_x, \quad E'_y = t_s E_y \tag{4.4.28}$$

写成矩阵形式为

$$\boldsymbol{E}' = \begin{bmatrix} t_p & 0 \\ 0 & t_s \end{bmatrix} \boldsymbol{E} = \boldsymbol{T}_t \boldsymbol{E} \tag{4.4.29}$$

而它的传输矩阵为

$$\boldsymbol{T}_t = \begin{bmatrix} t_p & 0 \\ 0 & t_s \end{bmatrix} \tag{4.4.30}$$

需要注意的是，尽管式（4.4.29）在计算应用上没有问题，但 $\boldsymbol{E}$ 和 $\boldsymbol{E}'$在两个不同的坐标体系中。从数学的严格性来说，式（4.4.29）不成立，除非入射光和界面正好垂直。如果试图将它用在理论分析或推导中，那么应该多琢磨琢磨，以免弄出匪夷所思的结果。

同样的思路，可以获得反射光的传输矩阵为

$$\boldsymbol{T}_r = \begin{bmatrix} r_p & 0 \\ 0 & r_s \end{bmatrix} \tag{4.4.31}$$

4.4.4　偏振器件的级联

偏振器件的级联是指多个偏振器件顺序排列在光束的传输路径上，如图 4.4.1 所示。

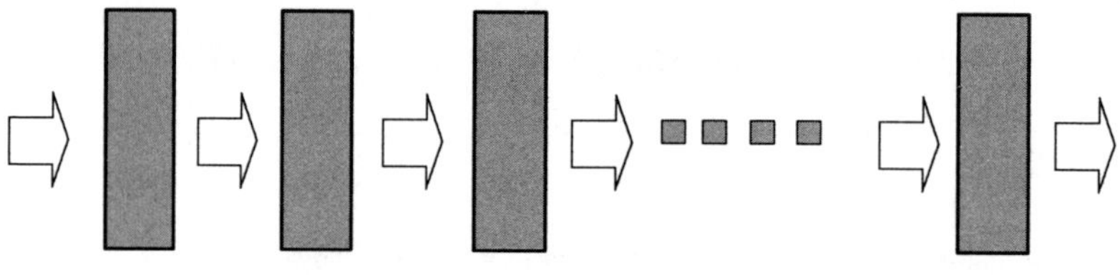

图 4.4.1　偏振器件的级联

级联的数学表述是很容易的，一级一级地推算就可以了。设 n 个级联的偏振器件的传输矩阵分别是 $\boldsymbol{T}_1, \boldsymbol{T}_2, \boldsymbol{T}_3, \cdots, \boldsymbol{T}_n$，当琼斯矩阵为 $\boldsymbol{J}$ 的光束通过级联后，新的琼斯矩阵 $\boldsymbol{J}'$为

$$\boldsymbol{J}' = \tilde{\boldsymbol{T}}_n \tilde{\boldsymbol{T}}_{n-1} \cdots \tilde{\boldsymbol{T}}_1 \boldsymbol{J} \boldsymbol{T}_1 \boldsymbol{T}_2 \cdots \boldsymbol{T}_n \tag{4.4.32}$$

以图 4.2.1 的特别策划的实验为例。该实验是两个偏振器件的级联，光束先是通过一个补偿片，然后再通过一个偏振片。依照前面介绍的知识，补偿片的传输矩阵 $\boldsymbol{T}_c$ 可以从式（4.4.12）获取，而偏振片的传输矩阵 $\boldsymbol{T}_p$ 从式（4.4.25）获得。通过后光束的新琼斯矩阵为

$$\boldsymbol{J}' = \tilde{\boldsymbol{T}}_P \tilde{\boldsymbol{T}}_C \boldsymbol{J} \boldsymbol{T}_C \boldsymbol{T}_P \tag{4.4.33}$$

计算是不困难的，而新琼斯矩阵的光强为

$$I' = \mathrm{tr}\{\tilde{\boldsymbol{T}}_P \tilde{\boldsymbol{T}}_C \boldsymbol{J} \boldsymbol{T}_C \boldsymbol{T}_P\} \tag{4.4.34}$$

运算的结果为

$$I' = \mathrm{tr}\{\boldsymbol{KJ}\} \tag{4.4.35}$$

式中，

$$\boldsymbol{K} = \begin{bmatrix} \cos^2\theta & \cos\theta\sin\theta \mathrm{e}^{-\mathrm{i}\delta} \\ \sin\theta\cos\theta\mathrm{e}^{\mathrm{i}\delta} & \sin^2\theta \end{bmatrix} \tag{4.4.36}$$

代入式（4.4.35），得到

$$I' = J_{xx}\cos^2\theta + J_{yy}\sin^2\theta + J_{xy}\mathrm{e}^{\mathrm{i}\delta}\sin\theta\cos\theta + J_{yx}\mathrm{e}^{-\mathrm{i}\delta}\cos\theta\sin\theta \tag{4.4.37}$$

它和式（4.2.3）完全一致。

4.5　斯托克斯参数

4.5.1　斯托克斯参数的基本概念

4.3 节中，本书用相干矩阵的观点，阐述了偏振度的概念。相干矩阵的出现，还是 20 世纪 40 年代以后的事。正如本章开始所述的，“偏振”的历史比“相干矩阵”要早得多。早在“相干矩阵”出现的 100 年前，英国学者斯托克斯（Stokes）于 1852 年提出了一组用于描述偏振度的参数，现在称之为斯托克斯参数。由于历史的原因以及一些其他因素，到目前为止斯托克斯参数仍有广泛的应用。

在斯托克斯介入偏振光描述的当时，菲涅耳已经确认了光的横波性质。由此，光波可以用两个式子来加以确定，即

$$E_x(t) = a_x(t)\mathrm{e}^{\mathrm{i}[\alpha_x(t) - 2\pi\bar{\nu}t]} \tag{4.5.1}$$

$$E_y(t) = a_y(t)\mathrm{e}^{\mathrm{i}[\alpha_y(t) - 2\pi\bar{\nu}t]} \tag{4.5.2}$$

光波的振动幅度是一个无法测量的值，所能测量的仅是光波的强度。斯托克斯提出的参数，就是一组“强度”值，分别表示为 s_0， s_1， s_2 和 s_3，即

$$\begin{aligned} s_0 &= \langle a_x^2 \rangle + \langle a_y^2 \rangle \\ s_1 &= \langle a_x^2 \rangle - \langle a_y^2 \rangle \\ s_2 &= 2\langle a_x a_y \cos\delta \rangle \\ s_3 &= 2\langle a_x a_y \sin\delta \rangle \end{aligned} \tag{4.5.3}$$

式中，

$$\delta=\alpha_y(t)-\alpha_x(t) \tag{4.5.4}$$

接下来讨论完全非偏振和完全偏振时，斯托克斯参数的特点。

1. 完全的非偏振光的斯托克斯参数

很难想象，斯托克斯当时是如何想到用这样一组参数的。对于一个完全的非偏振光，它的$\langle a_x^2\rangle=\langle a_y^2\rangle$，$a_x$和$a_y$之间没有任何联系，于是有

$$s_1=s_2=s_3=0 \tag{4.5.5}$$

2. 完全的偏振光的斯托克斯参数

对于完全的偏振光，a_x，a_y和δ都是确定量，不随时间的推移而变（请注意“不变”的含义。世上万物，“变”是绝对的，不变是相对的。在第 1 章中讨论了随机过程，读者应该对“不变”有所体会），于是式（4.5.3）退化为

$$\begin{aligned} s_0&=a_x^2+a_y^2\\ s_1&=a_x^2-a_y^2\\ s_2&=2a_xa_y\cos\delta\\ s_3&=2a_xa_y\sin\delta \end{aligned} \tag{4.5.6}$$

式中，参数s_0,s_1,s_2和s_3只有三个是独立的。因为很容易证明：

$$s_0^2=s_1^2+s_2^2+s_3^2 \tag{4.5.7}$$

对于完全的偏振光，斯托克斯参数可以用来描述偏振的状态。关于偏振状态，Born 和 Wolf 的《光学原理》中有详细的论述。在本书中，仅概括阐述一些结论。在阐述中，本书仍然采用直角坐标系，z轴是传播方向，x-y平面是电场所在的平面。

任意一个完全的偏振光，都可以认为是一个椭圆偏振光。线偏振和圆偏振是两种特殊的退化的椭圆偏振。描述椭圆偏振需要三个参数：a_1,a_2和δ，而描述椭圆的参数则是：椭圆的长轴和短轴以及长轴与x轴的夹角。两种参数之间应该有确定的关系。

如图 4.5.1 所示，设光波的电矢量尖端在x-y平面内划出一个椭圆，它的振幅的x分量的最大值显然就是a_x，y分量的最大值则为a_y；椭圆长轴与x轴的夹角为ψ；并设椭圆的长轴长度为$2a$，短轴长度为$2b$。

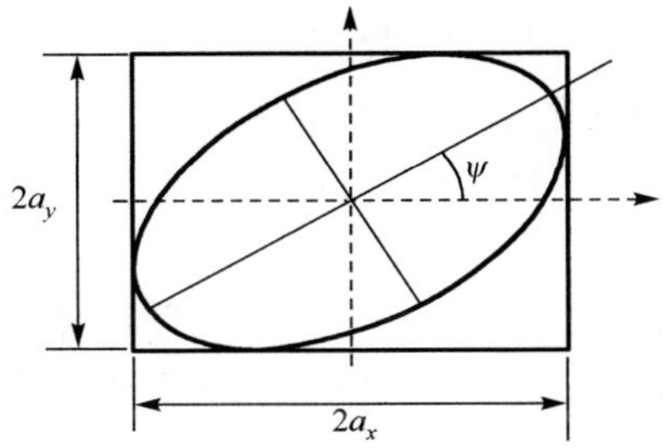

图 4.5.1　说明偏振状态的示意图

引入两个辅助参数 χ 和 α，它们设定为

$$\tan\chi = \mp b / a \tag{4.5.8}$$

$$\tan\alpha = \frac{a_y}{a_x} \tag{4.5.9}$$

则偏振和椭圆之间的关系可以表示为

$$\begin{aligned} &a^2 + b^2 = a_x^2 + a_y^2 \\ &\tan 2\psi = \tan 2\alpha \cos\delta \\ &\sin 2\chi = \sin 2\alpha \sin\delta \end{aligned} \tag{4.5.10}$$

式中，χ 的取值范围是 $-\pi/4 \leqslant \chi \leqslant \pi/4$，负号和正号代表了椭圆轨迹的不同旋转方向。

得到了这些关系式后，斯托克斯参数中，s_1，s_2 和 s_3 都能表述为 s_0 函数，即

$$\begin{aligned} &s_1 = s_0 \cos 2\chi \cos 2\psi \\ &s_2 = s_0 \cos 2\chi \sin 2\psi \\ &s_3 = s_0 \sin 2\chi \end{aligned} \tag{4.5.11}$$

其实，这个椭圆是一个理论上的东西，它能帮助人们对各种偏振形态的理解。不过现在并没有人真正看到过这个椭圆，人们能测量到的是 $\langle a_x^2 \rangle, \langle a_y^2 \rangle$ 和 δ。当然，偏振度也是能测量的，当偏振度等于 1 时，得到了 $\langle a_x^2 \rangle, \langle a_y^2 \rangle$ 和 δ，也就可以画出椭圆了。

不过描述椭圆的参数 χ 和 ψ，因为另一位学者而声名大振。

这位学者是一位法国人，名字是 Poincaré。在文献[15]中，他被称为“邦加”；如果读者对非线性科学有兴趣，则会发现他被称为“庞加莱”；在一些其他学科的著作中，他又有一个名字：“彭加勒”。他的科学兴趣广泛，在当时就被描述为一个博学者，并被称为数学领域的最后一位全才。

那么，这几个翻译名字，哪一个最为接近他的原名发音呢？据我所知，“庞加莱”、

“彭加勒”和原来的发音多少还是比较接近的，只是文献[15]中的“邦加”，是以英文发音规则去翻译一个法国人的名字，差得多了一些。

Poincaré 是一位数学家，不过对所有的学科都有那么一点好奇心。他在 1892 年提出了偏振状态的几何表述方法。

仔细看式（4.5.11），如果采用球坐标体系，斯托克斯参数组描述了一个矢量的端点，这个矢量的模是 s_0，它的球坐标是 $(s_0, 2\psi, 2\chi)$，于是，它在直角坐标系的投影，可以由式（4.5.11）计算获得，如图 4.5.2 所示。

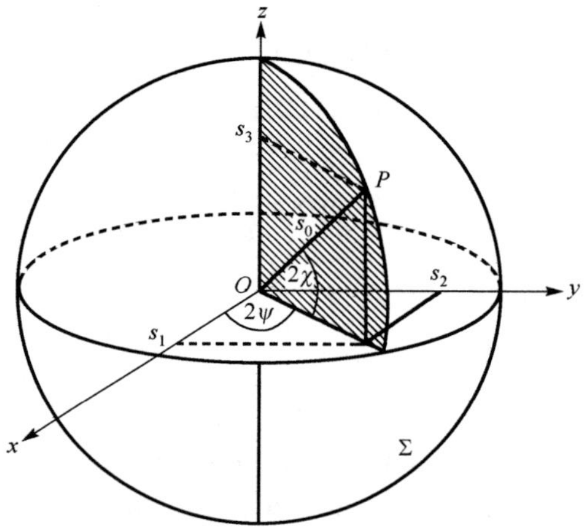

图 4.5.2　完全偏振状态下斯托克斯参数的几何表述

这样，当 s_0=常数时，以 s_0 为半径作出一个球体，这个球的表面的任意一点都对应了一组斯托克斯参数，也就对应了一种偏振状态。

其中有两种对应了圆偏振，就是 $\chi = \mp\pi/4$，它们处于球的南北两极。处于南极的 $\chi = -\pi/4$ 的那一点习惯上称为左旋圆偏振，此时的斯托克斯参数的特点是 $s_1 = s_2 = 0; s_3 = -s_0$；而处于北极的 $\chi = \pi/4$ 的那一点习惯上称为右旋圆偏振，它的参数特点是 $s_1 = s_2 = 0; s_3 = s_0$。

其中还有一大种群，实际可以看作无穷多种状态对应了线偏振，那就是 $\chi = 0$ 的群体。它们位于球体的赤道上，偏振方向由 ψ 确定。显然此时在斯托克斯参数中，$s_3 = 0$。

剩下的一大群，当然还是无穷多个，而且是比线偏振群更高级次的无穷多个，都是椭圆偏振态。习惯上，北半球表面所代表的是右旋椭圆偏振光，南半球表面所代表的是左旋椭圆偏振光，四个斯托克斯参数都不为 0。

这个球很有意思，而且后来的学者在研究晶体光学时，利用这个球来加深对理论的理解。现在，这个球以最早提出它的学者为名，称为“Poincaré sphere”。为了和传统的著作接轨，还是沿用《光学原理》[15]中的译法，把它翻译成“邦加球”。

至于如何利用“邦加球”表述部分偏振光，在讨论了部分偏振的斯托克斯参数表述和偏振度的斯托克斯参数表述后再来讨论。

3. 部分偏振光的斯托克斯参数

斯托克斯参数中的四个参数之间不满足式（4.5.7），同时也不满足式（4.5.5），光就呈现为部分偏振光。此时斯托克斯参数的一个明显特点为

$$s_0 \geqslant \sqrt{s_1^2 + s_2^2 + s_3^2} \tag{4.5.12}$$

在研究斯托克斯参数如何表述“部分”前，先来讨论它与相干矩阵参数之间的关系。

4.5.2 斯托克斯参数和相干矩阵

回顾一下表述相干矩阵的式（4.1.3），将它继续往前推导，可以得到

$$\boldsymbol{J} = \begin{bmatrix} J_{xx} & J_{xy} \\ J_{yx} & J_{yy} \end{bmatrix} = \begin{bmatrix} \left\langle a_x^2 \right\rangle & \left\langle a_x a_y \mathrm{e}^{\mathrm{i}(\alpha_y - \alpha_x)} \right\rangle \\ \left\langle a_x a_y \mathrm{e}^{-\mathrm{i}(\alpha_y - \alpha_x)} \right\rangle & \left\langle a_y^2 \right\rangle \end{bmatrix} \tag{4.5.13}$$

将式（4.5.13）和定义斯托克斯参数的式（4.5.3）比较，很容易获得它们和相干矩阵参数之间的转换关系：

$$\begin{aligned} s_0 &= J_{xx} + J_{yy} \\ s_1 &= J_{xx} - J_{yy} \\ s_2 &= J_{xy} + J_{yx} \\ s_3 &= \mathrm{i}(J_{yx} + J_{xy}) \end{aligned} \tag{4.5.14}$$

以及

$$\begin{aligned} J_{xx} &= \frac{1}{2}(s_0 + s_1) \\ J_{yy} &= \frac{1}{2}(s_0 - s_1) \\ J_{xy} &= \frac{1}{2}(s_2 + \mathrm{i}s_3) \\ J_{yx} &= \frac{1}{2}(s_2 - \mathrm{i}s_3) \end{aligned} \tag{4.5.15}$$

也有文献指出，如果利用泡利自旋矩阵（Pauli spin matrices）：

$$\boldsymbol{\sigma}_1 = \begin{bmatrix} 1 & 0 \\ 0 & -1 \end{bmatrix},\quad \boldsymbol{\sigma}_2 = \begin{bmatrix} 0 & 1 \\ 1 & 0 \end{bmatrix},\quad \boldsymbol{\sigma}_3 = \begin{bmatrix} 0 & \mathrm{i} \\ -\mathrm{i} & 0 \end{bmatrix} \tag{4.5.16}$$

和单位矩阵：

$$\boldsymbol{\sigma}_0 = \begin{bmatrix} 1 & 0 \\ 0 & 1 \end{bmatrix} \tag{4.5.17}$$

式（4.5.14）可以表示为更简洁的形式：

$$s_j = \mathrm{tr}[\boldsymbol{J}\boldsymbol{\sigma}_j], \quad j = 0,1,2,3 \tag{4.5.18}$$

式（4.5.15）则表示为

$$\boldsymbol{J} = \frac{1}{2}\sum_{j=0}^{3} s_j \boldsymbol{\sigma}_j \tag{4.5.19}$$

泡利是奥地利物理学家，1945 年诺贝尔物理学奖的获得者，当时就职于美国新泽西州普林斯顿大学。他在 1925 年以提出泡利不相容原理扬名于学界。在处理电子的自旋问题时，他引入了泡利自旋矩阵。量子力学中的计算工具，竟然在经典光学中找到了用武之地，可见科学原理之间的相通性，也说明斯托克斯参数与相干矩阵之间具有深刻的内在联系。至于具体计算，当然还是借助式（4.5.14）和式（4.5.15）。

既然相干矩阵中的各个元素是可以用特别策划的实验测量后组合出来的，那么，斯托克斯参数也一定可以用特别策划的实验测量后组合出来。综合式（4.2.5）、式（4.2.6）、式（4.2.7）和式（4.5.14），简单的四则运算就可以得到

$$\begin{aligned} s_0 &= I'(0,0^\circ) + I'(0,90^\circ) \\ s_1 &= I'(0,0^\circ) - I'(0,90^\circ) \\ s_2 &= I'(0,45^\circ) - I'(0,135^\circ) \\ s_3 &= I'\left(\frac{\pi}{2},45^\circ\right) - I'\left(\frac{\pi}{2},135^\circ\right) \end{aligned} \tag{4.5.20}$$

将式（4.5.20）与相干矩阵的各元素比较一下。斯托克斯的四个参数组合结构很“对称”，都是六个实验数据中的两个数据的加减运算；相干矩阵中的四个元素，J_{xx} 和 J_{yy} 只由一个实验数据构成，而 J_{xy} 和 J_{yx} 的构成有点复杂。s_0 和 s_1 的组合是比 J_{xx} 和 J_{yy} 复杂一点，但 s_2 和 s_3 比起 J_{xy} 和 J_{yx}，已经简单多了，而且 s_2 和 s_3 都是实数，不像 J_{xy} 和 J_{yx} 是两个复数。在相干矩阵出现以后，斯托克斯参数仍然在学界流行，“s_2 和 s_3 都是实数”是重要原因。

从式（4.5.20），读者也可以体验一下斯托克斯当年的思路。当时，$I'(\delta,\theta)$ 已有大量的实验数据，从中选出式（4.2.4）所规定的 6 个特殊数值不是什么难事。但要将它们组合成式（4.5.20）那样的表述，没有对大量实验数据的细致分析和对横波理论的深刻理解，是很难做到的。

4.5.3　用斯托克斯参数表达偏振度

用斯托克斯参数表达偏振度的思路，与用相干矩阵表达的思路类似，是把光束

的斯托克斯参数分为两部分，一部分是完全偏振的，另一部分则是完全非偏振的。如果将四个斯托克斯参数一并记为 $\boldsymbol{s}$，则上述思想可以记为

$$\boldsymbol{s}=\boldsymbol{s}_p+\boldsymbol{s}_u \tag{4.5.21}$$

式中，$\boldsymbol{s}_u$ 代表了完全非偏振部分，它的特点为

$$s_{u1}=s_{u2}=s_{u3}=0 \tag{4.5.22}$$

而 $\boldsymbol{s}_p$ 则为完全偏振部分，它的特点为

$$s_{p0}=\sqrt{s_{p1}^2+s_{p2}^2+s_{p3}^2} \tag{4.5.23}$$

考虑到式（4.5.22），于是有

$$s_{p1}=s_1,\quad s_{p2}=s_2,\quad s_{p3}=s_3 \tag{4.5.24}$$

至于 s_{u0}，考虑到两部分的总功率应该等于光束的功率，于是有

$$s_0=s_{u0}+s_{p0} \tag{4.5.25}$$

综合以上的考虑，可以获得

$$\begin{aligned}&\boldsymbol{s}_p:\sqrt{s_1^2+s_2^2+s_3^2},s_1,s_2,s_3\\&\boldsymbol{s}_u:s_0-\sqrt{s_1^2+s_2^2+s_3^2},0,0,0\end{aligned} \tag{4.5.26}$$

偏振度 P，如前所述，是光束的偏振部分的功率和总功率之比，于是有

$$P=\frac{\sqrt{s_1^2+s_2^2+s_3^2}}{s_0} \tag{4.5.27}$$

从另一个途径，可以得到完全相同的结果，那就是从式（4.5.15）出发，推算出矩阵的迹和行列式，再考虑相干矩阵偏振度计算的式（4.2.24）。

矩阵的迹，在用斯托克斯参数表示时，有

$$\operatorname{tr}\boldsymbol{J}=s_0^2 \tag{4.5.28}$$

它的行列式为

$$\det\boldsymbol{J}=\frac{1}{4}[s_0^2-(s_1^2+s_2^2+s_3^2)] \tag{4.5.29}$$

代入式（4.2.24），就获得式（4.5.27）。

现在，可以回过头来再看“邦加球”。既然可以分解斯托克斯参数为完全偏振和完全非偏振两个部分：$\boldsymbol{s}=\boldsymbol{s}_p+\boldsymbol{s}_u$，而且完全偏振部分的斯托克斯参数是 $s_{p0}=\sqrt{s_1^2+s_2^2+s_3^2},s_1,s_2,s_3$，那么可以用这组参数做出一个小“邦加球”。它的几何参数类同于式（4.5.11），只是用 s_{p0} 取代了 s_0。每组斯托克斯参数都对应了小“邦加

球”表面的一个点，也就是“邦加球”球体中的一个点。s_{p0} 的方向和 s_0 的方向完全一致。

至于完全的非偏振光，读者都知道它的斯托克斯参数满足式（4.5.5），也就是 $s_1=s_2=s_3=0$。于是 $s_{p0}=\sqrt{s_1^2+s_2^2+s_3^2}=0$，小“邦加球”的直径缩小为一个点。可以看出，完全的非偏振光在“邦加球”中的位置就是球的球心。

4.5.4 偏振器件及其级联

光束通过偏振器件，它的相干矩阵从 $\boldsymbol{J}$ 转变为 $\boldsymbol{J}'$。斯托克斯参数与相干矩阵有着深刻的内在联系，那么它也会从 $\boldsymbol{s}$ 转变为 $\boldsymbol{s}'$。从 $\boldsymbol{J}$ 转变为 $\boldsymbol{J}'$，在数学上借助于传输矩阵，或称为琼斯矩阵，这是一个 2×2 的矩阵。从 $\boldsymbol{s}$ 转变为 $\boldsymbol{s}'$ 呢？$\boldsymbol{s}$ 不像相干矩阵那样能写成 2×2 矩阵的形式，不过，写成一个列矩阵形式，是不会有问题的，即

$$\boldsymbol{s}=\begin{pmatrix} s_0 \\ s_1 \\ s_2 \\ s_3 \end{pmatrix} \tag{4.5.30}$$

转换过程总可以表现为

$$\begin{aligned} s_0' &= M_{00}s_0+M_{01}s_1+M_{02}s_2+M_{03}s_3 \\ s_1' &= M_{10}s_0+M_{11}s_1+M_{12}s_2+M_{13}s_3 \\ s_2' &= M_{20}s_0+M_{21}s_1+M_{22}s_2+M_{23}s_3 \\ s_3' &= M_{30}s_0+M_{31}s_1+M_{32}s_2+M_{33}s_3 \end{aligned} \tag{4.5.31}$$

新的斯托克斯参数中的每一个元素都可能受到原来四个元素的影响。显然，式（4.5.31）中的 M_{jk} 构成了一个 4×4 矩阵，习惯上写成 $\boldsymbol{M}$，即

$$\boldsymbol{M}=\begin{pmatrix} M_{00} & M_{01} & M_{02} & M_{03} \\ M_{10} & M_{11} & M_{12} & M_{13} \\ M_{20} & M_{21} & M_{22} & M_{23} \\ M_{30} & M_{31} & M_{32} & M_{33} \end{pmatrix} \tag{4.5.32}$$

$\boldsymbol{M}$ 被称为穆勒矩阵（Mueller matrix）。关于穆勒矩阵，《光学原理》的作者之一 Wolf 后来是这样评价的：穆勒矩阵的“命名来自 Mueller，1945～1948 年，他在麻省理工学院做表象光学系列讲座中运用了该矩阵。穆勒本人并没有在公开文献中发表他的结果，只出现过一些简单的摘要。然而在此之前，这些矩阵至少在一些特定的场合下被 Soleilett 和 Perrin 所使用。”

这就是说，尽管它出现在琼斯矩阵之前，但被广泛接受并被命名却在琼斯矩阵

之后。穆勒矩阵的各个元素都是实数，从而它的计算更容易程序化，这是它能被广泛接受的重要原因。

用穆勒矩阵来描述偏振器件的功能也比较简明，即

$$\boldsymbol{s}' = \boldsymbol{M}\boldsymbol{s} \tag{4.5.33}$$

如果是偏振器件的级联，则计算公式为

$$\boldsymbol{s}' = \boldsymbol{M}_n \boldsymbol{M}_{n-1} \cdots \boldsymbol{M}_1 \boldsymbol{s} \tag{4.5.34}$$

显然，穆勒矩阵一定可以从琼斯矩阵中导出。

在前面读者已经知道，光束通过偏振器件后，新的相干矩阵由式（4.4.7）计算，而斯托克斯参数和相干矩阵的关系是式（4.5.18），于是转换后的斯托克斯参数为

$$s_j' = \mathrm{tr}[\boldsymbol{J}'\boldsymbol{\sigma}_j], \quad j = 0,1,2,3 \tag{4.5.35}$$

代入式（4.4.7），有

$$s_j' = \mathrm{tr}[\tilde{\boldsymbol{T}}\boldsymbol{J}\boldsymbol{T}\boldsymbol{\sigma}_j] \tag{4.5.36}$$

对其中的 $\boldsymbol{J}$ 使用式（4.5.19），可以得到两个等价的表述：

$$s_j' = \frac{1}{2}\mathrm{tr}[\tilde{\boldsymbol{T}} s_k \sigma_k \boldsymbol{T} \sigma_j], \quad j = 0,1,2,3, \quad k = 0,1,2,3 \tag{4.5.37a}$$

和

$$s_j' = \frac{1}{2}\mathrm{tr}[\boldsymbol{T} \sigma_j \tilde{\boldsymbol{T}} s_k \sigma_k], \quad j = 0,1,2,3, \quad k = 0,1,2,3 \tag{4.5.37b}$$

注意在式（4.5.37）的表述用了“爱因斯坦法则”，即同一下标出现两次的，需要进行全部可能出现下标的运算。

将式（4.5.37b）改写为

$$s_j' = M_{jk} s_k, \quad j = 0,1,2,3 \tag{4.5.38}$$

式（4.5.38）的运算也遵循“爱因斯坦法则”。

于是就得到 M_{jk}，即

$$M_{jk} = \mathrm{tr}\{\boldsymbol{T}\sigma_j \tilde{\boldsymbol{T}} \sigma_k\}, \quad j = 0,1,2,3, \quad k = 0,1,2,3 \tag{4.5.39}$$

关于偏振，就讨论到此。至于某个器件的穆勒矩阵是什么样的，读者在用到的时候，可以查阅相关手册。

第 5 章　矢量随机场的应用——光学湍流

第 3 章中，本书描述了标量场相干性的应用。在第 4 章中，又描述了二维矢量场相干性的应用。本章将讨论三维矢量场在光学中的应用。

本章试图处理的问题，是光束在湍流大气中传播的问题。“大气”是大家很熟悉的概念，可能有些读者不太知道“湍流”，甚至还没有听说过。先来看看中文的意义。“湍流”是近年来才出现的词汇，但“湍”却很古老。《辞海》中，“湍”有两条解释。①急流的水：“春冬之时，则素湍绿潭，回清倒影”。②水势急：“水湍悍，难以行平地”。

这么说来，“湍流”等同于“急流”。但也不尽然，文学作品中常有“湍急的河流”这样的描述，“湍”和“急”似乎有区别。不过文学语言不同于学术语言，为加强语感，几个同义词并列使用是经常的。

再来看看英文，“湍流大气”来自 turbulent atmosphere，它和 atmospheric turbulence 都是经常出现的词汇，主要看论题着重在“大气”还是“湍流”。在《美国传统词典》中，turbulent 的含义是“Violently agitated or disturbed；Causing unrest or disturbance; unruly”，而 turbulence 则是“The state or quality of being turbulent”。不过词典也注明了 turbulent flow 的物理学含义：“An eddying motion of the atmosphere that interrupts the flow of wind.”所有的解释都不能看到“急”的含义，更多的是紊乱、不规则、干扰、涡旋、阻断等。因此，turbulence 常被译为“紊乱”，在很多文献中 atmospheric turbulence 也翻译为“大气紊流”。

那么，什么时候它又成为“湍流”呢？这可真说不清楚。在 20 世纪 70 年代末，在笔者刚刚开始接触激光工程时，“湍流”已经不时地出现在文献上。当前，使用“大气湍流”的人远比使用“大气紊流”的多。尽管后者似乎更能体现 turbulence 的原意。好在“湍”字在其他场合用处极少，不会引起什么误解。

看来，“湍流”并不是“急流”。那么，什么是“湍流”？什么是“湍流大气”？如何用数学语言描述湍流大气，都是在讨论“光束在湍流大气中传播的问题”之前必须要搞清楚的论题。

需要声明的是，本书只对湍流大气对光传播的作用感兴趣，这部分的湍流内容习惯上常称为“光学湍流”，对湍流中的其他问题本书不再讨论。

5.1　关于“湍流”

湍流是什么？尤其大气湍流是什么？还没有人能用几句话给出明确的描述，更谈不上什么“定义”了。刘式达等在文献[16]中，第一句话是“一提起湍流，首先给人们以杂乱无章的感觉。”用了十页的篇幅，来解释什么是湍流。

前面提到的《美国传统词典》中关于“turbulent flow”的英文解释，翻译过来就是：大气中一种干扰风速流动的涡旋运动。从这个解释，至少看到“湍流”的两个特点：①它与“风”联系紧密；②它呈现为涡旋运动。当然，学者是否认同这个解释，又当别论。

至于湍流是如何产生的，那就更深奥了。词典上当然不会解释，不过专业书籍中也“不甚了然”。20 世纪前期的作者，如著名的流体力学专家普朗特在其名著《流体力学概论》中，曾这样叙述：“在过去的八十多年里，许多人主要在数学方面随后又在实验方面，用了大量精力试图回答湍流是如何形成的。对这样一个有重要意义的问题，直到现在还是一个有现实性的研究课题。”到了 21 世纪，刘式达等的著作中，仍然是“湍流是如何发生的？这是一个非常有趣和值得研究的问题……所以，Landau 的湍流发生机制还是不完全正确的。”

书中提到的“Landau”是苏联物理学家朗道。他的专长是量子物理，并以创立了“凝聚态物理”而获得 1962 年度的诺贝尔物理学奖。关于湍流发生机制是他在 1944 年发表的一篇论文中提出来的。1948 年，德国数学家霍普夫按照朗道的思路提出了一个更详细的理论，该理论被称为霍普夫-朗道理论。从刘式达的著作中读者可以获知，权威如朗道的理论“还是不完全正确的。”可见近一个世纪以来，关于湍流是如何发生的研究尽管不少，但进展并不大。

不过，一般性的叙述还是必须的，以使读者对湍流有一个初步认识，为进一步阅读湍流中的光学现象作一些铺垫。

5.1.1　湍流的发生

1883 年，英国物理学家雷诺发表了他所做的关于“层流”和“湍流”的著名论文。他将液体的流动控制在玻璃管内，并滴入少许染料以观察流动的状态。当流动速度较低时，流动呈现为轮廓鲜明的纤细直丝，流线平滑，这种平滑的流动称为“层流”。然后雷诺加快液体流动速度，当速度加快到一定程度时，原来平滑的细丝状的流线就会在某处破碎，流体的运动变得没有规律，产生混乱、交叉、变化迅速的扰动：“湍流”产生了。在大量实验数据的基础上，雷诺总结出，可以用一个无量纲的参数 Re 来描述流体的特征，Re 的定义为

$$\mathrm{Re}=\frac{\rho uL}{\mu}=\frac{u}{\nu}L \tag{5.1.1}$$

式中，u 是流体的速度；L 是流动的特征尺度，在管道内，L 就是管道的直径；uL 代表了惯性力；ρ 是流体密度；μ 是流体的黏性系数；$\nu=\dfrac{\mu}{\rho}$ 是运动黏性系数，代表了黏性力。

在刘式达的著作里，Re 用中文表达为

$$\mathrm{Re}=\frac{\text{惯性力}}{\text{黏性力}} \tag{5.1.2}$$

Re 现在以雷诺数的名称为学界所熟知。不过早在 1851 年，斯托克斯就已经引入了这一概念。雷诺的主要贡献并不是 Re 的定义，而是认为它可以作为判断湍流是否能产生的判据。可以定义出一个“临界雷诺数”Re_c，当 $\mathrm{Re}<\mathrm{Re}_c$ 时，湍流不会发生；而当 $\mathrm{Re}>\mathrm{Re}_c$ 时，一个微不足道的扰动，就可能使层流转变为湍流。临界雷诺数的数值，学界也并没有完全一致的看法，大体上在 2000～2600 的范围。

雷诺的玻璃管实验，在大气中是没法进行了，就连一般的观察都很难。一方面，雷诺数中的特征尺度 L，在大气运动中就很难确定；另一方面，大气的运动黏性系数 ν 很小，大气中一点点很微小的流动，都会使雷诺数大于临界雷诺数，而大气中又到处都有扰乱流动的漂浮物，如 PM2.5 之类。人类观察到的大气流动可以说都是湍流，在气象学中所测量的风速和风向，都是较长测量时间内的时间平均值。

不过人们还是试图对大气湍流的形成做一个定性的描述。

设想由于某种原因，大气出现了一个整团气体的流动。对于这团气体的雷诺数的计算，可以把速度 u 取为气团流动的速度，特征尺度可以是这一团气体的尺度，它很快就会向湍流状态转化。当这种转化开始后，首先出现的是那些与流动整体特征尺度相当的巨大涡旋，它的特征尺度记为 L_0，它的数值依赖于流动的几何特征，通常在数十米到数百米的范围，L_0 被称为湍流的外尺度。

这个巨大涡旋构成了最初的湍流能量，为描述涡旋的流动特征，可以引入一个内雷诺数 Re_l：

$$\mathrm{Re}_l=\frac{l\upsilon_l}{\nu} \tag{5.1.3}$$

式中，l 是涡旋流动的特征尺度；υ_l 是与特征尺度范围相当的流动速度。这个巨大涡旋的内雷诺数随着整体流动雷诺数的增加而增加。当 Re_l 大于某一临界值后，它本身也将呈现不稳定性而分裂成较小的涡旋，并将能量传递给它们。这个过程还要继续到第三级、第四级……涡旋的特征尺度越来越小，相应的雷诺数也越来越小。

这个过程不可能无止境地继续下去。当内雷诺数减小到某一数值时，流体黏性影响将成为运动的本质因素，由于黏性所产生的摩擦，将湍流能量全部转化为热能而无法再分裂为更小的涡旋。这一因素决定了涡旋的最小特征尺度 l_0，l_0 被称为湍流的内尺度，内尺度的一般量级为数毫米。

在充分发展的湍流中，涡旋一方面消失，一方面又产生新的涡旋。因此在任一时刻，流动中都存在尺度为（l_0, L_0）的连续谱涡旋。它们的运动相互交联、叠加，构成一幅复杂的图像。

图 5.1.1 为笔者所做的示意图，供读者参考。

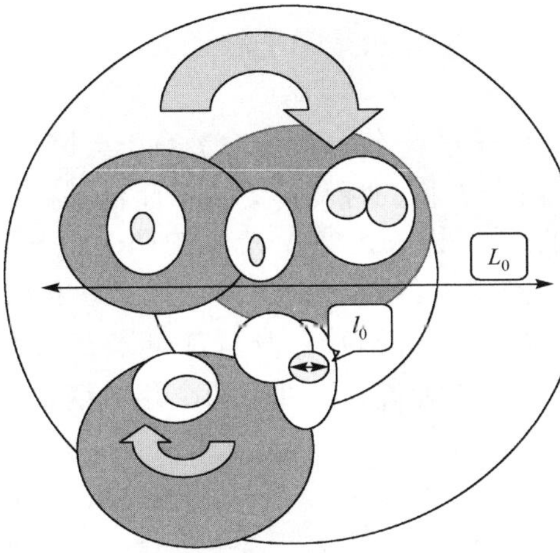

图 5.1.1　充分发展的湍流由尺度为（l_0, L_0）的涡旋构成

5.1.2　柯尔莫哥洛夫湍流模型

想用有限个变量的力学方程来描述湍流的想法，显得很不实际，且不论这样的方程是否能建立起来，即便是建立，恐怕也没有人能解出来。

与光传播有关的湍流描述方法是 1941 年由苏联学者柯尔莫哥洛夫提出并奠定基础的“局部均匀各向同性”（local homogenous isotropic）湍流理论，现在被学界称为“柯尔莫哥洛夫湍流模型”。

这是一个建立在随机场理论基础上的模型。“流动”显然是一个矢量，可以用符号 $\boldsymbol{v}$ 来表示，它构成了一个矢量随机场。用相关函数来描述矢量随机场，需要 9 个分量，即

$$\boldsymbol{\Gamma}(\boldsymbol{r}_1,\boldsymbol{r}_2)=\begin{pmatrix}\Gamma_{xx}(\boldsymbol{r}_1,\boldsymbol{r}_2) & \Gamma_{xy}(\boldsymbol{r}_1,\boldsymbol{r}_2) & \Gamma_{xz}(\boldsymbol{r}_1,\boldsymbol{r}_2)\\ \Gamma_{yx}(\boldsymbol{r}_1,\boldsymbol{r}_2) & \Gamma_{yy}(\boldsymbol{r}_1,\boldsymbol{r}_2) & \Gamma_{yz}(\boldsymbol{r}_1,\boldsymbol{r}_2)\\ \Gamma_{zx}(\boldsymbol{r}_1,\boldsymbol{r}_2) & \Gamma_{zy}(\boldsymbol{r}_1,\boldsymbol{r}_2) & \Gamma_{zz}(\boldsymbol{r}_1,\boldsymbol{r}_2)\end{pmatrix} \tag{5.1.4}$$

或写为

$$\Gamma_{ij}(\boldsymbol{r}_1,\boldsymbol{r}_2)=\left\langle \nu_i(\boldsymbol{r}_1)\nu_j(\boldsymbol{r}_2)\right\rangle \tag{5.1.5}$$

式中，下标 i 和 j 代表 x,y,z 中的任意一个。请注意，式（5.1.4）和式（5.1.5）的写法并不意味着相关函数仅是 $\boldsymbol{r}$ 的函数而不是时间的函数，只是为了研究随机场空间关系而暂时不考虑时间因素，且有随机场在时间上的变化是平稳过程的前提条件。时间因素的考虑，本书以后再讨论。

如果随机场是均匀各向同性随机场，则对它的描述可以简化。

简化的过程有点复杂，在文献[3]中叙述过一个稍微详细一点的推演，看起来确实有点繁琐。本书不再浪费篇幅，只是为了叙述的连贯性，简单地谈一谈它的来龙去脉。

第一个简化的基础是：矢量场有一些基本参数不会随着坐标的平移或旋转而改变，称为场的不变量，如两个矢量的标积；第二个简化基础在第 1 章中已经提到过：在“均匀各向同性”条件下，相关函数所涉及的两个点 $\boldsymbol{r}_1,\boldsymbol{r}_2$ 可以归集为一个标量 $r=|\boldsymbol{r}_1-\boldsymbol{r}_2|$。在这两点的基础上，经过一系列的逻辑推理和数学演算，得到结论：对于一个均匀各向同性随机场，相关函数各分量都可以表示为纵向相关函数 $\Gamma_{ll}(r)$ 和横向相关函数 $\Gamma_{nn}(r)$ 的组合。或者说，**可以用两个相关函数 $\Gamma_{ll}(r)$ 和 $\Gamma_{nn}(r)$ 来描述一个均匀各向同性随机场**。

在第 1 章中，本书已经讨论过随机过程的结构函数。对于结构函数的结论也是类似的：**可以用两个结构函数 $D_{ll}(r)$ 和 $D_{nn}(r)$ 来描述一个均匀各向同性随机场**。

一个现象用两个函数来描述当然已经够简化，不过还不尽如人意。研究者发现当空气的流动速度低于音速时，空气是不会被压缩的。在数学上的表述，就是随机矢量场 $\boldsymbol{\nu}$ 的散度为 0，即

$$\mathrm{div}\,\boldsymbol{\nu}=0 \tag{5.1.6}$$

此时可以进一步推论：**对于不可压缩的流场，纵向相关函数是它的相关函数的唯一特征**，横向相关函数可以通过简单的数学关系从纵向相关函数求得。结构函数也有同样的结论：**对于不可压缩的流场，纵向结构函数是它的结构函数的唯一特征**，横向结构函数可以通过简单的数学关系从纵向结构函数求得。于是描述随机场的特征只要一个函数就可以了。

但是，现在面临的问题是：大气湍流是“均匀各向同性”的吗？

假如流体运动向各方向无限制地随意扩展，将湍流涡旋看作均匀各向同性还是有点形象的。特别在大 Re 值时，湍流运动得到充分发展的情况更是这样。但实际上，“流体运动向各方向无限制地随意扩展”显然不可能被满足，流动的能量也不可能无限大，另外，它也会受到固体边界的限制。

因此，量级为 L_0 的大涡旋运动肯定不是均匀各向同性的。

1941 年之前，对湍流的认识大抵如此。

大尺度涡旋不是均匀各向同性的，那么小尺度涡旋如何？如果所考察区域离固体边界足够远，且所考察区域的尺度 $l << L_0$，会是怎样？柯尔莫哥洛夫认为：**虽然流动整体是非各向同性的，但在给定的微小区域内，可以近似地把它看作是各向同性的**。这就是柯尔莫哥洛夫于 1941 年提出的三个基本假设中的第一条假设的内容。名词“局部均匀各向同性”也源自“给定的微小区域内”。

这个假设的原始表述是：**在** $|\boldsymbol{r}_2-\boldsymbol{r}_1|<<L_0$，$t_2-t_1<<T=\dfrac{L_0}{v}$ **限定的区域内，在空间** $(\boldsymbol{r},t)$ **任意有限点集中，差值** $v_i(\boldsymbol{r}_2,t_2)-v_i(\boldsymbol{r}_1,t_1)$ **的概率分布保持不变**。

从假设的表述方式可以看到，尺度 $l<<L_0$ 的涡旋运动的随机特征随时间的变化是相当缓慢的。这也就附和本书先前的处理：在处理随机场的问题时，可以把时间因素先剔出来，只考虑随机场的空间关系。或者说，**在涡旋特征时间内，随机特征可以看作是不变的**。于是，统计特征仅依赖于 $r=|\boldsymbol{r}_2-\boldsymbol{r}_1|$。另外，假设的表述是“**差值** $v_i(\boldsymbol{r}_2,t_2)-v_i(\boldsymbol{r}_1,t_1)$ **的概率分布保持不变**”，如第 1 章中所述，是为了这个“所考察区域”尽可能大一些。

有了第一假设，再考虑式（5.1.6）的条件，于是只需要用纵向结构函数就可以描述局部均匀各向同性湍流的基本统计特征，即

$$D_{ll}(r)=\left\langle [v_l(\boldsymbol{r}_2)-v_l(\boldsymbol{r}_1)]^2\right\rangle \tag{5.1.7}$$

v_l 是速度矢量在 $\boldsymbol{r}_1$ 和 $\boldsymbol{r}_2$ 连线上的分量。

解决了“局部均匀各向同性”的问题，下一步的目标就是寻找结构函数的数学形式。

为获得一个随机过程的相关函数或结构函数，可以通过两种途径。一种是归纳方法，通过对大量的测试数据的计算处理，寻找出最符合测量结果的函数形式；另一种则是分析随机过程生成的物理图像，从中寻找出可能的物理量之间的关系。

在两种途径中，前一种途径肯定要可靠一些，它是从测试数据中总结出来的。不过，就像本书已经多次论述过的那样，要多少测试数据才算足够呢？下一次测试还能否保证和以前的测试一致呢？再加上对湍流场测试在技术上的实际困难，这条路可以说是荆棘丛生、难以通行。柯尔莫哥洛夫试图从湍流的物理图像来寻找，于是，他提出了第二和第三假设。

先来叙述一下这两个假设的内容。

第二假设的内容是：**在局部均匀各向同性区域中，流体运动由内摩擦力和惯性力决定**。

第三假设的内容是：**在大 Re 值时，存在称为惯性范围的尺度区间** $l_0<<r<<L_0$，**在此范围内，内摩擦力的影响是不重要的，因而可以略去，运动图像由惯性力决定**。

从这两条假设，如何获得结构函数的形式呢？显然，这需要涉及流体力学的知识，笔者对此基本上不了解。在文献[3]中，有过一个简要的推导，但谈不上“对所研究课题的深刻了解（见该书第 127 页上的引语）。”在这本书中，还要谈得更简单一些。

第二假设的结果，是涡旋运动仅取决于内摩擦力和惯性力。惯性力可以用体系中传递的能量流ε描述；而内摩擦力则用运动黏性系数ν来描述。按照物理图像的描述，惯性力与内摩擦力在尺度为 l_0 的最小涡旋处有一个“结合点”：代表惯性力的能量流ε被代表内摩擦力的运动黏性系数ν全部转换为热量。单位时间内能量流ε与风速起伏之间的关系，一是正比于风速起伏的平方值$\upsilon_{l_0}^2$，二是反比于风速起伏的周期l_0/υ_{l_0}。于是有

$$\varepsilon \sim \frac{\upsilon_{l_0}^3}{l_0} \quad 或 \quad \upsilon_{l_0} \sim (\varepsilon l_0)^{\frac{1}{3}} \tag{5.1.8}$$

内摩擦力作用于涡旋，并将能量转换为热能的关系大致与风速起伏的平方值成正比，与涡旋尺度的平方成反比，比例系数就是运动黏性系数ν，即

$$\varepsilon \sim \nu\upsilon_{l_0}^2 / l_0^2 \tag{5.1.9}$$

综合考虑式（5.1.8）和式（5.1.9），可以解得

$$l_0 \sim \left(\frac{\upsilon_{l_0}^3}{\varepsilon}\right)^{\frac{1}{4}}, \quad \upsilon_{l_0} \sim (\varepsilon\nu)^{\frac{1}{4}} \tag{5.1.10}$$

现在来构造结构函数。一方面，风速的结构函数$D_{ll}(r)$显然与风速起伏的平方值有正比关系：$D_{ll}(r) \sim C\upsilon_{l_0}^2 \cdots$（省略号表示除此之外，还有其他因子）；另一方面，根据第三假设，在惯性范围内结构函数仅是r和ε的函数。为了从上述假设中得到有积极意义的结果，我们以l_0作为量度距离r的单位，以υ_{l_0}作为量度速度的单位。这样，风速的结构函数$D_{ll}(r)$就可以表示为r/l_0的函数关系，于是得出$D_{ll}(r)$具有形式为

$$D_{ll}(r) \sim C\upsilon_{l_0}^2 f(r/l_0) \tag{5.1.11}$$

C是一无量纲的常数。$f(r/l_0)$表示$D_{ll}(r)$与r/l_0有函数关系。

可是从式（5.1.11）还是无法获得明确的结果，于是柯尔莫哥洛夫使用量纲理论把函数关系$f(r/l_0)$写成幂次形式，即

$$D_{ll}(r) \sim C\upsilon_{l_0}^2 (r/l_0)^{\alpha} \tag{5.1.12}$$

α是一个待定常数，它的选择应该使等式（5.1.12）满足柯尔莫哥洛夫第三假设的条件，即$D_{ll}(r)$应该不依赖ν。

将式（5.1.10）中的关系代入式（5.1.12），可得

$$D_{ll}(r)=C\sqrt{\varepsilon\nu}(r\varepsilon^{1/4}\nu^{3/4})^{\alpha} \tag{5.1.13}$$

为使式（5.1.13）不依赖于ν，必须满足$\nu^{\frac{1}{2}}\nu^{-\alpha\frac{3}{4}}=1$，这个等式太容易解了，就是$\alpha=\dfrac{2}{3}$。于是式（5.1.13）就写为

$$D_{ll}(r)=C(\varepsilon r)^{\frac{2}{3}} \tag{5.1.14}$$

C 的数值后来由大量的实验数据归纳得出为 1.9。式（5.1.14）称为湍流理论的“$\dfrac{2}{3}$定律”，是柯尔莫哥洛夫对湍流理论做出的重要贡献，以致现在学界把它称为“柯尔莫哥洛夫湍流模型”。

“柯尔莫哥洛夫湍流模型”的名称本身，就说明还存在其他类型的“湍流模型”。在把非线性理论引入湍流现象后，湍流理论已经有长足的进展。笔者也曾浏览过近年来的教科书，不过实在没有足够的耐心去弄懂现代的描述方法。一方面，缺乏关于非线性理论的基础知识；另一方面，对于只关心湍流中光学现象的人，对风速结构函数这样的参数不感兴趣，关心的只是湍流中光学折射率的变化，后面很快就会谈到这个问题。为了解光学折射率，笔者觉得“柯尔莫哥洛夫湍流模型”已经够用了。它的数学形式比较简单，物理图像很清晰，很多学者也认为实验数据支持“柯尔莫哥洛夫湍流模型”。缺陷就是它的“来路”不严谨，依靠“量纲理论”来获取结果，不能算是严格的数学模型。

在进一步讨论“柯尔莫哥洛夫湍流模型”之前，还需要解决$r<<l_0$时的湍流描述问题。

当$r<<l_0$时，r已溢出惯性范围，显然不能再用等式（5.1.14）。但它依然“**在给定的微小区域内，可以近似地把它看作是各向同性的**。”也就是在柯尔莫哥洛夫第一假设的条件之内，处于局部均匀各向同性区间。它的结构函数仍然仅是r的函数。由于r很小，我们可将两点速度差$\Delta\upsilon_l$展开为泰勒级数并只取第一项作为近似，于是$\Delta\upsilon_l\sim r$。根据$D_{ll}(r)$的定义，就有$D_{ll}(r)\sim r^2$。这只要在等式（5.1.13）中取$\alpha=2$就可以满足：

$$D_{ll}(r)=A\frac{\varepsilon}{\nu}r^2 \tag{5.1.15}$$

等式中，结构函数不仅与ε有关，而且与运动黏性系数ν有关。这也是预料中的事，在$r<<l_0$的区域，涡旋已经消亡，消亡的过程当然与ν相关。

有人对它进行了更细致的讨论，证明了$A=\dfrac{1}{15}$。综合来说，风速结构函数可以写为

$$D_{ll}(r)=\begin{cases}C(\varepsilon r)^{2/3}, & l_0 << r << L_0\\ \dfrac{1}{15}\dfrac{\varepsilon}{\nu}r^2, & r << l_0\end{cases} \tag{5.1.16}$$

由等式（5.1.16），还能给出 l_0 的数学定义：l_0 是函数 $\frac{1}{15}\frac{\varepsilon}{\nu}r^2$ 和 $C(\varepsilon r)^{2/3}$ 的交点，即

$$l_0=\left[\frac{(15C\nu)^3}{\varepsilon}\right]^{\frac{1}{4}} \tag{5.1.17}$$

在近地面处，l_0 具有毫米量级。

图 5.1.2 给出了局部各向同性湍流的结构函数图。纵坐标将 D_{ll} 归一化到 $\sqrt{\varepsilon\nu}$ 取为 $D_{ll}/\sqrt{\varepsilon\nu}$，横坐标则取为 $r\varepsilon^{\frac{1}{4}}\nu^{\frac{3}{4}}$。常数 C 取为 1.9。l_0 附近的曲线形状在图中采取过渡形式。

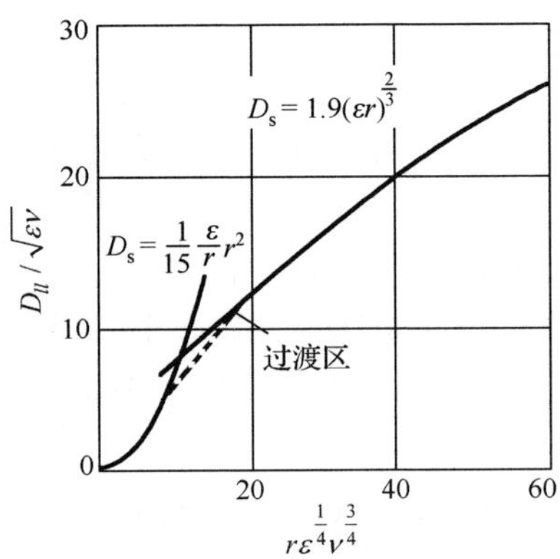

图 5.1.2　局部均匀各向同性湍流的结构函数

5.1.3　湍流中的温度场和折射率场

上面已经提到，对于光学工作者，感兴趣的不是风速的分布状况，而是折射率的分布状况。不过，折射率不是一个容易测量的数值。空气的折射率很接近于 1，在绝大部分应用场合，都可以将它取值为 1 来处理。但在本书中，显然不能这样来取值。好在已经有人做过详细的研究，指出在光频范围内，空气的折射率与它的温度、压强有确定的关系，即

$$n_1=n-1=77.6(1+7.52\times10^{-3}\lambda^{-2})\left(\frac{P}{T}\right)\times10^{-6}=A\left(\frac{P}{T}\right)\times10^{-6} \tag{5.1.18}$$

式中，P 为大气压力（mP_∂）；λ 为以微米计的波长数值（μm）；T 为热力学温度（K^0）；n_1 为折射率偏离真空折射率的值，在海平面，大约为 3×10^{-4}。

类似于对风速的处理，学界关心的是折射率的差值。将式（5.1.18）的两边微分，就可以获得折射率的增量，也就是差值为

$$\delta_{n1}=\delta_n=\frac{AP}{T}\left(\frac{\delta P}{P}-\frac{\delta T}{T}\right)\times 10^{-6} \tag{5.1.19}$$

如果测量是在某一固定高度上进行的，那么 δP 是很小的，而且会被迅速均化（气团之间的压力差的调整是以声速的量级进行的，温度差的调节要缓慢得多）。所以可以略去 $\delta P/P$ 这一项。δn 几乎完全是由温度变化所引起的，于是，可以从温度差的测量来间接获得折射率差。温度差的测量比起折射率差的测量要容易得多，本书在后面会介绍一种测量温度差的方法。

不管折射率还是温度，它们都是标量。在均匀各向同性的假设条件下，相关函数只有一个“分量”，比起如同风速那样的矢量，处理起来还是容易多了。

现在就先来讨论一下温度场的问题。

5.1.4　被动保守标量——位温

大气中的湍流运动，使得所有与流动气体有关的各种性质，如温度、折射率、气溶胶质粒分布等，都发生湍流掺混作用。

苏联学者 Obuhov 首先获得了关于湍流中温度场的描述公式。他深得柯尔莫哥洛夫的真传，公式的形式与风速结构函数极为相似。不过所用的不是“温度 T”（temperature），而是一个称为“位温”（potential temperature）的参数 θ。

“位温”是什么？科学名词解释是：**气团的位温是气团从它原有的压强和温度开始，绝热膨胀或压缩到标准压强 p_0 时所具有的温度**。为什么要用位温而不用温度？气象学已经证明，在稳定状态下，大气中不同高度的温度是不同的。如果在两个高度上气体温度相同，则必定导致气团的不稳定。由此，如果用“温度”参数，则它的变化对气团动力学特征的影响会异常复杂，难以用解析公式表述。而如果改用“位温”，则相同的位温不会导致气团动力学特征的变化。在流体力学中，这样的物理量被称为“被动”的物理量。同时，由于“位温”所指的是“绝热膨胀或压缩”，也就是气团和周围没有热量的交换。这样的物理量被称为“保守”物理量。“被动保守”物理量所连带现象的数学分析相对要容易一些。

大气中的位温 θ 与实际温度 T 的关系，可以由绝热方程和流体静力学方程得到。如果考虑一个不太大的高度范围，则可以有

$$\theta=T+\Gamma_d h \tag{5.1.20}$$

式中，h 是观察点对标准点（通常就是地面）的高度；Γ_d 为温度的绝热递减率。在标准干洁大气状态下，$\Gamma_d=0.0098℃/\mathrm{m}$。由于大气中的水气含量的影响，实际测得的垂直递减率 Γ 通常为 0.006～0.007℃/m。

只要大气中各个高度上的位温一样，那么气团在任何高度上总和环境空气的温度、压力保持一致，因此它既不上升又不下降，保持在某一平衡位置。

如果在某一状态，环境温度实际的垂直递减率 Γ 小于绝热递减率 Γ_d（此时位温随高度上升而增加），那么当某一气团上升时，它的实际温度就会低于周围环境温度。我们已经提及，气团将立即调整其压强等于环境压强，于是较低的温度对应较大的密度，气团就要向下沉，倾向于回到原有的位置。

相反，如果实际递减率 $\Gamma > \Gamma_d$（此时位温随高度下降），则气团会有一个离开原来位置的倾向，产生垂直运动，大气呈现为不稳定状态。特别是近地面层，当地面温度较高，向上辐射的热量很大时，温度递减率十分强烈。有时在地面上几米范围内，温度可降低多于 5℃。再加上边界对气流产生的影响，使得这一层的动力学特征与“自由大气”的有所不同。具有这种特点的近地面层通常从一米到数十米不等。

5.1.5　温度场的随机特征

现在可以用位温来描述温度场。把湍流运动中的位温场看作空间坐标 $\boldsymbol{r}$ 的随机标量场函数，它可以用“位温结构函数”来描述，即

$$D_\theta(\boldsymbol{r}_1,\boldsymbol{r}_2)=\left\langle[\theta(\boldsymbol{r}_1)-\theta(\boldsymbol{r}_2)]^2\right\rangle=\left\langle\delta\theta^2\right\rangle \tag{5.1.21}$$

需要做的工作是寻找 D_θ 的数学形式。前提条件为：①柯尔莫哥洛夫的三条假设成立，存在一个局部均匀各向同性区域 $l_0 << r << L_0$；②在 $r << l_0$ 的区域，可以将 D_θ 在 0 点做幂级数展开，并只取第一项作为近似表述。在对温度场做了细致分析后，Obuhov 得到 D_θ 的数学表述为

$$D_\theta(r)=\begin{cases} bN\varepsilon^{-\frac{1}{3}}r^{\frac{2}{3}}, & l_{0\theta} << r << L_0 \\ \dfrac{N}{3k_\theta}r^2, & r << l_{0\theta} \end{cases} \tag{5.1.22}$$

式中，N 被认为是单位体积内温度不均匀度耗散的速率；b 是一个量级为 1 的常数，大约在 1.5～3.5；k_θ 是温度传导系数，它的值很小（约为 $19\times10^{-6}\text{m}^2/\text{s}$）；$l_{0\theta}$ 的定义是式（5.1.22）中两个函数交点处的 r 值，即

$$l_{0\theta}=(27b^3)^{\frac{1}{4}}(k_\theta{}^3/\varepsilon)^{\frac{1}{4}} \tag{5.1.23}$$

对空气而言，$l_{0\theta}$ 与 l_0 具有同一量级，通常可以不加区分地写成 l_0。

这就是关于湍流中温度场的三分之二定律。

令 $C_\theta^2=bN\varepsilon^{-\frac{1}{3}}$，则式（5.1.22）可改写为

$$D_\theta(r)=\begin{cases}C_\theta^2 r^{\frac{2}{3}}, & l_0 << r << L_0 \\ C_\theta^2 l_0^{\frac{2}{3}}(r/l_0), & r << l_0\end{cases} \tag{5.1.24}$$

式中，C_θ^2 称为位温结构常数。

回顾一下第 1 章，对于 $D_\theta(r)$ 的 $r^{\frac{2}{3}}$ 关系的部分，很容易计算出它的三维谱密度形式为

$$\Phi_\theta(K)=\frac{\Gamma(8/3)\sin(\pi/3)}{4\pi^2}C_\theta^2 K^{-11/3} \tag{5.1.25}$$

代入伽马函数和正弦函数的具体数值后，有

$$\Phi_\theta(K)=0.033C_\theta^2 K^{-11/3} \tag{5.1.26}$$

$D_\theta(r)\sim r^2$ 段的情况并没有包括在上面的讨论中，两段之间的过渡形式也还没有明确阐述。“温度”终究不是光学工作者所主要关心的，这里就不讨论了。在讨论折射率场的有关章节里，本书会给出一些过渡区的可能形式。

本节讨论的是温度场的情况。研究表明，湍流场中的物理参量，只要符合“被动保守”的定义，都可以按照类似的办法来讨论它们的结构函数。通常来说，它们都具有三分之二定律所揭示的结构函数。单就折射率而言，似乎它天然就应该是“被动保守”的参量，折射率的变化怎么会导致大气动力学状态的改变呢？不过它偏偏和大气温度有着线性关系，温度不是“被动保守”参量，折射率恐怕也不应该是。

于是，学者试图寻找折射率与位温之间的关系。

5.1.6　折射率场

前面已经提到，空气的折射率由式（5.1.18）描述，而折射率的增量则可表示为式（5.1.19），而且可以略去式（5.1.19）中 $\delta P/P$ 这一项，δn 几乎完全是由温度变化所引起的。**如果人们感兴趣的区间在一个小范围的高度内，那么可以认为有** $\delta T=\delta\theta$。由此，式（5.1.19）简化为

$$\delta n=-AP\frac{\delta\theta}{T^2}\times 10^{-6} \tag{5.1.27}$$

式（5.1.27）表明，在一个“**小范围的高度内**”，δn 与 $\delta\theta$ 是线性关系。于是，在“增量”的意义下，δn 也可以看作保守被动标量，对它仍然可以使用三分之二定律，即

$$\left\langle \delta n^2\right\rangle = D_n(r)=\begin{cases}C_n^2 r^{\frac{2}{3}}, & l_0 << r << L_0 \\ C_n^2 l_0^{\frac{2}{3}}(r/l_0)^2, & r << l_0\end{cases} \tag{5.1.28}$$

式中，C_n^2 称为折射率结构常数，考虑到 δn 是一个无量纲参数，所以 C_n^2 的量纲应该为 $M^{-\frac{2}{3}}$。

从式（5.1.28）可以看出，最明显的是 $D_n(r)$ 是随 r 的递增函数，所考察两点之间的距离 r 越大，$D_n(r)$ 也就是 $\langle\delta n^2\rangle$ 也越大。再者，在 r 最为常见的区间内，$\langle\delta n^2\rangle$ 与 $r^{\frac{2}{3}}$ 成正比，C_n^2 就是它们之间的比例系数。至于当 r 很小的时候，用平方关系去描述 $\langle\delta n^2\rangle$ 与 r 之间的关系，不过是权宜的说法，反正 r 很小，将 $\langle\delta n^2\rangle$ 做幂级数展开，只取第一项来近似，就可以获得如式（5.1.28）所表述的形式。

还要讨论一下 C_n^2 和 C_θ^2 之间的关系，尽管作为光学工作者，最关心的是 C_n^2。但是直接测量 C_n^2 是很困难的，通常是先测量 C_θ^2，再通过计算获得 C_n^2。两者之间的关系很容易通过式（5.1.27）得到

$$C_n^2 = \left\langle \frac{AP}{T^2} \times 10^{-6} \right\rangle^2 C_\theta^2 \tag{5.1.29}$$

再来看式（5.1.28）的空间谱的数学形式。$D_n(r)$ 关于 $r^{\frac{2}{3}}$ 部分的空间三维谱展开式为

$$\Phi_n(K) = 0.033 C_n^2 K^{-11/3}, \quad \frac{2\pi}{L_0} << K << \frac{2\pi}{l_0} \tag{5.1.30}$$

对于 l_0 附近的 $D_n(r)$ 过渡形式，直接从 $D_n(r)$ 的表述形式着手显得很繁琐，要找出一个函数，能够和 $r^{\frac{2}{3}}$ 部分以及 r^2 都能平滑过渡，而且数学形式还不太复杂，恐怕真的是不可能事件。于是很多学者从它的空间谱表述形式上来尝试。苏联学者塔塔尔斯基[17]曾提出过一种空间谱的描述方法，以说明当 K 接近 K_0 时，谱的下降速度加快了，即

$$\Phi_n(K) = 0.033 C_n^2 K^{-11/3} \exp(-K^2 / K_0^2) \tag{5.1.31}$$

它的数学形式显得很简洁。至于 K_0 的值，通过空间谱的原始公式，经过一些数学演绎，塔塔尔斯基得到

$$K_0 l_0 = 5.91 \tag{5.1.32}$$

作为近似计算，光学工作者乐意采用更为简单的形式，即

$$\Phi_n(K) = \begin{cases} 0.033 C_n^2 K^{-11/3}, & K < K_0 \\ 0, & K > K_0 \end{cases} \tag{5.1.33}$$

不过此时的 K_0 有所不同：

$$K_0 l_0 = 5.48 \tag{5.1.34}$$

在接近 L_0 的大尺度范围时，常使用冯 • 卡曼谱。它的形式为

$$\Phi_n(K) = \frac{\Gamma(11/6)}{\Gamma(1/3)} \cdot \frac{\pi^{3/2}}{8} \left\langle n_1^2 \right\rangle L_0^3 (1 + K^2 L_0^2)^{-11/6} \tag{5.1.35}$$

式中，$\left\langle n_1^2 \right\rangle$ 是折射率起伏方差，它与 C_n^2 之间的关系为

$$C_n^2 = 1.91 \left\langle n_1^2 \right\rangle L_0^{-2/3} \tag{5.1.36}$$

其实，式（5.1.35）的空间谱展开式的适用范围仅是 $K > 2\pi / L_0 = K_k$。对于 $K < 2\pi / L_0$ 的状态，则意味着 $r > L_0$。在接近 L_0 的两点之间来考察，场的随机性质已不再是各向同性，统计均匀恐怕也算不上。按式（5.1.35）计算的空间谱是什么呢？笔者还没有仔细想过。对从事光学工程的技术人员来说，“接近 L_0 的两点之间”的状态极其罕见。

美国学者 Strohbehn 将 $\Phi_n(K)$ 对 C_n^2 归一化，得到归一化 $\Phi_n(K)$ 的通用曲线如图 5.1.3 所示。注意，大的 K 值，对应于小的 r 值，因此要从图的右边开始来读图。当 $K > 2\pi / l_0 = K_0$ 时，$\Phi_n(K)$ 的数值很小，一般情况下将其忽略也不是没有道理的；在 $K_k = 2\pi / L_0 < K < 2\pi / l_0 = K_0$ 时，$\Phi_n(K)$ 是一个 K 的递减函数；当 $K < 2\pi / L_0 = K_k$ 时，应该说曲线已没有实际意义，不过从式（5.1.35）推论，$\Phi_n(K)$ 随 K 的减小而增长的速度越来越慢。

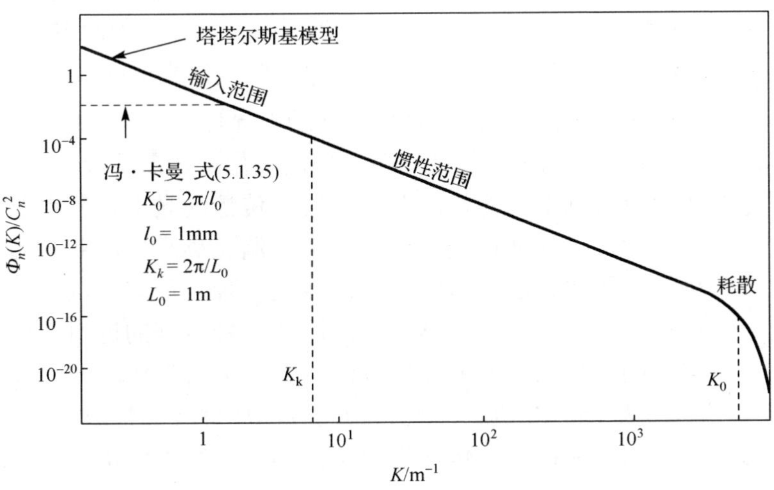

图 5.1.3　$\Phi_n(K)$ 的归一化通用曲线

C_n^2 的量级在 $10^{-18} \sim 10^{-13}\,\mathrm{m}^{-\frac{2}{3}}$。通常对它强弱的划分如下。

强湍流：$C_n^2 > 2.5\times10^{-13}\,\mathrm{m}^{-\frac{2}{3}}$。

弱湍流：$C_n^2 < 6.4\times10^{-17}\,\mathrm{m}^{-\frac{2}{3}}$。

中等湍流：$6.4\times10^{-17}\,\mathrm{m}^{-\frac{2}{3}} < C_n^2 < 2.5\times10^{-13}\,\mathrm{m}^{-\frac{2}{3}}$。

折射率是与光学现象密切相关的，因此关于湍流中折射率场的数学描述也常称为“光学湍流”。

还有一个小问题，但也是很有趣的问题：式（5.1.28）中的比例常数为什么取了一个平方值C_n^2，而不是直接使用“C_n”？细心的读者一定会说，既然是描述$\langle\delta n^2\rangle$的参数，当然应该配合使用一个平方值C_n^2，这样，它的开方“C_n”就可以用于描述$\sqrt{\langle\delta n^2\rangle}$。这正是早期学者的思维。在20世纪80年代以前的文献中，经常出现的就是C_n，用它来描述$\sqrt{\langle\delta n^2\rangle}$的强度，它的量纲是$M^{-\frac{1}{3}}$。但在90年代以后，$C_n$几乎不再出现了，一说“湍流强度”，学者一定体会成$C_n^2$。

从大气中C_n^2的数值可以看到，$\sqrt{\langle\delta n^2\rangle}$是一个很小的量，假设所考虑的两个点相隔1m，$\sqrt{\langle\delta n^2\rangle}$的数值是$8\times10^{-8}$～$5\times10^{-6}$。通过这1m的距离传播后，光波会有什么改变？至少人眼是完全感觉不到的，只有少数高度精密的光学测量实验室才会对它防之又防。那么10m怎么样？100m呢？但是，在这些距离上，折射率场还能看作“局部均匀各向同性”吗？对于这种场合，通常可以把C_n^2看作传播距离的函数来处理，也就是说，C_n^2是一个随距离而变化的变量。随之而来的问题是，C_n^2是距离的连续变量吗？如果不是，则距离的间隔是什么样的？显然，这个函数恐怕无法从理论上进行推演，只能依靠实验测量。于是“距离的间隔”和测量手段有密切关系。

在处理光波在湍流大气中的传播问题时，对所传播的光束直径也要有所限制，它应该小于湍流外尺度，以保证在光束横截面内的湍流场是“局部均匀各向同性”的。但学者经常会从平面波来展开研究，平面波是一种“理想”状态，它在数学处理上比较简单。在很多情况下，它也是实际问题的一种很好的近似。但是平面波是扩展到“无穷”空间的，显然，不能保证湍流场在“无穷”空间的“局部均匀各向同性”。处理的办法是把湍流介质的“统计均匀各向同性”的性质“理想化”，把它也扩展到无穷大的空间。现在在光传播学界熟知的一些基本结论，就是这样处理而推论出来的。

5.1.7　折射率结构常数的测量

自C_n^2参数提出以来，读者也许已经意识到，C_n^2的测量一定是很困难的。一方面，空气的折射率的测量是很困难的，前面已经说过，技术人员是通过测量 C_θ^2 来推算 C_n^2 的。另一方面，C_n^2 是 $D_n(r)$ 与 $r^{\frac{2}{3}}$ 正比关系的比例常数，但 $D_n(r)$ 是一个集合统计量，在第 1 章中就已经讨论过，在现实中的测量，需要知道它的时间谱，才能确定取样间隔和取样周期。还有一个问题，在某一“点”上测量的数据，能代表多大范围内的湍流强度呢？测量中的问题很多，本书只能进行一些简明的介绍。

最简单的测量手段，是测定两点之间的温度差的统计平均值，计算出 C_θ^2 值。然后用式（5.1.29）转换为 C_n^2 值。不过，用市面上出售的家用或气象站用的温度计是不行的，它们的时间常数太长，温度读数分辨率也太低。在相距为 1m（这个间距最便于计算，此时 $r^{2/3}=1$）的两个点上，根本读不出温度差来。

因此，需要另寻途径来快速而精确地测量温度差。

目前学界公认的最靠谱的测量方法，是用两个相隔一定距离（为便于计算，通常取为 1m）的铂丝温度计，与另外两个阻值相同的电阻 R，构成惠斯登电桥，如图 5.1.4 所示。当电桥处于平衡状态时，指示器的指示为 0；如果两个铂丝温度计所处位置的温度有差异，则指示器会有电流指示。指示电流经过一定的处理程序，就可以算出温度结构函数。

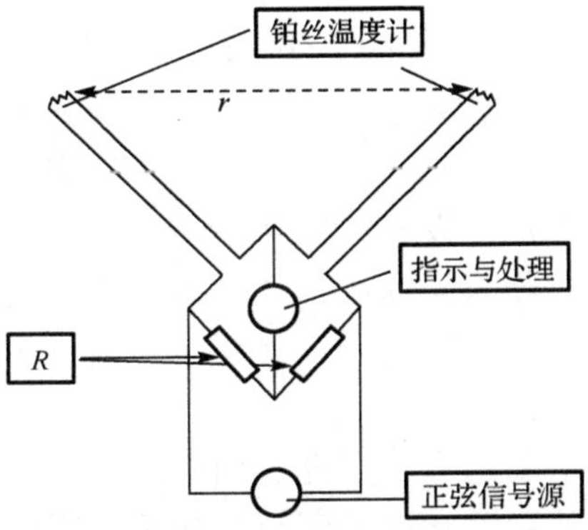

图 5.1.4　两个铂丝温度计测量温度差

原理很简明，但实际问题很多。先不去论述那些在制作工艺中遇到的困难，就原理上的一些涉及“量”的事来讨论。首先遇到的，是在 1m 间隔的两个点上，温度差是多少？其次，这个“温度差”能维持多长时间？这两个问题决定了铂丝温度计中铂丝（也可以用钨丝）的设计。但这两个问题却很难从理论上回答，不过可以想象，温度差异不会很大，温度差异所维持的时间也不会很长。于是，决定了铂丝温度计应该对温度很敏感（经过大量的实验证实，它至少应该能分辨 10^{-2}℃的温度差），而且时间常数应该足够短。通常用的铂丝长度为 2～3cm，直径大约为 10μm，甚至更细，以保证足够的温度分辨和时间分辨。这样的金属丝，对温度响应的频率约为 10Hz。随着测试技术的进步和测量数据的积累，研究者已经认识到，10Hz 的响应频率是不够的，完整的测量至少应该扩展到数百赫兹，有研究者声称，他们还观察到 2000Hz 的湍流变化分量。但铂丝温差计似乎已经到了极限，更细的铂丝很难制造，而且极易损坏。

从测量 C_θ^2 来推算 C_n^2 还有一个问题，就是推算过程忽略了湿度的影响。尽管湿度对折射率的影响很小，但终究还是存在的。

于是有人提出了新的方法，他们直接测量折射率起伏。所采用的方法是一臂开口的光纤干涉仪，并将开口端置于湍流之中，如图 5.1.5 所示。

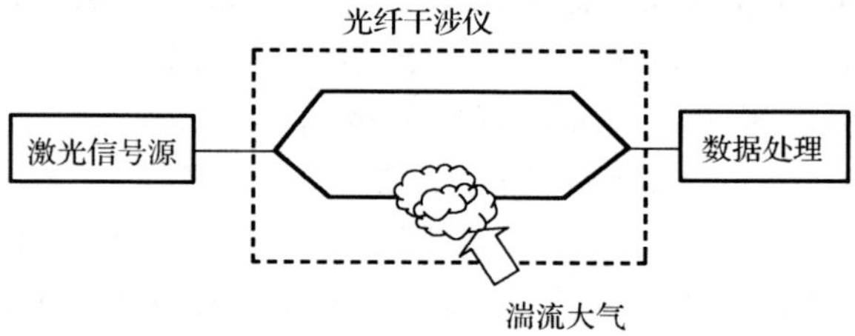

图 5.1.5　一臂开口的光纤干涉仪测量折射率起伏

现行设计的实验，开口通常为 2～20cm，通过对干涉数据的处理，设施对大气折射率变化的敏感度可以达到 10^{-10} 的量级。这个方法也避免了湿度的影响，也不那么容易损坏。不过它极易受折射率之外因素的干扰，研究者还在探求各种消除干扰的措施和数据处理方法。另外一个问题就是“开口”。开口处的光纤耦合，在工艺上也是很考究的。这些因素决定了设施的价格不菲。

也有人认为，对研究光传播问题而言，对折射率结构常数的“精度”要求不是很高。他们认为，在近地面的应用场合，采用常规的气象仪器，也可以推算出足以参考的折射率结构常数的数据。

这种方法的依据是“不稳定边界层内的相似理论”。大气中的湍流分为两大类。一类是近地面的大气层，其湍流状态受到地面状况的影响，称为“边界层”湍流。另一类则出现在离地面较高的大气中，它们基本上不受地面影响，称为“自由大气”湍流。两层之间的边界取决于多种因素，如地理环境、宏观气象条件、地面状况等。在某些特定条件下，“边界层”湍流厚度可能只有几米甚至消失。在一般情况下，“边界层”的厚度是数十米至数百米。

常规气象仪器估算 C_n^2 的方法可参看图 5.1.6，它由两只温度计、一个风速计和计算处理设备（可以是一台普通的计算机）组成。在测定了两个高度上的温度和一个高度上的风速后，利用一系列的公式进行迭代运算，就可以获得 C_n^2 的数据。显然，该方法花费较少，所用的设备都是常规市场上极易获取的商品。不过当边界层处于稳定状态时，估算得到的数值误差有点大。

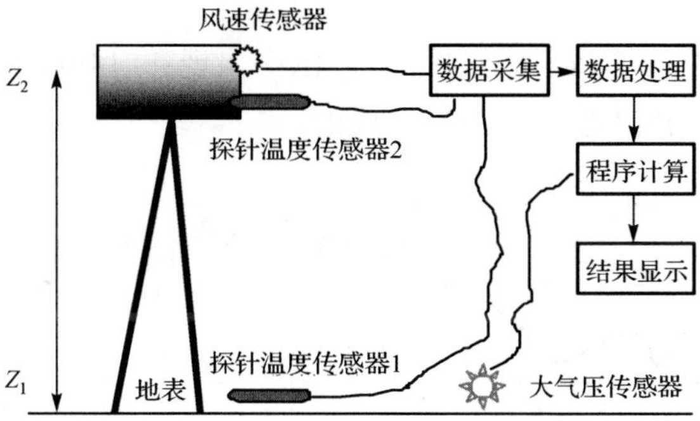

图 5.1.6　用常规气象仪器测量折射率结构常数

上面三种方法，都属于测量某一“点”的湍流状态测量。对于传播通道的整体状况，用一套设备显然不够。为了验证理论，有研究者在 1000m 的传播场地上布置了 20 个铂丝温差计，以测定传播途径的 C_n^2 的分布状况。对于高空的状态，上述方法就更是无能为力了。

为了解决这些问题，用雷达来测定 C_n^2 的方法也有广泛的应用（微波雷达、光雷达和声雷达都有使用）。它们的原理各有千秋，涉及流体力学、电磁波与物质之间的相互作用，以及雷达信号处理等，不太适宜在本书中讨论。雷达方式主要用来测量高空湍流的分布状况。

也有研究者用“双站”方式设施来估算 C_n^2，一个站安装激光发射设备，另一个站安装激光接收装置和数据处理设备，根据接收到的光信号起伏来估算 C_n^2（估算的原理可参考以下章节）。但是估算的 C_n^2 是通道上的平均值，又是从传播理论反推 C_n^2，所以其结果对传播理论的价值不大。只是测量数据的大量积累，对工程设计有一定的参考价值。

5.1.8　大气中 C_n^2 的概况

测量 C_n^2 是一件极烦琐的事，也是一件在技术上难度较大的事，更是一件花费很高的事，不是一般工程技术人员可以轻易做到的。但对他们来说，工程设施使用环境中 C_n^2 的大体状况还是应该了解的。众多 C_n^2 的大气测量结果，使学者在 20 世纪 80 年代就已经有了大体一致的认识。

1. “边界层”湍流

（1）C_θ^2 在一天中的变化非常显著。图 5.1.7 给出了离地面 2m 处的一个昼夜 24 小时 C_n^2 特性的典型例子。该图的实验数据取自科罗拉多州布尔德附近洛基山的一个背风的平台。从图中可以看出（请注意，图中纵坐标的数值是 C_n），夜间和清晨的湍流很弱。随着太阳的升起，C_n^2 迅速增长。直到太阳下山后，C_n^2 显著下降。

典型的测量值是$10^{-17}\mathrm{m}^{-\frac{2}{3}} < C_n^2 < 10^{-12}\mathrm{m}^{-\frac{2}{3}}$。图中出现在 14:00～16:00 的陡峭下降是当时天空出现云层，暂时遮住太阳而造成的。

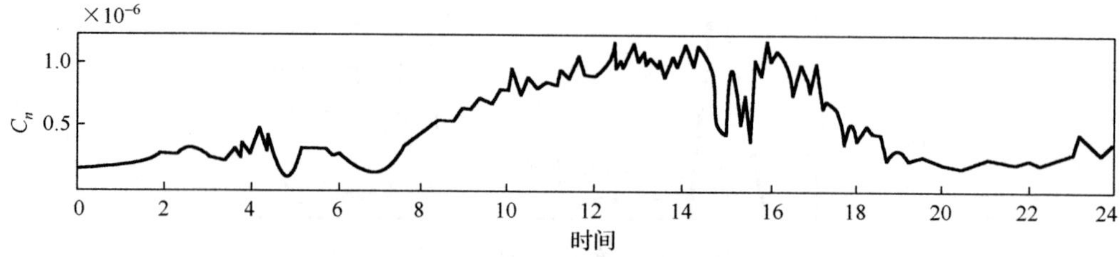

图 5.1.7　C_n^2 在晴天的 24 小时特性（1971.7.15）

不过也有报道说，夜晚的湍流也是很强的，特别是地表状况呈现为裸露的岩石或沙漠的环境。

（2）地面状况强烈影响湍流强度。如果地面构成物是热容量较大的物质，如水面，则C_θ^2比较小，且日变化也较小，趋于平稳，谱密度也集中在更低的频率范围内。一般来说，有植被的地面比裸露的地面具有更弱的湍流，乡村地区湍流强度低于城市。在沙漠和岩石地面的湍流强度则很大。

地面状况不仅影响湍流的强度，而且影响它的日变化规律。例如，奥尔特等在新墨西哥州的图拉罗沙盆地的不同地面上做了测量，图 5.1.8 是他们的测量结果。图 5.1.8(a)是在沙漠地面，而图 5.1.8(b)是在山区地面。

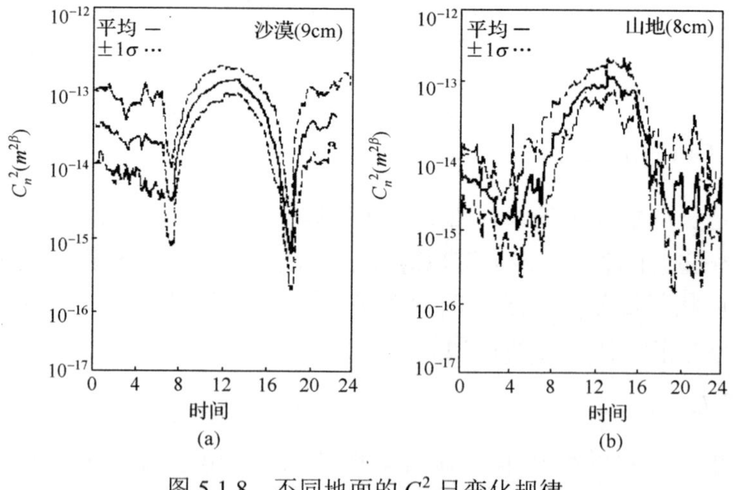

图 5.1.8　不同地面的 C_θ^2 日变化规律

图 5.1.8 中显示，白天沙漠地区和山地地区有大致相同的湍流强度。但在夜间，沙漠地区的湍流强度显著高于山地地区。我们在腾格里沙漠的实验，也观察到夜

间的相当高的湍流强度，仅在日出和日落前后 1 小时左右，湍流强度才呈现较低的数值。

（3）在充分发展的湍流中，C_θ^2 与高度的关系呈现为–4/3 次方关系。

“–4/3 次方关系”是美国学者 Wyngaard 等用量纲理论和相似理论推演出来的。很多学者认为该理论基础并不很完美，而且在某些步骤上用了从实验获得的经验公式。但–4/3 次方关系似乎很好地描述了地面以上百米上空的 C_θ^2 变化规律。图 5.1.9 是 Neff 等用声雷达测定的 C_θ^2 随高度变化的实验数据。图中的坐标选取，使得 $h^{-4/3}$ 关系表现为一根直线，如图中的实线所示。图中众多的点状位置，则是随高度的测试数据。可以看出，在数百米以下，实验数据符合–4/3 次方关系的规律。

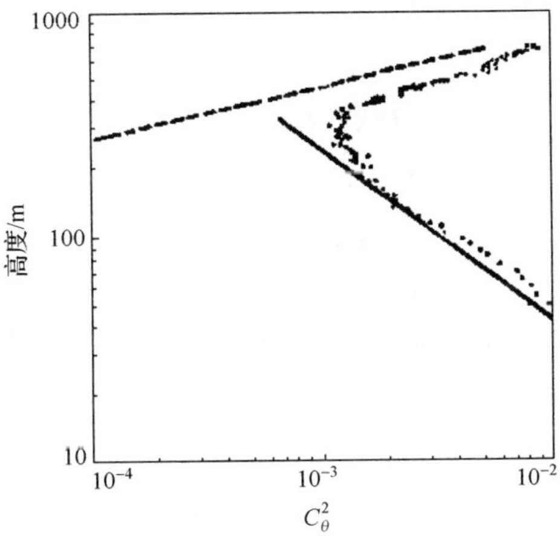

图 5.1.9 用声雷达测量的 C_θ^2 随高度的关系

Clifford 曾比较了不同学者使用不同的方法所测量的 C_n^2 值。如果用 $h^{-4/3}$ 规律来归一化这些数据，则它们有着令人注目的符合。说明现有的关于边界层湍流的理论有着它内在的合理性，尽管它仅是一个半经验理论。

2. 自由大气中 C_n^2 的性质

相对于边界层来说，自由大气层中的湍流状况的测量要困难得多，也很难形成一个哪怕是半经验性的理论，对自由大气湍流的了解只能依靠测量和观察。

不少学者用各种方法做了观察和测量，如使用雷达系统，或将湍流计放在气球上，气球徐徐上升，湍流计同步测量，获得了湍流强度随高度的分布。观察表明，C_n^2 随高度变化的结构非常复杂，显示出本质上的随机性，仅能说明它有一个大致的随高度减小的趋势。大致的趋势是在 7～9km 处出现 C_n^2 的最低值，而在 9～15km 处出现相对峰值。

Hufnagel 根据实测的数据，给出了一个在 3～24km 范围内适用的 C_n^2 经验公式：

$$C_n^2 = [2.2\times 10^{-53} \cdot h^{10} \cdot (W/27)^2 \cdot \mathrm{e}^{-h/1000} + 10^{-16} \cdot \mathrm{e}^{-h/1500}] \cdot \mathrm{e}^{J(h,t)} \tag{5.1.37}$$

变数 J 是一个 0 均值的均匀高斯随机变量，其相关函数为

$$\langle J(h+h_1, t+\tau) \cdot J(h,t) \rangle = A\left(\frac{h_1}{100}\right)\mathrm{e}^{-\tau/5} + A\left(\frac{h_1}{100}\right)\mathrm{e}^{-\tau/80} \tag{5.1.38}$$

$$A\left(\frac{h}{100}\right) = \begin{cases} 1-h/100, & h<100 \\ 0, & \text{其他} \end{cases} \tag{5.1.39}$$

式中，h 是高度，单位为米；τ 是时间间隔，单位为分。函数 W 是由式（5.1.40）定义的系数：

$$W = \left[\frac{1}{15\mathrm{km}} \int_{5(\mathrm{km})}^{20(\mathrm{km})} v^2(h)\mathrm{d}h\right]^{1/2} \tag{5.1.40}$$

式中，$v(h)$ 是高度 h 处的风速。因此，W 表示在高度 5～20km 的均方根速度。很明显，W 是时间的随机函数。Hufnagel 认为 W 可以是正态分布，他提出的 W 典型数据的均值为 27m/s，标准离差为 9m/s。图 5.1.10 给出了 Hufnagel 经验公式的典型形式。随着测量数据的积累，Hufnagel 公式中的系数也有修订，但基本形式没有什么变化。

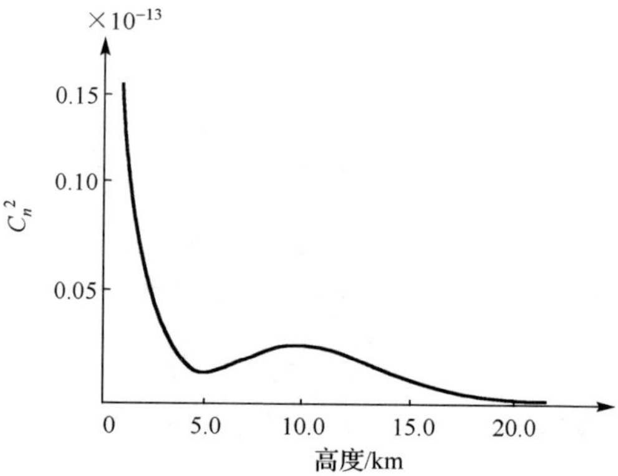

图 5.1.10　Hufnagel 经验公式的典型形式

高空湍流的另一个特点是经常出现成层结构。小尺度结构在高度方向上很少符合“均匀各向同性”模型。在水平方向往往有更长的相关距离，垂直方向上的速度起伏很弱或根本没有，三维湍流退化为二维湍流。这种现象在出现云层时表现得特别明显。观察表明，在 0.8～1.4km 的高度上，即便没有云层，总能观察到明显的成层结构。

对高空湍流的这种非各向同性的成因研究和它们的光学特性研究，目前还没有看到有积极意义的文献报导。通常，我们仍用“各向同性假设”下得到的参数 C_n^2 来对高空湍流的光学特性进行描述。这是因为现在对高空湍流的重要手段之一就是光学方法，而这一方法又是基于“各向同性”假设。另外，对光学工程技术方面的工作者来说，用 C_n^2 来描述湍流似乎已足够了，尽管流体动力学和大气环流的研究者还希望在这一领域进行更深入的研究。

5.2　湍流中光束传播的实验现象

从本节开始，本书从湍流中跳出来，只关注光在湍流介质中传播的一些问题。

300 年前，天文望远镜发明之后，人们就认识到大气湍流对光传播的影响。早在 1730 年，牛顿在其所著的《光学》一书中就有这样的描述：“相比小口径望远镜，大口径望远镜可使目标看起来更亮、更大，但是并不能消除由于大气湍流引起的图像模糊。唯一的良方是寻找宁静的大气，在云层之外的高山之巅也许能找到这种大气。”但对于这种影响的定量研究，却是 20 世纪以后的事。一方面，这是因为随机现象的理论基础在 20 世纪才得以完善；另一方面，也由于技术发展还没有达到迫切需要的程度。

湍流对光传播的影响，需要相当长的传播距离才会明显地体现出来。另外，在后面还会提到，湍流对相干光的影响远大于对非相干光。在 20 世纪之前，唯一的相干光通过长距离湍流的技术应用，就是天文望远镜。由此，关心这个问题的也局限于天文学家和天文仪器的制作者，仅有少数学者做了基础性的工作。20 世纪中叶，激光器的发明及其应用的迅猛发展，才使更多的学者认识到研究湍流对光传播影响的重要性。20 世纪 70～90 年代，是研究这一论题的最活跃时期。当年美国华盛顿大学教授、IEEE 天线与传播学会教育委员会主席美籍日本人石丸曾于 1985 年 12 月在美国光学学会杂志发表过一段话，很能说明当时学术界的状况：“当前，在许多科学家和工程师中，对随机介质中的波传播和散射的兴趣不断增长[18]。这可能有两方面的原因。第一，是许多实际问题日益增长的需要，如**光在大气中的传播**、海洋中的声散射、电离闪烁、地球物理介质中的微波散射和遥感、波在合成材料中和波在星际空间中的传播等。第二，随机介质中的波是对理论工作者最富挑战性的问题，要求最新的数学知识和技巧。这样，随机介质中波传播和散射领域包括最实际的问题，也包括最现代的理论问题。”

在这段时期，出现了一大批论文和相当数量的专著。在新世纪到来后，研究的热情渐渐冷却下来。其中一个重要原因是因为对问题的基本层面已经达成共识。本节主要讨论已经达成共识的内容。

首先需要了解的是实验现象。

5.2.1　图像模糊

牛顿所描述的“图像模糊”，是最早的关于湍流对光传播影响的现象。它有两个特点：①这是一个通过望远镜后所成的图像，而且望远镜的口径足够大；②观察仪器，或者说检测仪器，是人的眼睛。

第一个特点决定了望远镜本身所具有的像差也混杂在由于湍流影响而生成的“图像模糊”中。阅读过《光学原理》的读者都知道，传统上认为“像差”的产生是因为孔径内的波阵面偏离球面（或它的特殊形态：平面）的结果，偏离的状况可以用泽尼克多项式来描述。这种概念和数学处理方法也常用于分析存在有湍流时所形成的“图像模糊”。

而第二特点所带来的是人眼的时间常数，使得“图像模糊”至少是在 100ms 内累积的结果。“图像模糊”中包含波前偏离（空间随机因素）的起因，但更多的是随时间变化的随机因素。随着技术的进步，人眼为照相机所取代，相机的物镜相当于人眼的瞳孔；感光层相当于人眼的视网膜，初期是感光胶片，现在则是各种光敏器件，它们的时间常数都相当短。“图像模糊”逐渐和时间“脱离”关系，留下的仅是空间的随机因素。

用泽尼克多项式描述波阵面的相位偏离当然很好，但它的表述比较复杂。考虑到湍流的“局部均匀各向同性”性质，可以认为在孔径内波阵面的相位偏离也是均匀各向同性的，于是可以用一个参量来描述相位偏离。

5.2.2　光强起伏

激光器发明以后，被广泛用于较长距离通过大气的技术应用，典型的如激光雷达、激光准直和定位、大气空间激光通信等；军事方面则还有各种激光武器。大气对激光束传播影响最大的因素是雾霾，其次就是湍流。雾霾的影响是阻碍光束，湍流的影响是扰乱光束。光强起伏就是被扰乱后的现象之一。

什么是“光强起伏”？想象这样一个实验：将一具连续激光器置放在 A 点，并向一定距离之外的 B 点发射激光；在 B 点的激光光斑的中心位置放置一个光电探测器，用于检测激光辐射，如图 5.2.1 所示。光电探测器的输出就反映了探测器所接收到的光强。如果激光器是超稳定的，且传播途径也没有什么干扰，实验者应该在显示器上看到一个直流电平。即便有一些起伏，最有可能的应该是激光器本身输出的不稳定带来的。为此可以在 A 点处加设一个输出监测装置。监测的数据和显示的数据共同处理，就可以抵消激光器输出不稳定的影响。于是，只要传播途径也是超稳定的，显示器的直流电平就可以反映激光器输出的强弱。这样一个装置经过数据校正后，甚至可以用来测量激光器的输出功率和传播路径上的衰耗。

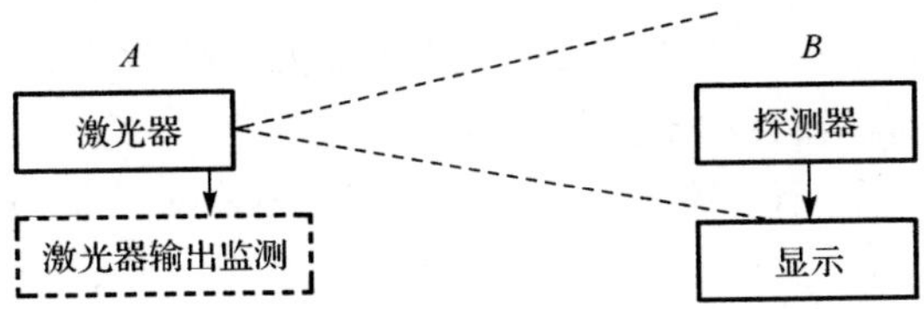

图 5.2.1　观察光强起伏的示意图

其实，图 5.2.1 就是一个未加信息的单向激光通信的实验装置。只要在“激光器”中加进信息调制装置，检测器的输出就可以反映出相应的信息。但实验人员很快就发现，结果并不是想象的那样。

当 A、B 两点及其途径都在同一室内，或它们之间的距离不太远时，实验结果和预料的情况相差不大；但当传播途径搬到室外并拉大 A、B 两点的距离，预想中显示器的直流电平就变成杂乱无章的“交流”电平。目测“交流”电平的频率范围，数值为几赫兹到几千赫兹。“交流”电平的幅度通常随距离增加而增加，这些“交流”电平大大干扰了信息的传递。

实验人员即刻明白，这是由于大气湍流干扰的结果。最初，他们把显示器这种变异的“直流电平”反映出的现象，称为光强起伏，或称为“光强闪烁”。

不过，实验人员几乎同时发现，显示器中所显示的起伏，并不是那么“单纯”的。首先，探测器光敏面的“面积”，会对“起伏”幅度产生影响。为什么“面积”要打引号呢？这个“面积”是广义的，在较远距离的实验中，探测器通常不是单独使用，而是安置在接收望远镜的焦面处。调整得好，望远镜的入射口径面积内的光能可以全部落在探测器光敏面上。于是，望远镜入射口径面积就成为这个“面积”，它现在通常被称为接收面积。接收面积足够大，探测器输出的“起伏”就会减小，学界把这种现象称为“孔径修匀”。“孔径修匀”说明，接收面上不同点的“光强起伏”在时间上是不同步的，或者说它们的相关系数不等于 1。

因此，“光强起伏”应该定义在接收平面的某一个“点”上。如果接收的是一个呈现平面波的光（如恒星到达地面的星光），由于假设了大气湍流的“局部均匀各向同性”，不同点上的“光强起伏”的各种统计值应该都是一样的。但对于实验所示的情况，不同点上的各种统计数值显然不一样。这时，测量“光强起伏”数值，应该定义在光斑的中心点。

但这仍然有问题，因为还有其他现象在影响“起伏”的数值，这就是“光束漂移”和“光束扩展”。

5.2.3　光束漂移和光束扩展

“光束漂移”是指，激光束并不是像一根木头似的，直通通地在接收平面打出一个固定光斑；而是虚无飘渺，光斑位置一会儿上，一会儿下，一会儿左，一会儿右地在“漂移”。光斑的中心点当然也跟着飘来飘去。接收望远镜当然不能跟着一起“飘”，于是探测器的输出表现出了附加的“起伏”。

“光束扩展”则是指，在湍流的作用下，传播到接收平面的光束半径和没有湍流的理想传播状况有区别。湍流作用下的光束半径要大一些，这种效应就被称为“光束扩展”。显然，扩展的光斑，中心光强有所降低。既然湍流是随机的，那么扩展的程度也是随机的，于是，中心光强的降低也是随机的，它也带来了附加的“起伏”。

名词解释完毕，但问题也跟着来了，那就是“时间”问题。“光束漂移”不用说了，光斑的位置数据显然是一个随时间而变的序列。就算是“光束扩展”，扩展的光斑半径也不会是固定不变的，它也是随时间而变的。对于这两项效应的测量，如图 5.2.1 的装置显然无法完成。于是，不少实验者采用了另一种方法，如图 5.2.2 所示。

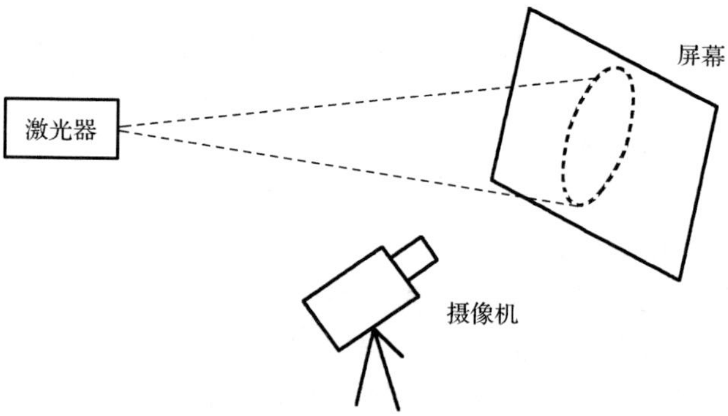

图 5.2.2　测量光束漂移和扩展的方法

在图 5.2.2 中，激光器的光束不是直接用探测器来接收，而是打在一块屏幕上，生成一个光斑图像，由于湍流的影响，这个图像显然是随机变化着的，安置在不远处的摄像机将该图像记录下来，生成一个图像序列。将图像序列加以处理，原则上就可以获得光束漂移和光束扩展。

但操作起来有很多具体问题。图像序列的时间间隔和图像的曝光时间就是其中两个会影响测量结果的因素。早期的实验用照相机拍摄光斑图像，感光介质也不是光电传感器，而是感光胶片。实验者很快发现，曝光时间会严重影响光束扩展的测量数据。

实验结果的示意图如图 5.2.3 所示。坐标原点是无湍流时光斑中心应该所处的位置，图 5.2.3(a)中那个浅灰的圆圈是无湍流时光斑应有的形态。如果曝光时间足够短，那么在有湍流时，光斑形态呈现为图 5.2.3(a)的深灰套浅灰的圆圈。与无湍流形态相比，它的直径有所增加，它的位置也是不确定的，在一定范围内飘荡，如图 5.2.3(b)的各个深灰圆圈那样。如果曝光时间太长，则这些飘荡着的“圆圈”在感光底片上汇合成一个浅灰的感光区域，扩展和漂移就混成一团，无法区分了。

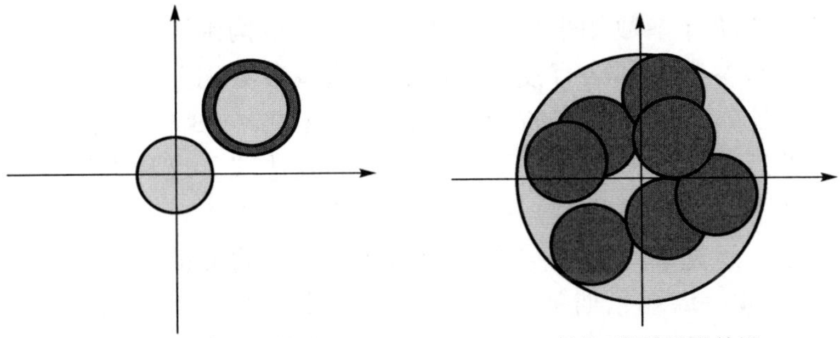

图 5.2.3　光束漂移和光束扩展的实验观察

学界认为，光束扩展是小尺度涡旋作用的结果，光束漂移则是大尺度涡旋的杰作。而对实验中这些“足够短”和“太长”的数据加以仔细分析，应该可以估算湍流时间谱的基本形态。

5.3　理论处理之一——经典处理的微扰解法

现代科学的发展，学界总是不会满足于对实验现象的观察，他们一定会去寻求理论上的解释，找出定量关系，并企图预测可能尚未观察到的事实。通常的做法是设立一个说得通的物理模型，并从已经公认的基础理论出发，建立起数学方程，然后就着力于方程的解算。湍流中光传播问题的经典处理正是沿着这个思路在发展。

最早建立起数学模型的是苏联学者塔塔尔斯基，他大约于 20 世纪 50 年代末完成了理论工作，而以 1961 年由美国学者 Silverman 从俄文翻译并在 McGraw-Hill 出版的 *Wave Propagation in a Turbulent Medium* 流行于世。这本著作最早系统地解释了湍流中光传播的实验现象。

5.3.1　基本方程

塔塔尔斯基的方法是从麦克斯韦方程出发的，并认为由于折射率的变化很小，时间延续又足够长，光在大气湍流中传播时的消偏振作用可以忽略。由此，传播问题可以归结为解标量方程：

$$\nabla^2 E + k^2 n^2 E = 0 \tag{5.3.1}$$

式中，E 是传播光的电场分量；k 是该光波的波数；n 是大气的折射率。式（5.3.1）与一般教科书中常见的波动方程的不同之处在于 n 是一个随机场量。

既然 n 是随机场量，可以推知除了在开始传播的那个平面上，电场 E 也是随机的。于是精确地解式（5.3.1）的解析解是完全没有可能，也是没有必要的。描述随机场的参数是它的统计参数如平均值、相关函数、结构函数等。解式（5.3.1）的目标应该是获取这些参数。那么有没有可能获得这些参数呢？

一种方法，是先对 E 进行各阶矩的平均，利用式（5.3.1）推演 E 的各阶矩应该满足的方程，然后求解这些方程，解出各阶矩的表达式。这种方法导致了非常复杂的数学问题，本书在后面再进行一些简单的介绍。

另一种方法，是先求出 E 的包含 n 的形式解，再将 n 的统计形式加以考虑，推演出 E 的统计参数。塔塔尔斯基在 1961 年的论文中正是采用的这种方法。求解形式解的步骤可以采用传统的微扰法，先将 E 展开为级数形式：

$$E = E_0 + E_1 + E_2 + \cdots \tag{5.3.2}$$

并假设：

$$E_i << E_{i+1} \tag{5.3.3}$$

也就是随着下标的变化，E_i 是一个快速的递减场。这一点应该是可以成立的，因为随机变量 n，根据上面的讨论，变化量也是很小的。之所以说应该，是因为它也可能不成立。“不成立”的状况，后面再讨论。在本节中，讨论它成立时的状况。

由于 E_i 是一个快速的递减场，所以有限的项数可以足够精确地描述传播问题。级数（5.3.2）中的每一项可解释为多次散射的各次项，零次项 E_0 代表没有被散射的场，一次项 E_1 代表一次散射以后的场，依次类推。

至于式（5.3.1）中的 n，可以写为

$$n = \langle n \rangle + n_1 = n_0 + n_1 \tag{5.3.4}$$

式中，在大气这样的介质中，可以采用 $n_0 \approx 1$ 的近似，不会对结果有什么大的影响。代入式（5.3.1）后，方程变为

$$[\nabla^2 + k^2(1+n_1)^2]E = 0 \tag{5.3.5}$$

将式（5.3.2）的级数代入式（5.3.5），如果只取 E_0 和 E_1 两项，将中括号展开后，略去高阶小量 n_1^2 和 $n_1 E_1$，则可以得到两个方程：

$$\nabla^2 E_0 + k_0^2 E_0 = 0 \tag{5.3.6}$$

$$\nabla^2 E_1 + k^2 E_1 + 2k^2 n_1 E_0 = 0 \tag{5.3.7}$$

E_0 可以从式（5.3.6）解出，它代表了无湍流散射时 E 应有的场分布。读者熟知的 E_0 精确解有平面波场和球面波场两种，另外还有一种旁轴近似解高斯光束。将 E_0 代入式（5.3.7），原则上就可以求解获得 E_1。

二次以上的各项，由于数学上的困难，还没有人去尝试过。

先来讨论 E_0 是平面波的情况会有什么结果。读者请回顾 5.1 节中的叙述，用“平面波”入射意味着什么，以及应该对“湍流”状态做出什么样的理想化假设。

设该平面波沿 z 轴方向传播，且其幅度是单位幅度，即

$$E_0 = \mathrm{e}^{\mathrm{i}kz} \tag{5.3.8}$$

于是，式（5.3.7）就推演为

$$\nabla^2 E_1 + k^2 E_1 = -2k^2 n_1 \mathrm{e}^{\mathrm{i}kz} \tag{5.3.9}$$

对式（5.3.9）的求解可以用经典的格林函数法：

$$E_1(\boldsymbol{r}) = \frac{1}{4\pi}\int_V \mathrm{d}V' \frac{\mathrm{e}^{\mathrm{i}k|\boldsymbol{r}-\boldsymbol{r}'|}}{|\boldsymbol{r}-\boldsymbol{r}'|}[2k^2 n_1(\boldsymbol{r}')]\mathrm{e}^{\mathrm{i}kz'} \tag{5.3.10}$$

公式中新出现的符号意义请参看图 5.3.1。$\boldsymbol{r}$ 是观察点的坐标矢量，$\boldsymbol{\rho}$ 是观察平面（$Z=z$，有些文献称为接收平面）上的横坐标矢量；$\boldsymbol{r}'$ 是散射点的坐标矢量，$\boldsymbol{\rho}'$ 是散射平面（$Z=z'$）上的横坐标矢量；$\mathrm{d}V'$ 是散射点的体积元，积分在整个空间 V 内进行。公式的物理含义也是很明确的，观察点处的一阶电场 $E_1(\boldsymbol{r})$ 是传播途径内所有不均匀性对平面波场散射后在 $\boldsymbol{r}$ 点叠加的结果。

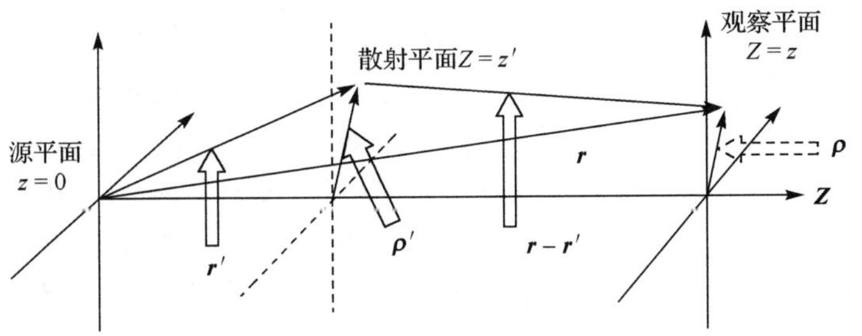

图 5.3.1　式（5.3.9）解的坐标示意

这个公式还能简化。

对于第一线的应用人员，所关心的区域通常是在离光源一定距离 z 处的一片有限面积，如像望远镜的口径。它的横向尺度$\boldsymbol{\rho}$，比起传播距离 z，总能满足$|\boldsymbol{\rho}| \ll z$。另外，考虑到湍流中散射点的不均匀性其实是很小的，能对 $E_1(\boldsymbol{r})$ 产生贡献的那些不均匀元，它们的$|\boldsymbol{\rho}'|$也是很小的。由此可以假定$|\boldsymbol{\rho}-\boldsymbol{\rho}'| \ll z-z'$，并做出近似$|\boldsymbol{r}-\boldsymbol{r}'| \approx |z-z'|$。指数项中的$|\boldsymbol{r}-\boldsymbol{r}'|$则展开为

$$k|\boldsymbol{r}-\boldsymbol{r}'| = k(z-z')\left[1+\frac{|\boldsymbol{\rho}-\boldsymbol{\rho}'|^2}{2(z-z')^2}-\frac{|\boldsymbol{\rho}-\boldsymbol{\rho}'|^4}{8(z-z')^4}+\cdots\right] \tag{5.3.11}$$

在光学领域内，显然有大气湍流内尺度 $l_0 \gg \lambda$。折射率不均匀起伏引起的散射通常包含在前进方向的一个很窄角度内，并在尺度为湍流内尺度 l_0 的涡旋上达到最大，散射角的量级为 λ / l_0。而在观察平面上，散射光的最大扩展量级是 $\lambda z / l_0$。如

果观察平面在散射介质后一定的距离，则可以认为$|z-z'|$在量级上与z一致。于是式（5.3.11）中第二项的量级为$\lambda z/l_0^2$；第三项的量级是$\lambda^3 z/l_0^4$。如果我们假定$l_0 << \sqrt{\lambda z}$，那么第三项及以后的各项均可略去。这就是大家所熟知的菲涅耳近似。这样一来，式（5.3.10）就简化为

$$E_1(\boldsymbol{\rho},z)=\frac{k^2\mathrm{e}^{\mathrm{i}kz}}{2\pi}\int_v \mathrm{d}V'\exp\left[\frac{\mathrm{i}k|\boldsymbol{\rho}-\boldsymbol{\rho}'|}{2(z-z')}\right]\frac{n_1(\boldsymbol{r})}{z-z'} \tag{5.3.12}$$

式（5.3.12）便于进一步推演。推演的目的当然不是求得 E_1，它是一个随机变量，不会有确切的解析表达式。学者希望通过推演，获得各种统计参量的表述。哪些统计参量是学界感兴趣的呢？回顾一下 5.2 节中所描述的现象，我们能得到一些启发。光束扩散和漂移显然不是假设平面波入射所能解决的，剩下的就是两大现象：强度起伏和图像模糊，后者可以归结为接收口径上的相位畸变。这就要求求得 E 的幅度起伏和相位起伏的统计值。既然$E=E_0+E_1$，这些统计值都将取决于 E_1。因为 E_1 的表述式中，幅度和相位都是具备的。

不过，强度和相位的表述还是有区别的。强度起伏可以在观察面的某一点上来界定。既然假定平面波入射，又假定传播途径上的不均匀性是“局部均匀各向同性”的，那么在 z=常数的观察面上，强度起伏的统计值也是处处一致的。只要从式（5.3.12）推演出幅度起伏值，然后平方一下，就变成强度起伏了。

但相位起伏就不一样。在 5.2 节中已经说明，图像模糊与望远镜口径有关。由此，相位起伏的表述应该包含能与“口径”发生关系的参数。也就是说，学界关心的不仅是相位起伏的统计值，它当然在 z=常数的观察面上也是一致的，更关心相位起伏在不同点上的关联程度。这个与“口径”发生关系的参数选择为观察面的横向坐标矢量$\boldsymbol{\rho}$的模ρ。

在式（5.3.12）中，幅度和相位包含在一个复数 E_1 中。塔塔尔斯基用了一个巧妙的方法，把两者分开，前提条件是$|E_1|<<|E_0|$。他先把 E 写成指数形式：$E=A\mathrm{e}^{\mathrm{i}s}$，再考虑比值：

$$\frac{E}{E_0}=1+\frac{E_1}{E_0}=\frac{A}{A_0}\mathrm{e}^{\mathrm{i}(\phi-\phi_0)} \tag{5.3.13}$$

将式（5.3.13）两边取对数：

$$\ln\frac{E}{E_0}=\ln\frac{A}{A_0}+\mathrm{i}(\phi-\phi_0)=\ln\left(1+\frac{A_1}{A_0}\right)+\mathrm{i}(\phi-\phi_0) \tag{5.3.14}$$

由于有$|E_1|<<|E_0|$，如果把等式左边展开为幂级数并只取第一项，等式最右边中的$\ln\left(1+\dfrac{A_1}{A_0}\right)$也展开为幂级数并只取第一项，则可以得到近似等式：

$$\frac{E_1}{E_0} \approx \frac{A_1}{A_0} + \mathrm{i}(\phi - \phi_0) \tag{5.3.15}$$

等式也可以写为

$$\frac{E_1}{E_0} \approx \ln\frac{A}{A_0} + \mathrm{i}(\phi - \phi_0) \tag{5.3.16}$$

于是，E_1 的表述中，实部包含幅度的信息，虚部包含相位的信息。这为进一步的推演提供了很大方便，推演者可以分别解式（5.3.12）的实部和虚部，而不去推演复杂得多的“精确”复数解。由于实部的幅度信息是经过对数运算的，文献中常称为“对数幅度”。也有学者，特别是天文学界，将它称为“闪烁指数”。

为书写简便，通常用符号 χ 来代表 $\ln\frac{A}{A_0}$，且令 $\Delta\phi = \phi - \phi_0$。

经过对 E_1 的处理，式（5.3.12）可以分解成实部和虚部的两个表达式：

$$\chi(\boldsymbol{\rho}, z) = \frac{k^2}{2\pi}\int_V \mathrm{d}V' \cos\left[\frac{k|\boldsymbol{\rho} - \boldsymbol{\rho}'|^2}{2(z - z')}\right]\frac{n_1(\boldsymbol{r}')}{z - z'} \tag{5.3.17}$$

$$\Delta\phi(\boldsymbol{\rho}, z) = \frac{k^2}{2\pi}\int_V \mathrm{d}V' \sin\left[\frac{k|\boldsymbol{\rho} - \boldsymbol{\rho}'|^2}{2(z - z')}\right]\frac{n_1(\boldsymbol{r}')}{z - z'} \tag{5.3.18}$$

进一步的推演，是要考虑 $n_1(\boldsymbol{r})$ 的随机性。

推演的过程实在太长，其中还有很多数学上的变换和近似，积分的求取也涉及复杂的超越函数的处理，可以想象当年塔塔尔斯基最初探索的艰辛。本书略去推演过程，有兴趣的读者，可以参考塔塔尔斯基的原作，也可以参阅文献[3]。

5.3.2　经典处理的一些主要结果

前面已经说过，最重要的需要解释的现象是强度起伏和相位起伏。强度起伏在理论解释中，可以用式（5.3.17）的解做均方处理表述为 $\langle\chi^2\rangle$。而相位起伏，由于学界更关心观察平面上不同点之间的相关程度，选择用 $\langle\Delta\phi^2(\rho)\rangle$ 来表述。请读者回顾一下第 1 章，这个 $\langle\Delta\phi^2(\rho)\rangle$ 就是 ϕ 的结构函数。在很多文献中，它被写为 $D_\phi(\rho)$。

从式（5.3.17）和式（5.3.18）出发，假设传播路径上的湍流强度是均匀的，并呈现柯尔莫哥洛夫湍流的特征，可以用式（5.1.28）和式（5.1.30）描述。塔塔尔斯基通过数学的推演，获得了一批标志性的表述。

这些标志性表述，按传播距离 L 和湍流内尺度 l_0 之间的关系，分为两个区域：

$\sqrt{\lambda L} << l_0$ 和 $\sqrt{\lambda L} >> l_0$。在这两个区域，可以分别做出一些数学上的近似，以获得简洁的表达式。

1. $\sqrt{\lambda L} << l_0$

前面已经提到过，l_0 是毫米量级，光的波长是微米（可见光和近红外）到 10 微米（中红外）量级。由此，$\sqrt{\lambda L} << l_0$ 意味着传播距离的量级仅为米的量级。对于工程第一线的技术人员，这样短的传播距离实在没有多少实际意义。不过作为理论结果，还是应该提及的。

在 $\sqrt{\lambda L} << l_0$ 的区域，观察面相位结构函数的表述，依据观察面上所考虑两个点之间的距离 ρ 和湍流空间谱的特征波数 K_0 之间的关系，有两种不同的表述：

$$D_\phi(\rho, L) = 3.44k^2 L C_n^2 \rho^2 l_0^{-1/3}, \quad \rho << K_0^{-1} \tag{5.3.19}$$

$$D_\phi(\rho, L) = 2.91k^2 L C_n^2 \rho^{5/3}, \quad \rho >> K_0^{-1} \tag{5.3.20}$$

需要注意的是，表述式中的 k 是传播中的光波的波数。读者都已经知道，实际存在的光波总是有一定带宽的，严格说来，k 应该是平均波数。

对数幅度方差的表述只有一种：

$$\left\langle \chi^2 \right\rangle = 2.46 C_n^2 L^3 l_0^{-7/3} \tag{5.3.21}$$

2. $\sqrt{\lambda L} >> l_0$

显然，从实践的角度来看，$\sqrt{\lambda L} >> l_0$ 的情况要重要得多，绝大部分的应用场合都存在于这个区间。公式的推演过程要比 $\sqrt{\lambda L} << l_0$ 区间的复杂。相位结构函数的表述仍然有两种，不过不是以 ρ 和 K_0 之间的关系来区分，而是以 ρ 和 $\sqrt{\lambda L}$ 的关系作为依据，即

$$D_\phi(\rho, L) = \begin{cases} 1.46 {C_n}^2 k^2 L \rho^{5/3}, & l_0 << \rho << \sqrt{\lambda L} \\ 2.91 {C_n}^2 k^2 L \rho^{5/3}, & \sqrt{\lambda L} << \rho << L_0 \end{cases} \tag{5.3.22}$$

对数幅度方差的表述仍然只有一种：

$$\left\langle \chi^2 \right\rangle = 0.307 k^{7/6} L^{11/6} C_n^2 \tag{5.3.23}$$

也有人认为 $\left\langle \chi^2 \right\rangle$ 不便于与实验数据比较，他们更愿意用光强的概念。从 $\left\langle \chi^2 \right\rangle$ 到对数强度起伏方差，只要将其数值乘以 4 就可以了，即

$$\sigma_1^2 = 4\left\langle \chi^2 \right\rangle = 1.28 C_n^2 L^{11/6} k^{7/6} \tag{5.3.24}$$

式（5.3.23）中的 $\left\langle \chi^2 \right\rangle$，有些文献写为 σ_χ^2；而式（5.3.24）中的 σ_1^2，很多文献

中写为 $\sigma_{\ln I}^2$。因为还有一个经常使用的符号 σ_I^2，它的定义是光强的最一般的归一化起伏方差：

$$\sigma_I^2=\frac{\left\langle\left(I-\langle I\rangle\right)^2\right\rangle}{\langle I\rangle^2}=\frac{\left\langle I^2\right\rangle-\langle I\rangle^2}{\langle I\rangle^2} \tag{5.3.25}$$

在那个印刷技术尚不完善的年代，下标中的“1”和“I”是很难区分的，写成 $\sigma_{\ln I}^2$，就不会和 σ_I^2 混淆。

另外，在观察平面上，χ 的相关函数也是工程技术人员关心的参数。特别是近年来学者认为，空间分集接收装置能在一定程度上减小湍流对通信系统的影响，而分集接收的各探测单元之间的距离的选择，就和 χ 的相关函数有关。从微扰法得到的 χ 的相关系数表达式为

$$\gamma_\chi(\rho,L)=\frac{\int_0^\infty \mathrm{J}_0[(xk/L)^{1/2}\rho](1-\sin x/x)^{-4/3}\mathrm{d}x}{\int_0^\infty(1-\sin x/x)x^{-4/3}\mathrm{d}x} \tag{5.3.26}$$

式子还是比较复杂的，已经有人将它计算出来并绘制成图，如图 5.3.2 所示。

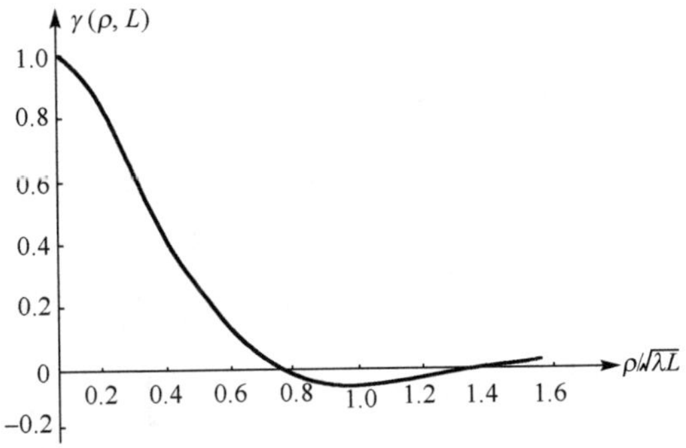

图 5.3.2　当 $\sqrt{\lambda L}>>l_0$ 时的对数幅度的相关系数

从图 5.3.2 中可以看出，对数幅度 χ 的相关函数在 $\sqrt{\lambda L}$ 的附近出现一个负值区。这意味着，在接收平面上任意两个相距为 $\sqrt{\lambda L}$（这就是一般教科书中所称的“菲涅耳距离”）的点，从平均意义上讲，当其中一个点处于比平均值更亮一些的区域时，另一个则处于较暗一些的区域内。

5.3.3　光强的概率密度分布

只求出幅度起伏的方差（而且还是对数方差）是不够的，工程技术人员还很关心观察点的光强度（或幅度）的概率密度分布。

概率密度分布这个参数，在第 1 章就谈到过，理论上非常重要。有了概率密度

分布函数，变量所有的“矩”都能计算出来。但遗憾的是目前根据经典方程，无论用微扰法还是更复杂的求解法，都没有概率密度分布函数的表述。

早期的研究者借用了信号理论中的一些方法，做了一些推论性的工作。其中之一，是把观察平面上的起伏看作传播途径上不同区段影响的叠加，如图 5.3.3 所示。这种模型可以推演出光幅度应呈现对数-正态分布。

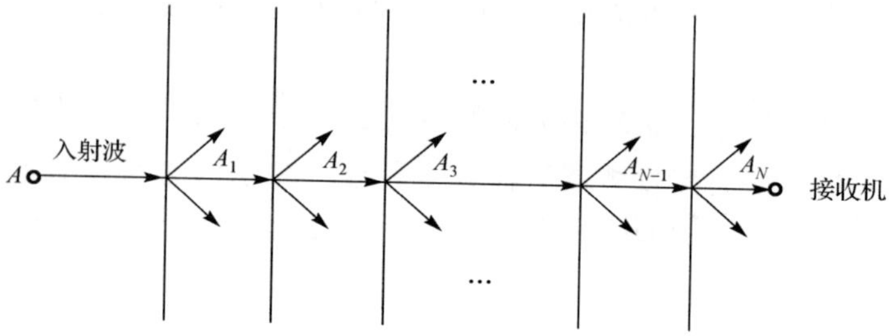

图 5.3.3　导出对数正态分布的传播模型

数学的推演则从式（5.3.10）和式（5.3.17）开始。结合两个式子，可以得到

$$
\begin{aligned}
\ln\left(\frac{A}{A_0}\right) &= \mathrm{Re}\left[\frac{1}{4\pi}\int_V \mathrm{d}V' \frac{\mathrm{e}^{\mathrm{i}k|\boldsymbol{r}-\boldsymbol{r}'|}}{|\boldsymbol{r}-\boldsymbol{r}'|} 2k^2 n_1(\boldsymbol{r}')\mathrm{e}^{\mathrm{i}kz'}\right] \\
&= \mathrm{Re}\left[\int_V \mathrm{d}V' F(\boldsymbol{r}) n_1(\boldsymbol{r}')\right]
\end{aligned}
\tag{5.3.27}
$$

按照柯尔莫哥洛夫湍流理论，湍流的空间相关距离不会大于湍流外尺度 L_0。由此可以把积分区域 V 划分为多个量级为 L_0 的子域 V_i，这些子域之间的折射率增量 $n_1(\boldsymbol{r})$ 是互不相关的。于是式（5.3.27）可以写成这些子域分别积分后的和，即

$$
\ln\left(\frac{A}{A_0}\right) = \mathrm{Re}\left[\int_V \mathrm{d}V' F(\boldsymbol{r}') n_1(\boldsymbol{r}')\right] = \sum_i \mathrm{Re}\left[\int_{V_i} \mathrm{d}V_i' F(\boldsymbol{r}') n_1(\boldsymbol{r}')\right] \tag{5.3.28}
$$

而且和式中的每一个子项之间也是互不相关的。

当子项的数量足够大时，由中心极限定理可以推论，对数幅度 $\ln\left(\frac{A}{A_0}\right)$ 应该呈现为正态分布。

注意到光强度与光振幅之间的关系：

$$
\frac{I}{I_0} = \left(\frac{A}{A_0}\right)^2 \tag{5.3.29}
$$

于是，$\ln\left(\frac{I}{I_0}\right) = 2\ln\left(\frac{A}{A_0}\right)$ 也呈现为正态分布。把这个分布写出来，即

$$p\left(\ln\frac{I}{I_0}\right)=\frac{1}{\sqrt{2\pi}\sigma_1}\mathrm{e}^{-[\ln(I/I_0)-\mu]^2/2\sigma_1^2} \tag{5.3.30}$$

式中，$\mu=\langle\ln(I/I_0)\rangle$是对数强度的集合平均。

将式（5.3.30）做简单的变换，就可以得到

$$p\left(\frac{I}{I_0}\right)=\frac{1}{\sqrt{2\pi}\sigma_1 I}\mathrm{e}^{-[\ln(I/I_0)-\mu]^2/2\sigma_1^2} \tag{5.3.31}$$

注意在式（5.3.31）中，σ_1和μ都是描述$\ln\left(\frac{I}{I_0}\right)$的量。而在实践中更常用的统计量是光强平均值$\langle I\rangle$和光强的标准方差$\sigma_I^2$。在对数-正态分布中，$\sigma_I^2$与$\sigma_1^2$有比较简单的关系：

$$\sigma_I^2=\exp\sigma_1^2-1 \tag{5.3.32}$$

$$\sigma_1^2=\ln(1+\sigma_I^2) \tag{5.3.33}$$

而且σ_1和μ并不独立，它们之间的关系为

$$\mu=-\frac{\sigma_1^2}{2} \tag{5.3.34}$$

这些关系的推演不复杂，此处略去。那些希望研讨严格推理过程的读者可以参阅相关的著作。

另一种模型，认为传播途径上光波会遇到多个涡旋，这些涡旋会对光波产生散射作用。观察点的场振幅就是这些散射波的振幅在该点叠加的结果，如图 5.3.4 所示。这种模型推演出光幅度应呈现为莱斯分布。

$$p(A)=\frac{2A}{\sigma^2}\exp\left(\frac{A^2+v_d^2}{\sigma^2}\right)\mathrm{I}_0\left(\frac{2Av_d}{\sigma^2}\right) \tag{5.3.35}$$

式中，v_d表示场的平均值；$\mathrm{I}_0(x)$是变型贝塞尔函数。

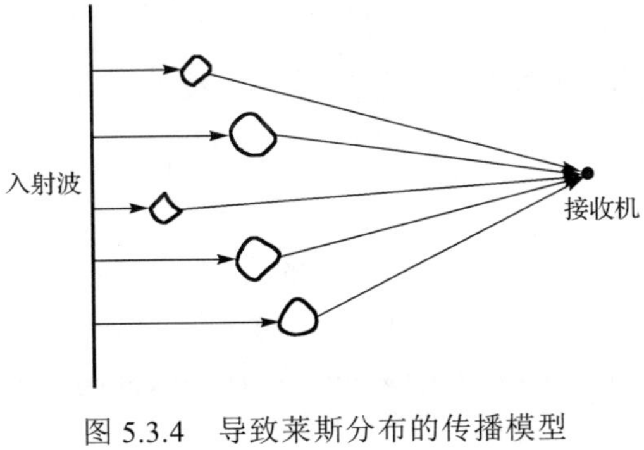

图 5.3.4　导致莱斯分布的传播模型

式（5.3.35）的证明可以在有关通信理论方面的书籍中找到。

如果以光强 I 作为自变量，则式（5.3.35）可写为

$$p(I)=\frac{1}{\sigma^2}\exp\left(-\frac{I}{\sigma^2}-a\right)\mathrm{I}_0\left[2a\left(\frac{I}{I_0}\right)^{1/2}\right] \tag{5.3.36}$$

式中，$a=v_d^2/\sigma^2$。

以 a 为参变量，做出莱斯分布累积概率的图形如图 5.3.5 所示。该图的坐标选择方式是当分布密度呈现对数-正态分布时，累积概率呈现为一条直线。

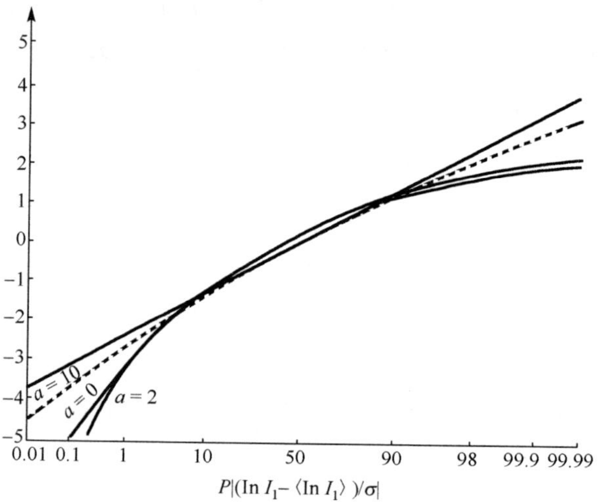

图 5.3.5　莱斯分布的累积概率

由图 5.3.5 可以看出，当 $a\to\infty$ 时，莱斯分布的极限形式就是对数-正态分布。当 $a\to 0$（此时平均场 $v_d=0$，对应极强的湍流强度）时，振幅的莱斯分布退化为瑞利分布，即

$$p(A)=\left(\frac{2A}{\sigma^2}\right)\exp\left(-\frac{A^2}{\sigma^2}\right) \tag{5.3.37}$$

其相应的通量密度的密度分布则呈现为指数分布特性，即

$$p(I)=\frac{1}{\sigma^2}\exp\left(-\frac{I^2}{\sigma^2}\right) \tag{5.3.38}$$

大部分实验结果证实了对数-正态分布的合理性，特别是在弱湍流区。也有不少实验报导在强湍流区，通量密度分布仍呈现为对数-正态分布。

而莱斯分布没有得到实验数据的支持。只有在极强湍流情况下（$\sigma_\chi^2>100$），一些实验数据证实光强呈现为指数分布。

为了探求一个能在较为广泛的范围内通用的概率密度分布，学者继续努力。很多研究者认为，在弱湍流的对数正态分布与强湍流的指数分布之间，光强分布应该服从 K 分布，即

$$p(x)=\frac{2}{\Gamma(y)}y^{(y+1)/2}x^{(y-1)/2}K(2\sqrt{xy}) \tag{5.3.39}$$

式中，$x=\frac{I}{\langle I\rangle}$；$y=\frac{2}{\sigma_I^2-1}$。

Parry 和 Pusey 在 1979 年做了实验。他们使用氦氖激光光源，实验距离为 700m。他们把接收到的光强数据送入计算机，并一直计算到五阶矩。证明当 $\sigma_I^2>1$ 时，K 分布能更好地符合实验数据。他们发表的实验结果参见图 5.3.6。

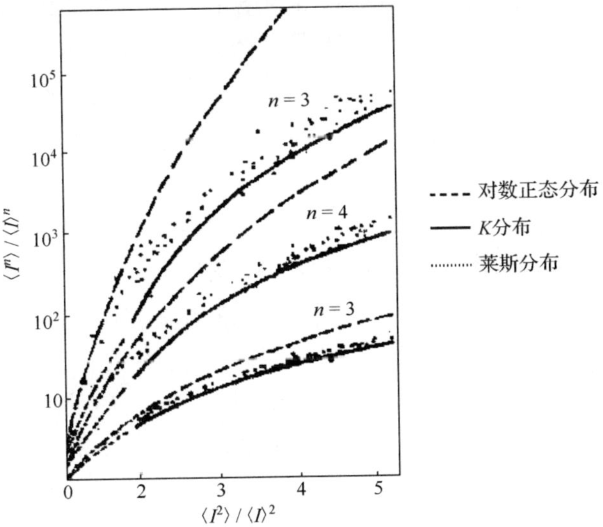

图 5.3.6　Parry 和 Pusey 的实验结果

有些作者试图从严格的理论出发，寻求一种通用的光强概率密度分布表达式。例如，先求出光强 I 的各阶统计矩，然后从各阶统计矩求得特征函数，再进行傅里叶变换以得到 $p(I)$。由于求取高阶统计矩在数学上很困难，这种方法并没有得到积极的结果。另一些学者则假定观察场可分解为前向散射分量和漫散射分量两部分，两个分量各自的幅度和相位构成四个随机变量。他们假定幅度都满足 m 分布，相位都满足均匀分布，从而推得一个光强的概率分布表达式。不过他们的工作并没有得到广泛认同，而且由于涉及四个随机变数，基本参数的确定也是很困难的。

显然，从实验数据的积累来回归概率密度分布，是最有效的方法。理论模型往往有顾此失彼的问题，而回归后的数学表述，当然以简明为佳。

从第 1 章中，读者已经了解到概率的基本定义，也明了任何一个具体的物理过程中产生的数据，不是“服从”某种概率密度分布，只是“呈现”为某种概率密度分布。在探求概率密度分布表现形式的工作中，切忌钻“牛角尖”。那些写出来就特别复杂的，声称“更为精确”的分布形式，并不比对数正态分布或指数分布更实用。

5.3.4 笔者的评述

知道笔者第一次看到这些表述式时的感受吗？

1. 都是“三分之二”惹的祸

首先感觉到塔塔尔斯基真是不容易。去翻阅他的原著，一系列的物理假设，为数不少的数学近似，最终能取得如此简洁的结果，没有坚实的理论功底和那么一点想象力是办不到的。但也感觉这些表述有点怪异，如式（5.3.23）所示，$\left\langle\chi^2\right\rangle$与波数是 7/6 次方关系；与传播距离是 11/6 次方关系；唯有和 C_n^2 是正比关系。而这个 C_n^2 却是一个琢磨不透的参数。原始方程中，假定湍流是均匀的，C_n^2 在整个传播路径上不变，但这在实践中几乎是不可能的。再来看式（5.3.22），相位结构函数与波数和传播距离有比较“正常”的次方关系，但与主要变量的横向尺度参数 ρ，却是 5/3 次方关系，而且随着 ρ 的增长，比例系数还在变化！

在开始讲授《大气中的光传输理论》时，笔者曾仔细阅读了塔塔尔斯基的原作（中文版和英文版）。从推演的过程来看，这都是“三分之二”惹的“祸”。如果湍流特征不是“三分之二”，则表述可能会很不相同。不过，局部均匀各向同性的湍流结构函数的“三分之二”定律已是学界普遍接受的，本节中的各种表述式，至少在理论上也已为学界所接受。

2. 假如路径上的 C_n^2 不是常数

关于 C_n^2 的问题，塔塔尔斯基当然也是看到的。他的书中即刻就提到 C_n^2 随路径变化的问题，把 C_n^2 表述为传播途径坐标 z 的函数 $C_n^2(z)$，并推演出表达式为

$$\left\langle\chi^2\right\rangle = 7.37 l_0^{-7/3}\int_0^L C_n^2(z) z^2 \mathrm{d}z, \quad \sqrt{\lambda L} << l_0 \tag{5.3.40}$$

$$\left\langle\chi^2\right\rangle = 0.56 k^{7/6}\int_0^L C_n^2(z) z^{5/6} \mathrm{d}z, \quad \sqrt{\lambda L} >> l_0 \tag{5.3.41}$$

$$D_\phi(\rho, L) = \begin{cases} 1.46 k^2 \rho^{5/3}\int_0^L C_n^2(z)\mathrm{d}z, & l_0 << \rho << \sqrt{\lambda L} \\ 2.91 k^2 \rho^{5/3}\int_0^L C_n^2(z)\mathrm{d}z, & \sqrt{\lambda L} << \rho << L_0 \end{cases} \tag{5.3.42}$$

不过这还是有问题。局部均匀各向同性湍流的假设条件，是在$l_0 << r << L_0$的范围内成立的，至少在这个范围内，C_n^2不应该变化，否则就不能称为局部均匀各向同性湍流。学界现在说“$C_n{}^2$是在距离L_0上才显著变化的光滑函数。”这是一种很勉强的提法，不过除此之外，好像没有什么更好的解决办法。

3. 实验验证工作很难做

这些表达式有没有可能来验证一下呢？年青时代的我们也曾雄心勃勃，设想过不少方案，但最终都没有实现。

困难之一就是确定$C_n^2(z)$。要观察到湍流引起的光强起伏，传播距离至少应达到百米的量级。用湍流外尺度来衡量，在传播距离内$C_n^2(z)$不可能是常数。前面已经说过，$C_n^2(z)$的测量不是一件容易的事。实验者希望只用一台C_n^2测量设施来概括$C_n^2(z)$的状况。这就要求传播采用水平途径，它的下垫面是完全均匀的，如机场跑道就是理想的实验场地。

困难之二，是哪里去找准单色的“平面波”光源？

也曾想过用激光束来做实验，但很快发现，针对$\left\langle \chi^2 \right\rangle$的实验验证困难极大，光束漂移带来的起伏会比计算的$\sigma_{\ln I}^2$大得多!现在还没有办法让探测器跟着漂移的光斑中心移动。为避免光束漂移的影响，可以加大光束的发散角，使激光能量在光斑中的分布趋于平均；同时采用较短的传播距离，减小漂移的横向距离。不过这两项措施与实际的工程现实背道而驰，工程中总是采用较小的发散角，以达到尽可能大的传播距离。

$D_\phi(\rho)$的情况要好一些。利用恒星作为平行光源，大口径望远镜做光束变换，哈特曼传感器或剪切干涉仪测量相位分布，能够比较精确地测定$D_\phi(\rho)$。但它和$C_n^2(z)$的关系仍然很难确定。

天文学界选择一种“一揽子”的表述方法。这种方法是 20 世纪 70 年代由美国学者 Fried 提出的。他认为，既然在对空观测的光学系统中，望远镜的口径存在一个限制，那就可以以它作为一个判定参数来描述传播路径的湍流影响。他把这个参数称为“大气相干长度”，并用符号ρ_0表示。当望远镜口径大于ρ_0时，系统的成像质量不再随口径的增大而改善。Fried 推导的ρ_0与相位结构函数的关系为

$$D_\phi(\rho) = 2[(24/5)\Gamma(6/5)]^{5/6}(\rho/\rho_0)^{5/3} \approx 6.88\left(\frac{\rho}{\rho_0}\right)^{5/3} \qquad (5.3.43)$$

也就是当$\rho = \rho_0$时，$D_\phi(\rho) \approx 6.88$。

尽管不少科技工作者采用式（5.3.43）来估算望远镜口径的设计数据，但也有很

多人对此提出疑问，这个 6.88 是什么数据呢？Fried 也觉得式（5.3.43）缺乏普遍意义。他后来建议采用塔塔尔斯基的经典公式（5.3.22），而将 $D_\phi(\rho)$ 等于 1 或者 π^2 时的 ρ 值作为 ρ_0，并给予“横向相干长度”的新名称，以区别“大气相干长度”[19]。将它们进行比较，注意到式（5.3.22）有两个式子，在不同的传播距离上，“横向相干长度”有两个不同的表述公式，“大气相干长度”的表述处于这两个不同表述之间。

困难之三，作为统计参数的测量，需要较长时间的数据积累。由此，实验环境很难避免其他因素的干扰，如机场跑道，能因为你在做实验而不让飞机起降吗？

不过这些都还不是最根本的。微扰法的结果有两个令学界感到困扰的问题，这两个问题用微扰法本身是无法解决的。下面就来讨论这两个问题。

4. 集合平均和时间平均

第一个问题是 $\langle\chi^2\rangle$ 和 $D_\phi(\rho)$ 的时间特性。集合平均和时间平均，读者不会陌生。都知道“集合平均”是理论家乐意采用的概念，而在实践中，人们只能获得“时间平均”。两者之间需要有“各态历经性”联系起来。微扰法获得的表述公式正是“集合平均”值。在第 1 章中就叙述过，为了使测量结果能和“集合平均”对照，实验工作者必须清楚该测量值的时间特性，以便选取取样时间和取样间隔。显然，从塔塔尔斯基的微扰法中，是无法获得时间特性的。

读者也许会问，在第 3 章和第 4 章中，不也是讨论了一大堆的“集合平均”值吗？怎么没见笔者将问题评述一番呢？如果细心一点，则读者应该发现第 3 章中的概念和第 5 章中的 $\langle\chi^2\rangle$ 和 $D_\phi(\rho)$ 的不同之处。

先来看 χ，它是“对数幅度”的均方值，与“幅度”处于同一层次。在前面已经很清楚地表述过，幅度是电场 $\boldsymbol{E}$ 的“均方根值”。这就是说，幅度是电场 $\boldsymbol{E}$ 的二阶矩的一个衍生量，它的均方值 $\langle\chi^2\rangle$ 属于电场的四阶矩。电场 $\boldsymbol{E}$ 在现有的技术水平下是一个不可直接测量的参量，能测量的只是它的强度，将强度开方，就可以间接地获得幅度。第 3 章和第 4 章中，只讨论到电场 $\boldsymbol{E}$ 的测量，并没有涉及对测量到的强度随机性的讨论。而均方值 $\langle\chi^2\rangle$ 的形式，明白地表示了 χ 的随机性，而且这个随机性是由湍流的随机性引起的。

再来看 $D_\phi(\rho)$，它描述了观察面上任意两点之间相位差起伏的均方值。这和 GSM 光源中的 $\exp\left(-\dfrac{\rho'}{2\sigma_g}\right)$ 因子相似，但两者的起因很不相同。GSM 光源中的相位起伏源于光源本身的发光机制，它的变化速率极快，只能以干涉条纹的调制度来推测它的存在。而 $D_\phi(\rho)$ 呢？从微扰法的推演过程中，很清楚的一点是光源为理想的平面波，$D_\phi(\rho)$ 所代表的相位起伏完全起因于湍流的随机性。实践证明，它的变化速率在毫秒量级，现有测量手段已经可以相当准确地观察 $\Delta\phi$ 的“瞬时”状态。

于是，想要验证一下理论的结果吗？先解决它的时间特性吧！

毫秒量级变化速率，使得 $\langle\chi^2\rangle$ 在实践中几乎没什么用处。例如，脉冲激光雷达系统，激光脉冲的脉冲宽度在纳秒到微秒的量级。当这些脉冲传播到目标处时，它可能处于 χ 的最高时段，也可能处于 χ 的最低时段。对于单个脉冲，平均值显然没有意义。设计者只能考虑雷达会丢失多少个脉冲信息，并考虑如何安排脉冲序列，才能保证回波强度。又如激光大气通信系统，如果按 $\langle\chi^2\rangle$ 的数据来设计系统，在 χ 处于最低时段的那几个毫秒，则会丢失信息。而丢失信息的数量，取决于通信系统的码率。码率越高，信息丢失就越严重。解决的办法之一是增加信息编码的冗余度。“如何安排脉冲序列”和如何设计“信息编码的冗余度”，都需要了解 χ 的时间特性。

5. 起伏饱和（闪烁饱和）现象

另一个困扰的问题，是起伏饱和现象的发现。

尽管用实验来验证式（5.3.23）很不容易，但有一点在实验中还是可以做到的，就是把传播距离、湍流强度和波数看作“一揽子”的参数来和 $\langle\chi^2\rangle$ 作对比。按照式（5.3.23），随着一揽子参数的增加，$\langle\chi^2\rangle$ 一定呈现上升趋势。不过很遗憾，实验事实并非如此。

在激光得到普遍应用之前，通常是通过测量星光闪烁统计来获得实验数据。如果使用一般人工光源，要保证光源的高相干性，通常必须大幅度地减弱辐射通量。因此，早期实验都是在很弱的辐射强度下进行的，观察距离不可能很长。由此，$\langle\chi^2\rangle$ 的上升趋势与实验结果很一致。很多研究者认为，微扰法的结论在实践中已经足够了。

但当激光器出现后，随着激光器在工程中得到越来越广泛的应用，对 $\langle\chi^2\rangle$ 的数据积累开始建立在同时具有高相干度和高辐射强度的激光光源上。人们很快就发现，当 $\langle\chi^2\rangle$ 到达一定程度时，它随一揽子参数而增加的速度开始减慢，数值趋于饱和甚至减小，呈现的趋势如图 5.3.7 所示。图中的横坐标 $\langle\chi^2\rangle$ 是式（5.3.23）中的“一揽子参数”，实线曲线对应的纵坐标是实验测量的数值，虚线曲线对应的纵坐标是理论应有的数值，当然它实际上是直线，而且与横坐标的比例系数是 1。在大量数据积累的基础上，学界认为式（5.3.23）的适用范围仅在 $\langle\chi^2\rangle < 0.3$ 之内。

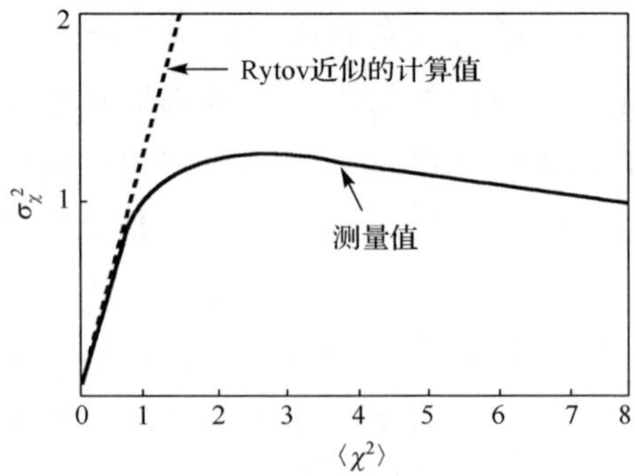

图 5.3.7　对数起伏方差的实验趋势

不过，$\langle\chi^2\rangle$ 找到了它的实际用途。在工程应用中，它经常作为“一揽子参数”出现，体现为 $0.307k^{7/6}L^{11/6}C_n^2$ 的计算数值，并不代表任何测量结果，也不代表更深入推演的理论结果，而且有了一个专用名词，称为 Rytov 指数。

需要附带提及的是，$D_\phi(\rho)$ 却没有发现饱和现象，式（5.3.22）的适用范围要大得多。这一点导致了传播理论的一种新设想的产生。

5.4　湍流效应的时间特性

时间特性这件事，研究者都是想到的，只不过它有点麻烦。想从理论上推演出“时间特性”，前景看起来很渺茫。不过还是有人尝试了，他们利用随机场的“冻结”假设，或以它的提出者而称为泰勒假设，作为推演 χ 时间特性的基础。

泰勒假设是怎么回事呢？首先要假定随机场在时域是平稳的，在空域则是均匀各向同性的，否则进一步推演就没什么基础了。两者结合起来考虑，随机场的相关函数为（以标量场为例）

$$\Gamma(r,\tau)=\langle\xi(r_1,t_1)\xi(r_1+r,t_1+\tau)\rangle \tag{5.4.1}$$

式中，$\Gamma(r,\tau)$ 是随机场的空-时相关函数。从式（5.4.1）来推演时间特性，可以从相关函数的谱着手。相关函数可以表述为它的傅里叶谱的傅里叶变换。注意，由于有空域和时域两个范畴，傅里叶变换也需要在空域和时域分别进行，即

$$\Gamma(r,\tau)=\iint\limits_{\Omega\,\boldsymbol{K}} \mathrm{e}^{\mathrm{i}\boldsymbol{Kr}+\mathrm{i}\omega\tau}\Phi_0(\boldsymbol{K},\omega)\mathrm{d}\boldsymbol{K}\mathrm{d}\omega \tag{5.4.2}$$

式中，空域的谱以 $\boldsymbol{K}$ 为变量；时域的谱以 ω 为变量。它的逆变换为

$$\Phi_0(\boldsymbol{K},\omega)=\frac{1}{(2\pi)^4}\iint\limits_{T\,\boldsymbol{R}} \mathrm{e}^{-\mathrm{i}\boldsymbol{Kr}+\mathrm{i}\omega\tau}\Gamma(r,\tau)\mathrm{d}r\mathrm{d}\tau \tag{5.4.3}$$

式中，$\Phi_0(\boldsymbol{K},\omega)$ 被称为随机场的空-时傅里叶谱。

对于均匀各向同性随机场，任一点的时间过程都具有相同的特性。而如果仅考虑随机场中的某一点的状态，则描述它的数学形态一定会更简洁。由此，研究者决定要进入“点”状态。而要进入“点”的状态，只要在式（5.4.2）中，令 $r=0$ 就可以了，有

$$\Gamma(0,\tau)=\iint_{\Omega\ \boldsymbol{K}} \mathrm{e}^{\mathrm{i}\omega\tau}\Phi_0(\boldsymbol{K},\omega)\mathrm{d}\boldsymbol{K}\mathrm{d}\omega \tag{5.4.4}$$

$r=0$ 也意味着研究者不再关心空间关系，只关心时间过程。由此，式（5.4.4）可以换一种写法，即

$$\Gamma(0,\tau)=\int_{\Omega} \mathrm{e}^{\mathrm{i}\omega\tau} f(\omega)\mathrm{d}\omega \tag{5.4.5}$$

式中，$f(\omega)$ 应该是随机场的时间谱。

$$f(\omega)=\int_{\boldsymbol{K}}\Phi_0(\boldsymbol{K},\omega)\mathrm{d}\boldsymbol{K}=4\pi\int_0^{\infty}\Phi_0(\boldsymbol{K},\omega)\boldsymbol{K}^2\mathrm{d}\boldsymbol{K} \tag{5.4.6}$$

于是，随机场中某一点的时间谱，可以从场的空-时谱 $\Phi_0(\boldsymbol{K},\omega)$ 的积分求得。

但读者知道，柯尔莫哥洛夫奠定的湍流理论，只给出了空间三维谱 $\Phi(\boldsymbol{K})$，并没有给出空-时谱。由此，研究者还需要寻找空-时谱 $\Phi_0(\boldsymbol{K},\omega)$ 和空间三维谱 $\Phi(\boldsymbol{K})$ 之间的关系。

这一点，只要令 $\tau=0$，获得不含时间的函数 $\Gamma(\boldsymbol{r},0)$，就可以推得随机场的三维谱 $\Phi(\boldsymbol{K})$ 和空-时傅里叶谱 $\Phi_0(\boldsymbol{K},\omega)$ 之间的关系（过程略去）：

$$\Phi(\boldsymbol{K})=\int_{\Omega}\Phi_0(\boldsymbol{K},\omega)\mathrm{d}\omega \tag{5.4.7}$$

也就是说，空间三维谱 $\Phi(\boldsymbol{K})$ 和空-时傅里叶谱 $\Phi_0(\boldsymbol{K},\omega)$ 也是以一个无穷积分的形式联系着的。

要找出 $f(\omega)$ 和 $\Phi(\boldsymbol{K})$ 之间简明的函数关系不太容易。

于是，泰勒提出了一种假设，他假设某些随机场可以表述为

$$\xi(r,t+\tau)=\xi\left(r-\langle v\rangle\tau,t\right) \tag{5.4.8}$$

式中，$\langle v\rangle$ 表示平均速度。

式（5.4.8）的物理含义是：当随机场移动时，它的“形态”不变，或者说，随机场的形态随速度 $\langle v\rangle$ 无变化地移动，好像随机场被“冻结”了。

在“冻结”假说的条件下，通过数学推演，随机场的时间谱和它的一维空间谱以一个常数联系在一起，即

$$f(K_1)=\langle v\rangle f(\omega)_{\omega=\langle v\rangle K_1} \tag{5.4.9}$$

而一维空间谱和三维空间谱之间的关系，在 1.6 节中有详细的分析。

这个结论，直觉都能感觉得到，而且在某些场合很适用。例如，要预测道路对车辆振动状态的影响，就可以把道路看作一个二维的随机表面，车辆以速度 $\langle v\rangle$ 行驶时，用式（5.4.9）可以相当准确地描述车辆振动谱和道路空间谱之间的关系。因为道路这个“随机面”确实是被“冻结”的。但把它用在描述湍流问题时，“冻结”假设还可靠吗？

很多研究者从经典微扰法中 χ 的相关距离着手。5.3 节中的结论是：当传播距离处于 $\sqrt{\lambda L}>>l_0$ 时，χ 的相关距离与 $\sqrt{\lambda L}$ 相当。引用“冻结”假设，认为 χ 的随机性只是由横向风速引起的，那么 χ 的相关时间 τ_0 与 $\dfrac{\sqrt{\lambda L}}{\langle v\rangle}$ 相当，湍流场的相干时间也是如此。在天文观察的领域，由于高空的风速相对稳定，且对观察者而言，风向总能近似地看作是横向的，这一结论特别适用。学者 Greenwood 就此做了理论上的论证，他推得的 τ_0 为

$$\tau_0=\left[2.91k^2\sec(\theta)\int C_n^2(h)v^{5/3}(h)\mathrm{d}h\right]^{-3/5} \tag{5.4.10}$$

式中，θ 是观察天顶角；$v(h)$ 是高度 h 处的风速；括号中积分区间取为整层大气。在天文学界，式（5.4.10）的结果常被称为大气相干时间，它的量级为几个毫秒。τ_0 的倒数也常见于各种文献，称为 Greenwood 频率，通常用符号 f_G 表示。

在其他应用场合，由于风速的随机性很大，方向也不确定，没有什么简单的“公式”可用于直接计算。而且实验也指出，即便是无风的艳阳天气，光强的变化速率仍然很快，相关时间在毫秒量级。最稳定的天气状况是有薄雾的无风天气，此时的光强可以在数秒甚至数十秒内没有什么变化。如果有明显的横向风速，则实验中的接收光强变化与风速变化有显著的相关关系。

在湍流中光传播问题使用“冻结”假设还是可行的，不过它的适用时间和区间会随着天气状况的不同而有所不同。

在理论处理上，“冻结”假设的使用带来了非常复杂的数学表述（参阅文献[3]的 174～177 页），其结果是在实际工程设计中几乎没有人愿意用。

目前，对时间特性的研究主要依靠观察数据和工程数据的积累，这些数据作为新工程设计的依据。例如，有的研究者观察到 2000Hz 以上的起伏分量，就建议新工程系统的自适应调整的时间常数应减小到数百微秒的量级。由于种种原因，这些观察和工程数据在技术人员之间的交流，特别是原始数据的交流是非常困难的。

大气中光传输的实验，动辄就需要数百万元的投入。作为学术界以理论研究为主的学者，不太可能完成实验。如果想获得原始数据，做一些更深入的工作，可以参与工程的制作和试验工作，庶几能有所作为，将传播理论推向高一层次的水平。

5.5　理论处理之二——光线传播解法

在 5.3 节中，本书提到“闪烁饱和”，也指出相位起伏却没有观察到相类似的现象。这一点即刻引起学者们的兴趣，微扰解法的奠基者塔塔尔斯基在 20 世纪 70 年代初就提出了一种借助于光线理论的物理模型，而美国学者 Clifford 和 Yura 深入发展了该模型的思想，在 1974 年获得了积极的结果。

光线传播模型表述直观，易于理解。它的缺陷在于对相位起伏的解释基础和强度起伏的解释基础有点不协调。

首先，模型对大气湍流做了一个形象化的假设。这个假设，在 5.1 节中已初见端倪，其要点如下。

（1）大气湍流由一些尺度在 (l_0, L_0) 的涡旋或气团组成，涡旋越大，其折射率指数起伏的方差也越大。

（2）统计均匀各向同性的假设，使这些涡旋可以大致看成是圆形。因此，它们也可以看成一些尺度为 (l_0, L_0) 的球形透镜。

（3）折射率结构函数满足 2/3 定律，即

$$\left\langle \Delta n^2(\rho) \right\rangle \sim \begin{cases} C_n^2 l_0^{\frac{2}{3}} (\rho / l_0)^2, & \rho << l_0 \\ C_n^2 \rho^{\frac{2}{3}}, & l_0 << \rho << L_0 \end{cases} \tag{5.5.1}$$

第（1）条和第（3）条假设不是新内容，只有第（2）条假设有点特别。不过在解释相位起伏的成因时，第（2）条假设用处不大，它在解释幅度起伏时，才大有用处。

先来讨论相位起伏的问题。

5.5.1　对相位起伏的解释

学者认为，由于 Δn 非常小，光线在传播的过程中传播方向没有发生显著改变，可以假设它们是沿直线传播的。只是由于 Δn，它们的波前相位发生变化，从而造成接收面的相位起伏。

那么，这个假设是否合理呢？从成像系统原理的角度，如果光线传播方向改变，则系统对物体的成像会产生位置偏离性的畸变。典型的例子是海市蜃楼，但那不是大气湍流造成的。透过大型喷气发动机的尾气来看物体，也会感觉到明显的物体抖动，这意味着位置的不断改变，但那是人工造成的湍流，不是大气湍流。通过大气湍流成像的典型实例是天文观察。在天文观察中，星象会因为大气湍流的存在而变得模糊。在目前观察精度的条件下，还感觉不到它的位置有所变化。看来这个假设还是合理的。

特别是根据这一假设所提出的波前补偿技术——现在称为自适应光学技术——在20世纪80年代后获得了极大的成功。一种假设，如果能预测到未知的现象，或在技术领域创造出新的方法和途径，则它可以上升为科学理论。不过在物理学的范畴内，它还需要有定量的结论。如果这个结论与经典方法演绎得到的结论不冲突，则它可以归结为经典理论的一个分支。若冲突了，则需要寻找新的物理基础。Clifford和Yura所做的正是寻求定量结论的工作。

针对相位起伏的问题，Clifford和Yura认为，对于两条相隔为ρ的光线，对相位差贡献最大的是那些尺度与ρ相当的涡旋。如图5.5.1所示，尺度大于ρ的那些涡旋，两条光线都会穿过同一个涡旋，产生的相位延迟大致相同；而尺度小于ρ的涡旋，更多的可能是处于两条光线之间，对传播基本上不产生影响；只有尺度与ρ相当的涡旋，总有一条穿过涡旋，而另一条则溜过去了。

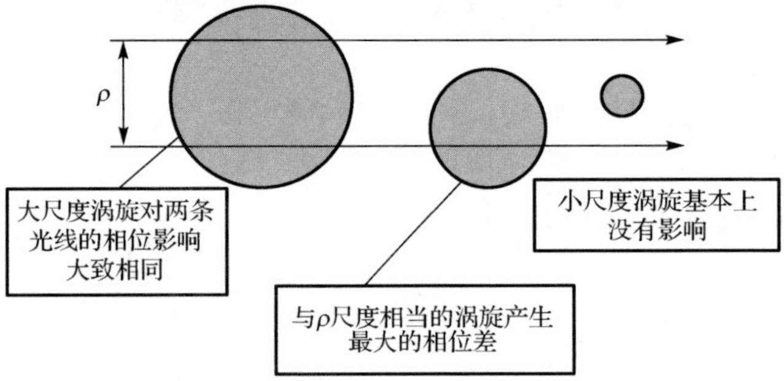

图5.5.1　对相隔为ρ的两条光线而言，尺度与ρ相当的涡旋贡献最大的相位差

于是，对于在传播途径上距离为ρ的一小段，这两条光线之间的相位差可以认为：

$$\Delta\phi(\rho) \sim k\rho\Delta n(\rho) \tag{5.5.2}$$

式（5.5.2）中没有用等号而是采用符号～，是说明这是“大体上”的意思。不像经典理论的演绎，可以使用等号，或至少可以用近似等号。另外，$\Delta\phi(\rho)$的写法，强调说明ρ是一个变量。

从式（5.5.2）可以得到ϕ的结构函数为

$$\left\langle \Delta\phi^2(\rho) \right\rangle \sim k^2\rho^2 \left\langle \Delta n^2(\rho) \right\rangle \tag{5.5.3}$$

对于整个传播通道，可以将$\left\langle \Delta\phi^2(\rho) \right\rangle$乘以$L/\rho$来求得。$L/\rho$就是全通道上“那距离为$\rho$的一小段”的个数。于是，

$$\left\langle \Delta\phi^2(\rho, L) \right\rangle \sim k^2\rho L \left\langle \Delta n^2(\rho) \right\rangle \tag{5.5.4}$$

注意，当$\rho < l_0$时，由于没有比l_0更小的涡旋，全通道中“那距离为ρ的一小段”的个数就成为L/l_0。

现在，可以代入$\left\langle \Delta n^2(\rho) \right\rangle$的表述式（5.5.1），有

$$\left\langle \Delta\phi^2(\rho,L) \right\rangle \sim \begin{cases} k^2 C_n^2 L l_0^{-1/3} \rho^2 \\ k^2 C_n^2 L \rho^{5/3} \end{cases} \tag{5.5.5}$$

与经典理论的结果相比，结构函数的“变量结构”——就是它与各个变量之间的次方关系——是完全相同的，只是“光线解法”没能得到具体的系数。

这个结果已经很不错了，至少说明“光线解法”和经典解法是相容的。

5.5.2　对幅度起伏的解释

对相位起伏的解释很简洁，所需要的区别于经典解法的近似条件，只有“光线没有显著改变传播方向”一条，可以说很符合“奥卡姆剃刀”原则。唯一遗憾的是系数不能从推演中确定。但前面说过，光传播通道上的湍流强度分布的测量，是一件很难做到的事情，而$\Delta\phi$和ρ的关系的测量相对来说容易得多。后者也是工程技术人员更关心的问题，系数如何无关紧要。

不过，对幅度起伏的解释，就有点麻烦。它需要本节一开始提出的假设中的第（2）条：湍流涡旋可以看成一些尺度 l 为$(l_0 \sim L_0)$的球形透镜，它们的焦距 F 的量级大约为$l/\Delta n$。读者都知道，l_0大约为数毫米，L_0大约为数米，Δn 为 $10^{-8} \sim 10^{-6}$。这样估计起来，F 的量级是 $10^4 \sim 10^8$m。在 20 世纪 90 年代，激光工程应用的传播距离 L 通常仅为数千米，由此，研究者做了 $L < F$ 的假设。

既然是$L < F$，那么，当平面波通过单个涡旋透镜时，如图 5.5.2 所示，在接收平面上的振幅就会发生改变。假设大气对光波没有吸收作用，则

$$A_0^2 \left(\frac{l}{2} \right)^2 = A^2 \rho^2 \tag{5.5.6}$$

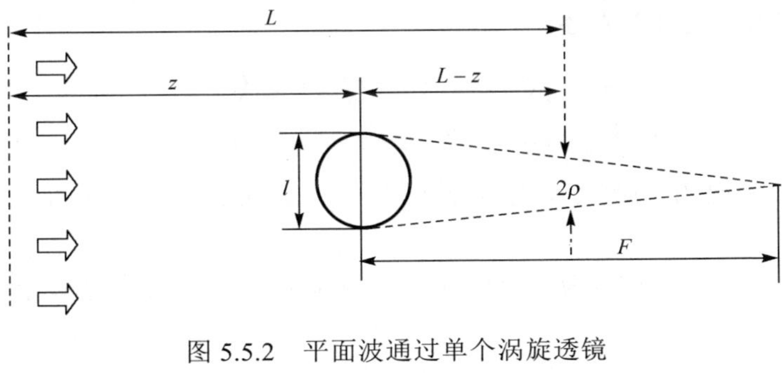

图 5.5.2　平面波通过单个涡旋透镜

式中，A_0是原平面波的波振幅，等式的右边是平面波通过涡旋透镜的能量；A 是接收平面处由该透镜聚焦作用形成光斑的波振幅；ρ 是该光斑半径（**这段话表明，湍**

流涡旋的 Δn 一定是正值，否则，它也可能是发散透镜！但“湍流涡旋的 Δn 一定是正值”，恐怕很难让其他学者信服）。

简单的几何关系，可以得到

$$\Delta A_1 = A - A_0 = \left(\frac{l}{2\rho} - 1\right) A_0 = \frac{L - z}{F - L + z} A_0 \tag{5.5.7}$$

式中，ΔA_1 中的下标“1”表示这是单个湍流涡旋的作用结果。

由于 $L - z << F$，式（5.5.7）可以简化为

$$\frac{\Delta A_1}{A_0} \approx \frac{L - z}{F} \tag{5.5.8}$$

折射率结构函数，可以以 l 作为变量来表述，即

$$\left\langle \Delta n^2 (l) \right\rangle = C_n^2 l_1^{2/3} \tag{5.5.9}$$

式（5.5.9）中，写成 l_1 是因为还要考虑 $l < l_0$ 的状况。当 $l_0 << l << L_0$ 时，l_1 就是 l，而当 $l << l_0$ 时，则另行考虑。综合起来，l_1 可以表述为

$$l_1 = \begin{cases} l, & l_0 << l << L_0 \\ l^3 / l_0^2, & l << l_0 \end{cases} \tag{5.5.10}$$

于是，

$$\Delta n \sim \sqrt{C_n^2} l_1^{1/3} \tag{5.5.11}$$

将 F 用 Δn 来表述，有

$$F \sim \frac{l}{\Delta n} \sim \frac{l}{\sqrt{C_n^2} l_1^{1/3}} \tag{5.5.12}$$

这样，式（5.5.8）就可以表述为

$$\frac{\Delta A_1}{A_0} \sim \begin{cases} \sqrt{C_n^2} l_0^{-2/3} (L - z), & l << l_0 \\ \sqrt{C_n^2} l^{-2/3} (L - z), & l_0 << l << L_0 \end{cases} \tag{5.5.13}$$

式（5.5.13）说明，l 越小，它对幅度起伏的贡献越大。尺度为 l_0 的涡旋将产生最大的幅度起伏。

把传播距离 L 按 l_0 分割为各个区段，也就是 $L = Nl_0$，每个区段上的振幅起伏均方值为

$$\left\langle \left(\frac{\Delta A_1}{A_0} \right)^2 \right\rangle \sim C_n^2 l_0^{-4/3} (L - z)^2 \tag{5.5.14}$$

而在全通道上，则应将式（5.5.14）两边都乘以 N，右边就可以表述为整个通道所具有的幅度起伏均方值，即

$$\left\langle\left(\frac{\Delta A}{A_0}\right)^2\right\rangle \sim N\left\langle\left(\frac{\Delta A_1}{A_0}\right)^2\right\rangle \sim C_n^2\left\langle(L-z)^2\right\rangle l_0^{-7/3}L \tag{5.5.15}$$

从量级上而言，$L-z$ 和 L 是一致的，于是式（5.5.15）就表述为

$$\left\langle\left(\frac{\Delta A}{A_0}\right)^2\right\rangle \sim C_n^2L^3l_0^{-7/3} \tag{5.5.16}$$

从式（5.5.15）和式（5.5.16），严格地推演，应该是对 z 从 $0\sim L$ 进行积分运算。**但目前的公式，只是一个量纲上的估计，直接用 L 代替 $L-z$。**

将式（5.5.16）与式（5.3.21）比较，两者从变量结构上而言，是完全一致的。

式（5.3.21）仅适用于 $\sqrt{\lambda L} \ll l_0$ "几何近似"的情况，对于实践中更为常见的 $\sqrt{\lambda L} \gg l_0$ 状态，光线传播方法还能适用吗？研究者声称，对于后者，还需要考虑湍流涡旋的衍射作用。

这又回到了"经典"解法，实质上，一阶微扰法解麦克斯韦方程，就是将每个涡旋对入射光波的散射波在接收平面叠加起来。按"光线传播"法的假设前提，每个涡旋内的折射率大致上是处处相等的，那么衍射和散射就是一回事了。

衍射的作用是使光束扩散，从而抵消了聚焦作用。

于是，研究者把湍流涡旋分成两个群，分群的准则是 $l_c\sim\sqrt{\lambda L}$。$l<l_c$ 的那些涡旋，由于衍射作用，对于接收平面的幅度起伏贡献很小。**而对起伏做出最大贡献的，是那些尺度与 l_c 相当的涡旋。这样一来，当 $\sqrt{\lambda L} \gg l_0$ 时，应该用 l_c 替代 l_0。**同时注意到 λ 与 k 的关系 $k\sim\lambda^{-1}$，式（5.5.16）就变为

$$\left\langle\left(\frac{\Delta A}{A_0}\right)^2\right\rangle \sim C_n^2L^3(\lambda L)^{-7/3} \sim C_n^2L^{11/6}k^{7/6} \tag{5.5.17}$$

式（5.5.17）与式（5.3.23）的变量结构完全相同。于是大功告成，功德圆满。

5.5.3　对起伏饱和现象的解释

综合上面的解决方案，Clifford 对起伏饱和现象做出了解释。他说："当光波通过某一涡旋后，它引起的相位起伏能进一步产生幅度闪烁的必要条件是该涡旋的尺度小于波的横向相干尺度，涡旋尺度大于光波横向相干尺度的那些涡旋不会产生进一步的光强起伏……这一假设的直接结果是，当光波的横向相干长度小于大部分涡旋尺度时，就出现了闪烁饱和效应。"

有点光学成像系统知识的读者都知道，对于平面波或球面波，理想成像系统会

把它变换成一个爱里斑。从光线传播的观点来说，就是聚焦成为一个“点”。像差畸变是因为实际存在的系统偏离了理想系统，对波阵面而言，就是偏离了平面波前。进一步说，即便是一个理想光学系统，如果入射光波的波阵面是杂乱无章的，那么得到的“像”就不是一个“点”。系统的聚焦功能对这样的光波无能为力。湍流涡旋也是这样，如果入射光波的波阵面毫无章法，那么就失去了聚焦功能。

按照这样的理解，Clifford 所说的“横向相干尺度”就是“相位相干长度”，读者在 5.3 节中已经得知它的定义。仅从量级近似考虑，不妨取 $D_{\phi}(\rho)=1$ 时的 ρ 值为波阵面的相位相干长度，并记为 ρ_0。按照式（5.5.5），有

$$\rho_0 \sim (k^2 C_n^2 L)^{-3/5} \tag{5.5.18}$$

或者用经典方法演绎的式（5.3.22），有

$$\rho_0 = (2.91 k^2 C_n^2 L)^{-3/5} \tag{5.5.19}$$

或

$$\rho_0 = (1.46 k^2 C_n^2 L)^{-3/5} \tag{5.5.20}$$

系数并不是重要的。

来归纳一下前面的讨论。接收平面上的幅度起伏的贡献主要来自尺度为 $\sqrt{\lambda L}$ 的湍流涡旋。尺度小于 $\sqrt{\lambda L}$ 的湍流涡旋处于衍射区，对起伏的贡献很小。另外，尺度大于 ρ_0 的那些湍流涡旋，由于波阵面紊乱的影响，也不会对通量密度继续做出贡献。也就是说，传播进入“饱和区”。

可以把 $\rho_0 = \sqrt{\lambda L}$ 作为判据，并将这时的 L 记为 L_c，有

$$\sqrt{\lambda L_c} \sim (k^2 C_n^2 L_c)^{-3/5} \tag{5.5.21}$$

显然，

$$L_c^{11/10} \sim k^{-6/5} (C_n^2)^{-3/5} \lambda^{-1/2} \tag{5.5.22}$$

考虑 k 和 λ 的关系，式（5.2.22）可以表述为

$$L_c \sim (C_n^2)^{6/11} \cdot k^{-7/11} \tag{5.5.23}$$

从式（5.5.23）得到的 L_c，用的是符号～，只是一个大概数。有人从式（5.5.22）中，认为 k 是大气中传播的波数，而 λ 是指光波的固有波长，也就是真空中的波长；它们应分别写成 $k = k_0 / n$；$\lambda = 2\pi / k_0$。公式的系数就取为 1，得到一个明确的 L_c，并称为特征距离，有

$$L_c = n^{12/11} (C_n^2)^{6/11} \cdot k_0^{-7/11} \tag{5.5.24}$$

如果传播距离大于特征距离，则进入了起伏饱和区。这个结论，得到了众多实验数据的支持。

上述讨论还说明了为什么没有观察到相位差起伏的饱和现象。

本节的讨论，读者应该发现，从数学推演的视角，只要把 $\rho_0=\sqrt{\lambda L}$ 作为判据，从经典解法中也能演绎出特征距离。关键在于，为什么 $\rho_0=\sqrt{\lambda L}$ 可以作为判据。光线传播解法对此做出了一个很形象化的物理解释。

从 5.3.2 节中，读者看到光线传播方法在解释幅度起伏时的诸多缺陷，难以得到理论工作者的首肯。特征距离的实验验证，当然为此提供了支持，但这种实验结果也能从经典解法中得到解释。为此，很多学者希望能得到一幅更为完满的物理图像而在进一步努力。

关于平面波在湍流中传播的话题，本书就讨论到这里。

5.6　其 余 的 话

本书进行到现在，可能读者已略感疲惫。湍流的话题，受众面终究是很小的，但不说出来，又觉得内容有所欠缺。以下内容基本剔除数学，尽可能用文字和图形，只要读者有一个大致的了解就好。

5.6.1　光束的传播

前面已经说过，以平面波作为模板来研究，好处是数学处理相对简单一些，所得到的结论，对诸如光强起伏和相位起伏这样的参数，也够用了。缺陷是，它在描述应用最广泛的激光束的传播时，对一些关键参数无能为力。这些关键参数就是光束扩展和光束漂移。

如果只关心光强起伏和相位起伏，从原则上来说，则只要在式(5.3.6)和式(5.3.7)中，将 E_0 取代为高斯光束的表达式。同样的做法，也可以用于球面波的传播问题。当然，在数学处理上，它们比平面波的传播又要复杂一些。这些工作，塔塔尔斯基都已经做了，所得到的 $\langle\chi^2\rangle$ 的结果，球面波的公式与平面波的基本类似，仅在系数上有一些差别。而束状波的公式就复杂多了，而且仅限于光束的中心点的情况。具体的数学形式可参看文献[3]，因为它并没有什么实际的用处，本书就不用它来占据篇幅了。塔塔尔斯基将三种波形传播后的 $\langle\chi^2\rangle$ 进行一个数值图形的对比，如图 5.6.1 所示。图中的横坐标是归一化的传播距离 αL，纵坐标是对数幅度起伏方差 $\langle\chi^2\rangle$。

可以看出，平面波的起伏是最大的，在实用的距离上，束状波的起伏（光束中心处）倒是最小的。不过读者已经知道，由于存在光束漂移，这个结论并没有实用价值，只是从 $\langle\chi^2\rangle$ 的数值，可以估算出光斑扩展的数值。

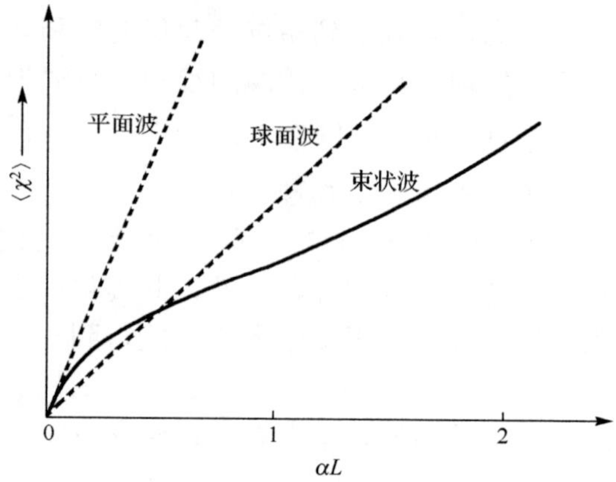

图 5.6.1　三种光波在湍流中传播的 $\langle \chi^2 \rangle$ 的比较

还没有人能从波动方程出发，推演获得光斑漂移的数据。有人把光束看作一条光线，在通过湍流时，由于折射率的随机性而形成一条扭曲的传播路径，这样一条扭曲的光线与观察平面的交点显然是随机的，交点与直线传播的光线位置的偏离，就构成了“漂移量”。最后再把光束的初始半径考虑进去，得出的“漂移量”的均方值为

$$\sigma_\rho^2 \approx 1.9 C_n^2 W_0^{-\frac{1}{3}} L^3 \left(1 \mp \frac{L\theta}{3W_0}\right) \tag{5.6.1}$$

式中，W_0 是入射光束的初始半径；L 是传播距离；θ 是光束的发散角。如果光束为聚焦光束，则 $\mp$ 号取负值。

式（5.6.1）出现得很早[20]，但好像没有多少人采用。

不过式（5.6.1）解算问题的思想，却有很多的“后来人”。特别是计算工具的不断发展，很多研究者不再热衷于推导一个什么参数的表达式，而是用光线追迹的方式，直接运算出光束中每一根光线在一次传播后合成的光斑形态，其中甚至包含各条光线之间的干涉效应，以达到同时反映出光强起伏的形态。一次运算完成后，立即进行下一次运算。当然每一次的湍流形态是随机的，因此也是不同的。随机性的规律，则有赖于柯尔莫哥洛夫湍流模型，每一次生成的湍流形态都符合模型的数学规律。随着传播次数的增多，众多次数的光斑形态，就可以计算出各种感兴趣的统计参数。

运算过程中，还有很多具体问题。这些具体问题的解决，往往又可以是一篇学术论文，但基本思想就是上面描述的。

5.6.2　“矩”方程

在 5.3 节中，本书提到式（5.3.1）的另一种解法，就是对 E 先平均，再解出 E 的平均值（也就是各阶矩）的表达式。本书也指出这将导致很复杂的数学过程。尽

管很复杂，但还是有人尝试。尽管又引入很多假设条件，但我所看到的结果，仅限于平均场和二阶矩。四阶矩也有一些结果，但并没有得到普遍的认可。那种从各阶矩的形式来推演光强变化的概率密度的设想，更是遥不可望。

就已经得到的结果来看，在某些场合，例如光束传播的场合，还是有些意思的。有学者用矩方程的结果计算了光束通过湍流后的轴上光强如图 5.6.2 所示[3]。图中的纵坐标是对光束起始位置归一化的光强平均值 $\langle I_r(L,0)\rangle / \langle I_{r0}(0,0)\rangle$，横坐标是传播距离 L。

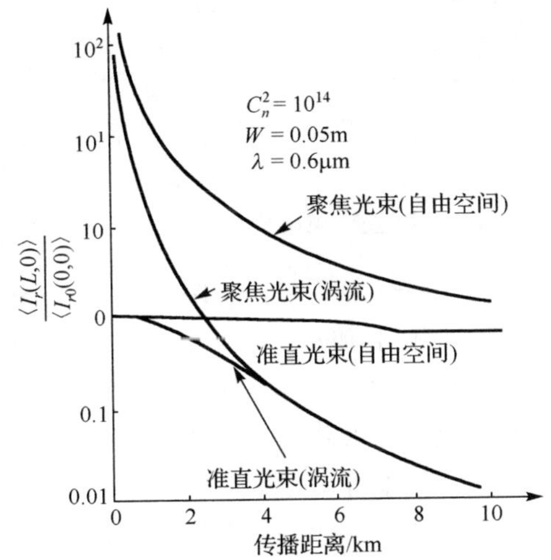

图 5.6.2　通过湍流后，光束轴上光强的计算实例

计算是在氦氖激光器的波长上进行的。湍流强度和光束参数在图中都标明了。可以看出，在湍流的作用下，无论准直光束还是聚焦光束，中心光强都显著下降了，说明光斑有剧烈的变化。计算的缺点显而易见，它没有时间标度，是一个“集合平均”的结果。在前面已经提到，没有“时间标度”的结果在很多工程应用中几乎没什么用处。

这些学者还用四阶矩方程的理论结果计算了观察平面上的光束截面[19]，如图 5.6.3 所示。

图 5.6.3 中，纵坐标是对于光斑中心点光强的归一化光强 $\langle I(L,\rho_c)\rangle / \langle I(L,0)\rangle$，横坐标是观察平面的矢径坐标 ρ，它在描述光束截面时，代表光强所在点与光斑中心的距离 ρ_c；在描述相关系数时，代表考虑两个点之间的距离 ρ_d。虚线是不存在湍流时光束传播到观察平面的光束截面，实线则表述了存在湍流时的光束截面，点划线表述了该截面上光强起伏的相关系数 $\Gamma(L,0,\rho_d) / \Gamma(L,0,0)$。由于在公式推导中采用了中心坐标系，而且相关系数的结果仅在 $\rho_c = 0$ 时才有有效的表达式，所以相关系数表述为 $\Gamma(L,0,\rho_d) / \langle \Gamma(L,0,0)\rangle$。它仅在光斑中心附近有效，且 ρ_d 相对于光斑中心呈对称形态。

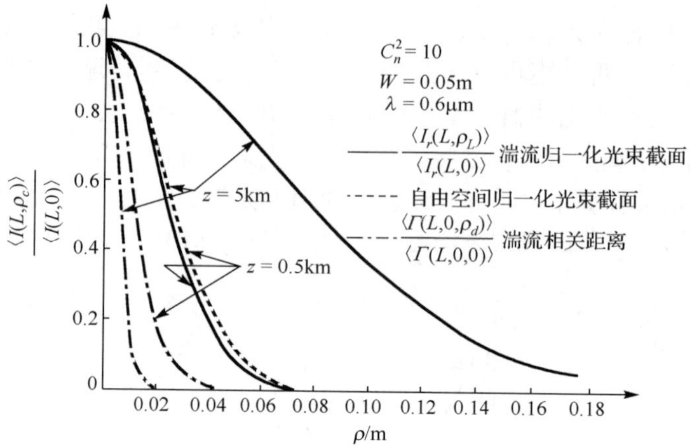

图 5.6.3　准直光束的光束截面和相关距离

计算的初始参数和图 5.6.2 一样，在图 5.6.3 中绘出了 z=0.5km 和 z=5km 两种情况的计算结果。从图中可以看出在没有湍流时，从 z=0.5km 到 z=5km，光束截面的变化并不大，但一旦存在湍流就不一样了。z=0.5km 的情况，光束截面的变化很小，实线和虚线几乎是重合的；而 z=5km 的情况，光束截面的扩展非常明显。不过要注意的是，这是一个集合平均值，如果从图中光强下降到一定程度的ρ_c值定义为光斑半径，那么该半径相当于图 5.2.3(b)的大圆圈的半径。按照目前对湍流时间谱的观察结果，测量这个“半径”至少需要毫秒量级的观察时间。对于绝大部分的工程应用，这个数据的参考价值并不大。

对于相关系数，也可以按相关系数下降到一定程度的ρ_d值定义为光斑的相关半径。相关半径的意义，是在相关半径的距离上，两点的光强不相关，它们的变化呈现为一种“乱七八糟”的状态。

5.6.3　相干性的影响

以上从经典方法推演解算湍流中的光传播问题，读者一定看到了起始光场都是相干光场。平面波就不用说了，就算是光束，起始光场也是高斯光束的光腰部位（准直光束）或某个确定部位（聚焦光束，此时光束的光腰位于观察平面，起始位置的光束参数可以参看《激光原理》之类的教科书）。

但从“光线传播解法”可以得到一个启示，那就是当平面波的波前紊乱到达一定程度时，湍流对它的影响就会大大减弱。在第 3 章中曾经论述过，作为部分相干光的高斯-谢尔光束，其“部分相干”的特征就是波前的横向相关减弱，波阵面呈现为混乱的状态。高斯-谢尔光束的时间尺度比湍流的时间尺度要小得多，按照“光线传播解法”的思路推论，高斯-谢尔光束受湍流的影响，一定比高斯光束的小。

笔者在 20 世纪 90 年代初，为此做过一次数值计算。所用的公式类似于计算图 5.6.2 和图 5.6.3 的公式，只是增加了光束的横向相干长度σ_g的因素[21]。

图 5.6.4 表述了对光束通过湍流后的光斑中心光强的典型计算结果。图中纵坐标是对光束起始光斑中心光强归一化的光强数值；横坐标是对光束的瑞利距离归一化的传播距离（请参见第 3 章）。参变量$\alpha=\sigma_g/\sigma_s$是描述光束全局相干度特征的量度，在第 3 章中标注为q。参变量α取了四个数值，从相干度最高算起，分别为 5，1.5，0.5，0.2。实线表述的是没有湍流时的传播状况，虚线表述了存在湍流的状况，湍流强度$C_n^2=10^{-14}$。从图中可以清楚地看到，当光束的相干度很高时（$\alpha=5$），湍流对中心光强的影响非常大；随着α的减小，湍流的影响逐步减小，到$\alpha=0.2$时，其影响几乎看不出来了。

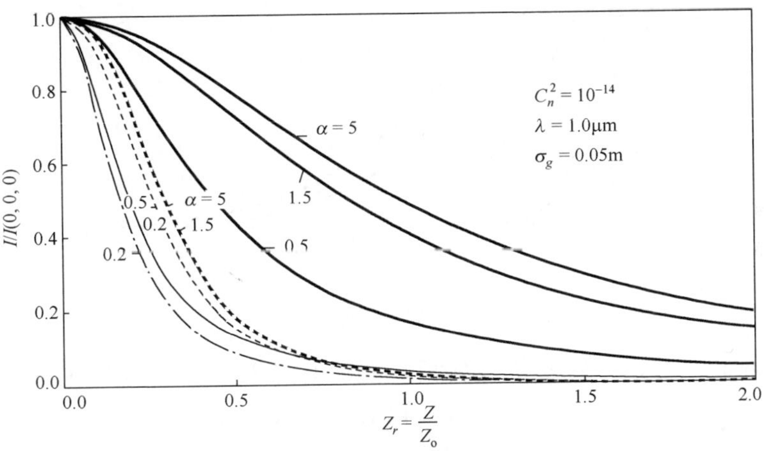

图 5.6.4　高斯-谢尔光束通过湍流后的光斑中心光强

光斑横截面的计算也呈现相同的趋势，如图 5.6.5 所示。图中的纵坐标是对光束起始光斑中心光强归一化的光强数值，横坐标是观察平面的矢径模量。计算在$z=0.5z_0$的距离上展开，同样，实线表述的是没有湍流时的状况，虚线表述了存在湍流的状况，湍流强度$C_n^2=10^{-14}$。

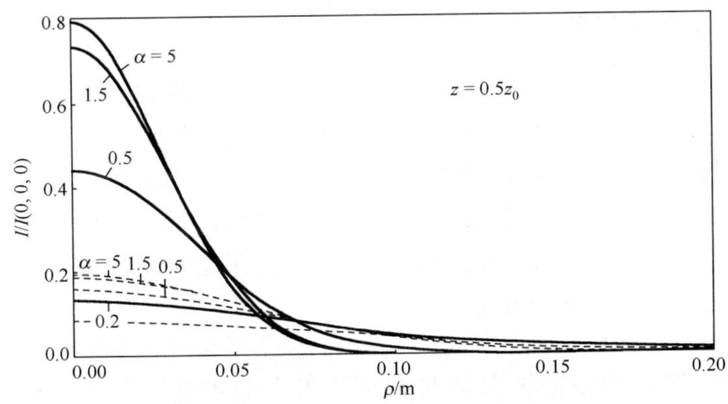

图 5.6.5　观察平面的光束横截面计算结果

至于结论，读者可以自己去体会。例如，中心光强下降的状况、光束展宽的状况等。

另外，对光束相干性的影响也做了计算，如图 5.6.6 所示，计算仍然在 $z=0.5z_0$ 的距离上进行。纵坐标是相干系数，横坐标是所考虑两点之间的距离。

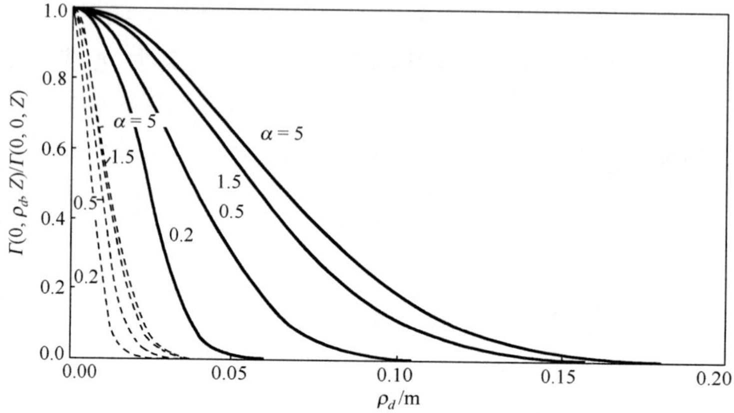

图 5.6.6　观察平面的光束横平面相干度计算结果

从图 5.6.6 来看，不管 α 取值如何，湍流对光束相干性的影响都是不小的。不过，由于湍流的时间尺度和光束本身变化的时间尺度相差很远，在引用图 5.6.6 的结果时，必须加以考虑。

读者已经知晓，这些计算结果都是“集合平均”的结果，并没有表现时间因素的影响，参考价值有限。但部分相干光束在湍流介质中传播时所受的影响要比相干光束所受的影响小，则是非常明确的结论。

这一结论在实践中已经有证实，有些研究者在激光大气通信通道中刻意降低光源的横向相干性（如采用多孔径发射等措施），以达到更好的传播效果。

5.6.4　关于自适应光学

目前，补偿湍流效应的最有效的技术手段是“自适应光学”技术。

自适应光学的提出，是基于 5.5 节中所依据的基本思想：湍流对光传播的影响仅是相位的随机改变，光线传播的方向是不变的。一个平面波，经过湍流介质的传播后到达接收望远镜的口径，其波前将是一个随机面，但其平均平面还是原来的那个平面。如果把这个随机面的相位分布测量出来，在相应的位置上设法补偿变化的相位，则可以将波前还原为平面波。

这是一个负反馈回路，但它不是一个单参数反馈系统，参数的多少，取决于分布测量传感器的面元划分。多参数带来了技术上的难度，其中关键的技术包括：①波前分布测量技术；②波前分布调整技术；③反馈回路的计算和稳定技术。这些技术难度使得 Babcock 在 1953 年提出自适应光学设想时成为一个空想。完成空想到梦想的转变，等待了大约 30 年。20 世纪 90 年代起，自适应光学技术开始用于大型光学天文望远镜中。测量传感器的面元从最初的 7 个，逐渐增加到数百个，反馈的时间常数也在不断减小。现在，地面的大型光学天文望远镜中没有自适应光学系统是不可想象的事。

自适应光学技术方面，国内的高手林立，中国工程院院士姜文汉研究员就是杰出的代表人物。这方面的著作也多有出版，本书无须再展开讨论了。

在激光工程应用中，尚没有看到运用自适应光学技术所带来的重大突破。不过，测量传感器面元的不断增加，测量时间的不断减小，使得相位变化的空间特性和时间特性的测量越来越细化。测量数据的积累，一定能深化对湍流影响的时间特性的认识，从而对激光工程设计提供有价值的参考。

5.7　关于“附录中的学者”

这一章所涉及的学者，大概是因为时间上离我们有一点近了，很少能找到生平资料，包括可以称为奠基者的塔塔尔斯基，只好留出空白，留待后来者填写了。

参 考 文 献

[1] 狄拉克. 量子力学原理. 陈咸亨, 译. 北京: 科学出版社, 1979.

[2] 伏见正则. 概率论和随机过程. 李明哲, 译. 北京: 世界图书出版公司, 1997.

[3] 吴健, 杨春平, 刘建斌. 大气中的光传输理论. 北京: 北京邮电大学出版社, 2005.

[4] Born M, Wolf E. Principles of Optics. 7th ed. Cambridge: Cambridge University Press, 1999.

[5] Goodman J W. Statistics Optics. New Jersey: Wiley, 1985.

[6] Mandel L, Wolf E. Optical Coherence and Quantum Optics. Cambridge: Cambridge University Press, 1995.

[7] Gradshteyn I S, Ryzhik I M. Table of Integrals, Series, and Products. New York: Academic Press, 1980.

[8] Friberg A T. Radiation from partially coherent sources. Proceeding of SPIE, 1979, 194: 71.

[9] 吴健, 严高师. 光学原理教程. 北京: 国防工业出版社, 2007.

[10] Siegman A E. New developments in laser resonators. Proc SPIE, 1990: 2.

[11] 卢亚雄, 杨亚培, 陈淑芬. 激光束传输与变换技术. 成都: 电子科技大学出版社, 1999.

[12] Pan C, Wang S. A CO_2 laser with $M_e^2 < 1$. Optic, 1996(161): 184.

[13] 李景镇. 光学手册. 西安: 陕西科技出版社, 1986.

[14] Gori F, Guattari G, Padovani C. Bessel-Gauss beams. Optics Communication, 1987, 164: 491.

[15] 玻恩, 沃尔夫. 光学原理. 杨葭荪, 译. 北京: 电子工业出版社, 2006: 519.

[16] 刘式达, 梁福明, 刘式适, 等. 大气湍流. 北京: 北京大学出版社, 2008.

[17] 塔塔尔斯基. 湍流大气中波的传播理论. 温景嵩, 宋正方, 译. 北京: 科学出版社, 1978.

[18] 石丸. 随机介质中的波的传播和散射. 黄润恒, 周诗健, 译. 北京: 科学出版社, 1987.

[19] Strohbehn J W. Laser Beam Propagation in the Atmosphere. Berlin: Speringer-verlay, 1978: 149.

[20] Chiba T. Spot dancing of the laser beam propagated through the turbulent atmosphere. Applied Optics, 1971, 47: 2456.

[21] Wu J. Propagation of a Gaussion-Schell beam through turbulent media. Journal of Modern Optics, 1990, 37(4): 671-684.

附录　所涉及的学者简介

前言

埃米尔·沃尔夫（Emil Wolf，1922.7.30～　）

沃尔夫生于捷克布拉格，在德国法西斯侵入捷克后，被迫离开故乡，去往英国。在英国布里斯托尔大学获得学士学位（1945 年）和博士学位（1948 年）。从 1959 年起，就职于美国罗切斯特大学，历任光学助理教授（1959 年）、物理学教授（1961 年）、光学教授（1978 年）和光学物理威尔逊教授（1987 年）。

他和诺贝尔奖获得者马克斯·玻恩合作写了著名的《光学原理》，从 1959～1999 年再版 7 次，至今被光学界奉为经典。另一本有重要影响的著作是和莱纳尔多·曼德尔合作的《光的相干性和量子光学》（1995 年）。

从 1961 年起，他是"光学进展"系列丛书的编辑。

他所获得的荣誉主要有：弗莱特里克·伊文思奖章（1978 年，美国）；迈克耳孙奖章（1980 年，富兰克林学院）；马克斯·玻恩奖章（1987 年，美国）；马可尼奖章（1987 年，意大利）。

作为导师，他指导过 15 位博士生，现在都是光学界的知名学者。

莱纳尔多·曼德尔（Leonard Mandel，1927.5～2001.2）

美国罗切斯特大学物理学教授。生于德国柏林的一个东欧移民家庭，他与沃尔夫合作出版了《光的相干性和量子光学》（1995 年），获得学界的高度关注，被认为是量子光学之父。

第 1 章

拉普拉斯（Pierre-Simon Laplace，1749.3～1827.3）

法国分析学家、概率论学家和物理学家，法国科学院院士。1749 年 3 月 23 日生于法国西北部卡尔瓦多斯的博蒙昂诺日，1827 年 3 月 5 日卒于巴黎。1816 年被选为法兰西学院院士，1817 年任该院院长。1812 年发表了重要的《概率分析理论》一书，在该书中总结了当时整个概率论的研究，论述了概率在选举审判调查、气象等方面的应用，导入拉普拉斯变换等。

他是刻在埃菲尔铁塔上的 72 名在科学技术领域做出杰出贡献的法国人之一。

冯 · 米塞斯（Richard von Mises，1883～1953）

出生于奥匈帝国的莱姆伯格（今乌克兰境内）的德国人，他的科学兴趣广泛，涉及固体力学、流体力学、空气动力学、航空技术以及统计和概率理论；在哲学、艺术鉴赏和历史方面也有所建树。生前担任哈佛大学空气动力和应用数学的 Gordon McKay 教授。

保罗 · 狄拉克（Paul Adrien Maurice Dirac，1902.8～1984.10）

英国理论物理学家，量子力学的奠基者之一，并对量子电动力学早期的发展做出重要贡献。曾经主持剑桥大学的卢卡斯数学教授席位，在佛罗里达州立大学度过他人生的最后十四个年头。

他给出的狄拉克方程可以描述费米子的物理行为，并且预测了反物质的存在。

1933 年，因为“发现了在原子理论里很有用的新形式”（即量子力学的基本方程——薛定谔方程和狄拉克方程），狄拉克和埃尔温 · 薛定谔共同获得了诺贝尔物理学奖。

安德列·尼古拉耶维奇·柯尔莫哥洛夫（Andrey Nikolaevich Kolmokorov，1903～1987）

20世纪苏联最杰出的数学家，也是20世纪世界上为数极少的几个最有影响的数学家之一。他的研究几乎遍及数学的所有领域，做出许多开创性的贡献。本书中“概率的公理化定义”就是其中之一。在本书中占有重要地位的“均匀各向同性大气湍流的三分之二定律”也出自他的手笔，尽管该领域已不属于数学领域。

1939年，柯尔莫哥洛夫当选苏联科学院院士。他还是波兰科学院（1956年）、伦敦皇家统计学会（1956年）、罗马尼亚科学院（1957年）、民主德国科学院（1959年）、美国艺术与科学院（1959年）、美国哲学学会（1961年）、荷兰皇家科学院（1963年）、伦敦皇家学会（1964年）、匈牙利科学院（1965年）、美国国家科学院（1967年）、法国科学院（1968年）、芬兰科学院（1983年）等学术机构的外籍院士或荣誉会员。巴黎大学（1955年）、斯德哥尔摩大学（1960年）、印度统计研究所（1962年）、华沙大学、布达佩斯大学等相继授予他荣誉博士学位。

诺伯特·维纳（Norbert Wiener，1894.11～1964.3）

美国数学家，控制论的创始人。1894年11月26日生于密苏里州的哥伦比亚，1964年3月18日卒于斯德哥尔摩。

维纳在其50年的科学生涯中，先后涉足哲学、数学、物理学和工程学，最后转向生物学，在各个领域中都取得了丰硕成果，称得上是恩格斯颂扬过的、20世纪多才多艺和学识渊博的科学巨人。他一生发表论文240多篇，著作14本。他的主要著作有《控制论》（1948年）、《维纳选集》（1964年）和《维纳数学论文集》（1980年）。维纳还有两本自传《昔日神童》和《我是一个数学家》。

维纳写出划时代的著作《控制论》，1948年出版后，立即风行世界。维纳的深刻思想引起了人们的极大重视。它揭示了机器中的通信和控制机能与人的神经、感觉机能的共同规律，为现代科学技术研究提供了崭新的科学方法，它从多方面突破了传统思想的束缚，有力地促进了现代科学思维方式和当代哲学观念的一系列变革。

戴维·希尔伯特（David Hilbert，1862～1943）

德国著名的数学家，在代数不变量、代数数论、几何基础、变分法、Hilbert 空间等方面都有了不起的贡献，堪称那个时代最伟大的数学家。他出生于东普鲁士哥尼斯堡，自 1895 年起任哥廷根大学的终生教授，1928 年成为皇家学会会员。大体而言，他以在几何和数学基础上影响深远的研究最为著名。它在研究中收集了 23 个问题，现称为希尔伯特问题（Hilbert's problems），对 20 世纪数学发展的进程产生了深远的影响，其中仍有许多问题尚未解决。他的成就还包括环论的希尔伯特基础定理（Hilbert's basis theorem）、《几何基础》，以及他对希尔伯特空间（Hilbert space）理论和数论的研究。

第 2 章

阿尔伯特·阿伯拉罕·迈克耳孙（Albert Abraham Michelson，1852.9～1931.5）

美国物理学家，被认为是现代理论物理学之父，以光速测量闻名于世。特别是著名的迈克耳孙-莫雷实验，使他获得了 1907 年度诺贝尔物理学奖。他是第一个获得此奖项的美国人。

托马斯·杨（Thomas Young，1773.6～1829.5）

英国学者，物理学家，光的波动说的奠基人之一。他不仅在物理学领域广为人知，而且涉猎语言学、动物学、考古学等，对艺术也颇有兴趣。在牛顿的光的微粒说统治了百余年之后，他做了著名的杨氏双缝干涉实验，为光的波动说奠定了基础。但他的工作没有得到当时学界的认同，直到 20 年后法国学者菲涅耳的出色工作，光的波动说才站稳脚跟。

他曾在论文中称：“尽管我仰慕牛顿的大名，但是我并不因此而认为他是万无一失的。我遗憾地看到，他也会弄错，而他的权威有时甚至可能阻碍科学的进步。”

弗里兹·泽尼克（Frits Zernike，1888.7～1966.3）

荷兰科学家，因发明相衬显微镜（phase contrast microscope）而获得1953年诺贝尔物理学奖，这种显微镜最大的特点是可以观察未经染色的标本和活细胞。他也因此获得了伦敦皇家学会的拉姆福德奖章，同时也获得了阿姆斯特丹大学的医学荣誉博士学位。

他在光学领域的其他贡献包括衍射像差的描述和部分相干性理论的发展。

他也曾编写了大量的关于光学学科的科普读物，还撰写了足以令人称道的教育学论文。

第4章

克里斯蒂安·惠更斯（Christian Huyghens，1629.4～1695.7）

荷兰学者。在阿基米德等的著作以及笛卡儿等的直接影响下，惠更斯致力于力学、光学、天文学及数学的研究。他善于把科学实践和理论研究结合起来，在摆钟的发明、天文仪器的设计、弹性体碰撞和光的波动理论等方面都有突出成就。1663年，他被聘为英国皇家学会的外籍会员，他是第一个获此殊荣的非英籍学者。1666年，刚刚成立的法国皇家科学院也选他为院士。著名数学家莱布尼茨曾在他的指导下学习数学。惠更斯体弱多病，一心致力于科学事业，终生未婚。

惠更斯在光学方面的贡献是著名的“惠更斯原理”，在1690年发表的《光论》中，详细地解释了他的光的波动学说，与牛顿的光的粒子学说形成了鲜明的对比。

马吕斯（Etienne Louis Malus，1775.7～1812.2）

法国物理学家及军事工程师。出生于巴黎，1796年毕业于巴黎工艺学院，曾在工程兵部队中任职。1808年起在巴黎工艺学院工作。1810年被选为巴黎科学院院士，同年获得伦敦皇家学会拉姆福德奖章。

马吕斯主要从事光学方面的研究。1808年发现反射时光的偏振，确定了偏振光强度变化的规律（现称为马吕斯定律，该定律定量地描述了不同偏振方向的偏振光通过检偏器后的光强度）。他研究了光在晶体中的双折射现象，1811 年，他与毕奥各自独立地发现折射时光的偏振，提出了确定晶体光轴的方法，研制成一系列偏振仪器。

马吕斯对于偏振现象做出诸多贡献，后人尊称他为“偏振之父”。

马吕斯是刻在埃菲尔铁塔上的 72 名在科学技术领域做出杰出贡献的法国人之一。

让-巴蒂斯特·毕奥（1774.4～1862.2）

法国物理学家、天文学家和数学家。毕业于法国著名的工程学校巴黎综合理工学院。

毕奥的研究领域相当广泛，光的偏振仪是他的研究成果中的一小部分。其他工作包括描述稳定电流产生磁场的毕奥-萨伐尔定律；对热传导的大量研究；以及对大气、天文方面的研究工作。1840 年，他获得伦敦皇家学会拉姆福德奖章。

西莫恩·德尼·泊松（**Simeon-Denis Poisson**，1781.6～1840.4）

法国数学家、几何学家和物理学家。1781 年 6 月 21 日生于法国卢瓦雷省的皮蒂维耶。

1798 年进入巴黎综合工科学校深造。受到拉普拉斯、拉格朗日的赏识。1800 年毕业后留校任教，1802 年任副教授，1806 年任教授。1809 年巴黎理学院成立，任该校数学教授。1812 年当选为巴黎科学院院士。

泊松的科学生涯开始于研究微分方程及其在摆的运动和声学理论中的应用。他工作的特色是应用数学方法研究各类物理问题，并由此得到数学上的发现。他对积分理论、行星运动理论、热物理、弹性理论、电磁理论、位势理论和概率论都有重要贡献。他还是 19 世纪概率统计领域里的卓越人物。他改进了概率论的运用方法，特别是用于统计方面的方法，建立了描述随机现象的一种概率分布——泊松分布。他推广了“大数定律”，并导出了在概率论与数理方程中有重要应用的泊松积分。

1840 年 4 月 25 日卒于法国索镇。

他是刻在埃菲尔铁塔上的 72 名在科学技术领域做出杰出贡献的法国人之一。

约瑟夫·路易·盖-吕萨克（Joseph Louis Gay-Lussac，1778.12～1850.5）

法国化学家、物理学家。1778 年 12 月 6 日生于上维埃纳省圣莱昂纳德；1850 年 5 月 9 日卒于巴黎。他以对气体的研究而知名，1802 年他发现，不同的气体随温度的升高体积膨胀，其膨胀系数都是一样的。虽然有人比他早几年也观察到这一现象，但首先公布于众的是盖-吕萨克，也因此现在被称为盖-吕萨克定律。

1808 年 6 月盖-吕萨克被任命为索邦大学的物理教授，任职到 1832 年，期间又做出不少科学贡献。1831 年盖-吕萨克被选为法国下院议员，1839 年作为一名立法委员进入上院。

他是刻在埃菲尔铁塔上的 72 名在科学技术领域做出杰出贡献的法国人之一。

阿拉戈（Dominique François Jean Arago，1786.5～1853.6）

法国数学家、物理学家、天文学家，同时也是一位政治家。他是光的波动说的坚决支持者，在菲涅耳提交了光的波动说的论文后，用实验验证了波动说的推论，使菲涅耳获得当年的法国科学院数理科学奖。

阿拉戈在光学学科的贡献包括旋转偏振的发现和偏振望远镜的制作。傅科和斐索用于测量光速的基本思想也是阿拉戈在 1838 年提出的，但因为他的视力下降而无法完成实验的细节。

他在磁力学、大地测量和热力学方面也多有贡献。

他是刻在埃菲尔铁塔上的 72 名在科学技术领域做出杰出贡献的法国人之一。

奥古斯丁·菲涅耳（Augustin-Jean Fresnel，1788.5～1827.7）

法国物理学家、波动光学的奠基人之一。他的主要工作是对光的波动性质的深入研究，对于波动光学的理论建立做出了杰出的贡献。在假设光是横波的前提下，他推导了著名的以他的名字命名的菲涅耳公式，公式对于反射现象和折射现象做出了相当完美的定量解释。在光的衍射理论方面，菲涅耳也做出了划时代的贡献。1823 年他成为法国科学院院士，1825 年成为英国伦敦皇家学会员，1827 年伦敦皇家学会授予他一枚“拉姆福德奖章”。他是刻在埃菲尔铁塔上的 72 名在科学技术领域做出杰出贡献的法国人之一。

赵凯华（1930.5～　）

中国学者。北京大学物理系教授。

1950 年，毕业于北京大学物理系并留校任教。后赴苏联深造，于 1958 年获副博士学位回国。长期从事基础物理的教学工作，多次获得国家教委的奖励。1983～1990 年，任北京大学物理系主任，1991～1999 年，任中国物理学会副理事长。

乔治·加伯里尔·斯托克斯（**George Gabriel Stokes**，1819.8～1903.2）

英国数学家、物理学家。斯托克斯的主要贡献是对黏性流体运动规律的研究，在光学方面的工作是他的“副业”。但他的最有名的被后人称为“斯托克斯公式”的曲线积分计算方法，却主要是在研究光学问题中提出来的。直至现代，此定理在数学、物理学等方面都有着重要而深刻的影响。

1849 年，斯托克斯被聘任为剑桥大学的数学教授，同时获得剑桥大学卢卡斯数学教授席位（Lucasian chair of mathematics），并任卢卡斯教授长达 50 年。1851 年当选皇家学会会员，1854 年被推选到英国皇家学会工作，1852 年获皇家学会拉姆福德奖。1854～1885 年，他一直担任皇家学会的秘书。1886 年当选为皇家学会会长。在伊沙克·牛顿之后，斯托克斯是继任卢卡斯数学教授席位、皇家学会秘书、皇家学会会长这三项职务的第二个人。

亨利·庞加莱（**Jules Henri Poincaré**，1854.4～1912.6）

法国数学家、天体力学家、数学物理学家、科学哲学家。庞加莱的研究涉及数论、代数学、几何学、拓扑学、天体力学、数学物理、多复变函数论、科学哲学等许多领域。他被公认是 19 世纪后四分之一和 20 世纪初的领袖数学家，是对于数学和它的应用具有全面知识的最后一个人。庞加莱在数学方面的杰出工作对 20 世纪和当今的数学造成极其深远的影响，他在天体力学方面的研究是牛顿之后的一座里程碑，他因为对电子理论的研究被公认为相对论的理论先驱。

沃尔夫冈·泡利（Wolfgang Pauli，1900～1958）

奥地利物理学家，他的最重要的科学贡献是1925年提出的泡利不相容原理，为原子物理的发展奠定了重要基础。他当时不过是汉堡大学的一个25岁的讲师。1928年到瑞士苏黎世的联邦工业大学任理论物理学教授。

1940年，受聘为普林斯顿高级研究所理论物理学访问教授。

1945年，泡利因泡利不相容原理获诺贝尔物理学奖。

第5章

路德维格·普朗特（Ludwig Prandtl，1875.2～1953）

德国学者，1904年在德国海德堡的第三次国际数学年会上发表了著名的关于边界层概念的论文，是现代流体力学的里程碑论文，从此普朗特成为流体力学界的知名学者，被认为是现代流体力学之父。他从教于哥廷根大学应用力学系，在这里他建造了1904～1930年世界上最大的空气动力学研究中心。

普朗特重视观察和分析力学现象，养成了非凡的直观洞察能力，善于抓住物理本质，概括出数学方程。他曾说："我只是在相信自己对物理本质已经有深入了解以后，才想到数学方程。方程的用处是说出量的大小，这是直观得不到的，同时它也证明结论是否正确。"

刘式达（1938～　）

1962年毕业于北京大学后留校任教。教授，博士生导师。他在非线性大气动力学和湍流有很深的造诣，在国内外学术刊物上发表论文60篇、专著7本。1990年关于非线性大气动力学的研究获国家教委科技进步一等奖；1991年获国家自然科学三等奖。现任中国气象学会副理事长、英国皇家气象学会会员，1988年和1990年被英国传记中心录入澳大利亚和远东名人录与国际知识分子名人录。

列夫·达维多维奇·朗道（Lev Davidovich Landau，1908.1～1968.4）

苏联物理学家，号称“最后一个全能物理学家”。1937 年春，他担任苏联科学院物理问题研究所的理论部负责人，并在莫斯科大学任教。朗道于 1946 年被选为苏联科学院院士，曾获斯大林奖金。1962 年，他由于对液氦理论的研究而获得了诺贝尔物理学奖。

爱布哈特·霍普夫（Eberhard Hopf，1902.4.4～1983.7.24）

德国数学家。莱比锡大学和慕尼黑大学的教授。1948 年以后到美国工作。霍普夫在许多数学领域内做出了贡献，如经典动力系统（遍历定理）、微分方程、黏性液体运动理论、积分方程（维纳-霍普夫方程）、拓扑学、变分法等数学分支。他还特别研究了流体的随机速度的分布。

奥斯鲍恩·雷诺（Osborne Reynolds，1842～1912）

英国学者，学术生涯在曼彻斯特的欧文学院（现今的曼彻斯特大学）度过。25 岁时，他成为英国历史上第一批拥有“工程学教授”头衔的教授之一（“工程学教授”由曼彻斯特地区制造工业界所创办和资助）。1877 年，雷诺被选为英国皇家学会会员，1888 年荣获皇家奖章。

雷诺的主要学术贡献在流体力学方面，包括热力学、气体动力学、蒸汽的凝聚等。其中最广为人知的就是关于“雷诺数”的描述。

石丸（Akira Ishimaru）

美籍日本学者。1951 年在日本东京大学获学士学位，1958 年在美国西雅图华盛顿大学获博士学位。1956 年，进入贝尔实验室，1958 年成为华盛顿大学电气工程教授，应用数学兼职教授。他是国际科学无线电学联合会美国国家委员会成员，并在 1985～1987 年担任 B 委员会主席。美国 IEEE、美国光学学会和美国声学学会的 Fellow。

石丸多次获得各种荣誉和奖项，如美国 IEEE 世纪奖章（1984 年）、北伯林顿杰出研究成就奖（1990 年）、IEEE 天线与传播学会杰出成就奖（1995 年）、IEEE 地球科学和遥感学会杰出成就奖（1998 年）、国际无线电科学联盟金质奖章（1999 年）、IEEE 赫兹奖章（1999 年）。

姜文汉（1936～　）

中国学者。1958 年毕业于哈尔滨工业大学机械工艺系，分配至中国科学院长春光学机械研究所工作，后随着众多研究人员一起援建中国科学院光电技术研究所（四川）。历任助理研究员、副研究员、研究员，光电技术研究所学术委员会副主任、主任。1995 年当选为中国工程院院士。他是中国自适应光学技术研究的奠基人，在国内开拓了自适应光学研究方向，建立了整套基础技术，并主持研制多代具有国际先进水平的自适应光学系统，从而使中国自适应光学研究跨入国际先进行列，获得过多项国家奖励。